性善论与人的存在

郭美华——著

孟子与告子之争
及其历史衍化

广西师范大学出版社
·桂林·

图书在版编目(CIP)数据

性善论与人的存在：孟子与告子之争及其历史衍化／
郭美华著. -- 桂林：广西师范大学出版社，2024.12.
ISBN 978-7-5598-7854-0

Ⅰ．B82-069

中国国家版本馆 CIP 数据核字第 20240EB801 号

性善论与人的存在：孟子与告子之争及其历史衍化
XINGSHANLUN YU REN DE CUNZAI：MENGZI YU GAOZI ZHI
ZHENG JI QI LISHI YANHUA

出 品 人：刘广汉
策划编辑：刘孝霞
责任编辑：李 远
装帧设计：李婷婷

广西师范大学出版社出版发行

（广西桂林市五里店路9号　　　　邮政编码：541004
网址：http://www.bbtpress.com　　　　）

出版人：黄轩庄
全国新华书店经销
销售热线：021-65200318　021-31260822-898
山东临沂新华印刷物流集团有限责任公司印刷
（临沂高新技术产业开发区新华路1号　邮政编码：276017）
开本：690 mm×960 mm　　1/16
印张：20.5　　　　字数：304 千
2024 年 12 月第 1 版　　2024 年 12 月第 1 次印刷
定价：78.00 元

如发现印装质量问题，影响阅读，请与出版社发行部门联系调换。

谨以此书
纪念我的母亲

目　录

下　篇

导言 性善论与人的存在

——理解孟子性善论哲学的入口

人自身的存在是哲学永恒的主题。在一定意义上,哲学就是人自身存在的方式,而且是关乎其本质的存在方式。在孟子哲学中,对于人自身存在的追问,以对性和善的讨论为中心展开。在生存论视域之内理解孟子性善论哲学,必须找到一个恰切的入口,廓清一些基本的前提,才能获得合于哲学本旨的结论。性善的哲学追问具有形而上的意义。从而,对此问题的追问本身需要一种源初的问题自觉,即就此一人栖身其中的世界而言,"问题是:为什么总是有所有而非一无所有? 这并非一个随随便便的问题。'为什么总是有所有而非一无所有?'——这显然是一切问题中第一位的问题。当然,这不是时间先后意义上的第一问题。在经由时间的历史性行进过程中,每个人和其他人一样,追问许多问题。他们在进入'为什么总是有所有而非一无所有?'这个问题前,探究、调查、勘探许多各种各样的事物。如果进入这个问题意味着不仅仅是其作为被言说者而被倾听和阅读,而且是追问问题,亦即,立于此一问题上,展示这一问题,彻底地把自己置于这一问题追问状态之中"。①在生存论上讨论性善问题,我们须得将自身置于"问题追问状态",让自身的"存在处于追问之中",也让"问题之追问进入并成为我们的

---

① Martin Heidegger, *Introduction to Metaphysics*, Yale University Press, 2000, p.1.

存在本身"。因此,我们立足于哲学本身,并将问题之追问展现为一种哲学的存在,先行进入"理解孟子性善论哲学的入口"。只有先行厘清进入孟子性善论哲学的"入口",才能获得恰当理解其内容的通道,并达致妥帖的结论。

一、自我与传统:讨论性与善的两重根基及其融合

从置身问题情境而在的意义出发,以性和善为切入点与讨论中心,我们可以先行追问一个元问题:当我们追问并谈论人性之际,我们究竟是要做什么?

这个问题并不好回答。当"我"作为"说我者"要反思、讨论人本身的问题时,"我"究竟应该从什么地方出发? 或者说,立脚点与起始点在哪里? 谁能进行如此追问? 如何进行追问? 在回应谁(who)在追问以及如何(how)进行追问之先,我们还说不出究竟给予这个问题什么样的回答。

因为,关于有意义问题的讨论,都有一个历史与文化的背景,以至于追问本身也得接受一个追问:"人们会一般地谈论人性还是必须相对于时代和文化来看待一切关于人的说法?"①就这个意义而言,似乎"我"就是一种历史文化与地理环境的产物,"我"不能抽身离却这个传统与环境,似乎与之无关地来谈论这一些。"我"并不能一般地谈论什么是人,"我"只能先天地属于特定的文化历史背景而谈论具有具体内容或具体规定性的人。

如此说法具有相当的合理性。我们每一个当下进行思考的人,都不是开天辟地的"第一人",每个进行思考的具体之人,前面都有一个由历史与典籍为主构成的传统。我们的思考和言说,都无可避免地受制于"自我之前"的语言历史及其产物。

---

① 〔德〕恩斯特·图根德哈特:《自我中心性与神秘主义:一项人类学研究》,郑辟瑞译,上海译文出版社,2007年,第144页。

但是，更为深入而细致地看，"我们"探讨"孟子"关于"性与善的观念"（包括孟子与告子关于人性问题的争论），实际上包含着四个不同的基本项目：

（1）孟子与告子作为两个个体自身之人性观点（M）；

（2）人之性与善的问题本身（R）；

（3）历史上其他思考者对孟子与告子及其人性理论的讨论（T）；

（4）作为说我者的"我"对此问题的讨论（W）。

现在的问题是：W 究竟是对 R 感兴趣，还是对 M 感兴趣呢？当然，T 可以被归入 M 与 R 的区分之中。这个区别是很重要的。图根德哈特认为，谈论问题有第一人称与第三人称两种不同的方式。比如，一个历史上的哲学家 A，他言说的哲学主张是 p。一个其后的思考者 B，他面对 A 和 p，就有两种可能：一是 B 只对 A 和 p 感兴趣，只要是 A 说的，B 就觉得有意义，这是第三人称的方式；二是 B 对 A 并不感兴趣，B 只对 p 感兴趣，B 要为 p 找自己认可的理由，这是第一人称的方式。①传统主义的思想认为，某种既有的传统是先在的、决定性的，必须由此不可置疑的先在物出发来加以讨论；或者以为，存在某种先天的原则，这些原则独立于具体历史事实，并确定具体历史事实的展开与变化。这两者实质上都是第三人称的方式。图根德哈特认为，每一个思考者都是一个"说我者"，他作为"哲学家并不处于某种传统之中，而是提出某个实事问题。只有当他相信，他能够从先前的哲学家那里学到某些关于此实事的东西，他才会转向先前的哲学家，也就是说，他是从第一人称的角度来面对他们的。这不仅意味着，他要探寻他在某位哲学家那里发现的东西是否有理由，而且，他只吸收这位哲学家的那些对他来说重要的东西"。②所谓要从哲学家自身的历史语境出发来理解其思想，即是"第一人称"角度的立论。

可以简单地说，第一人称角度基于"自我"，第三人称角度则注重"传统"。就孟子性善哲学而言，一方面，我们只有将其置于"道德生存论的中国

---

①　［德］恩斯特·图根德哈特：《自我中心性与神秘主义：一项人类学研究》，第 145—146 页。

②　同上书，第 147 页。

传统"之下，才能理解其作为"生存论问题追问"的重要性；另一方面，任何一个具体的问题追问作为"追问"活动本身，都有一个具体的个体作为"自我"主体来切己展开，此一"自我"作为发问者，有着自身问题意识域中的个体性意义关怀。

因此，在对性与善的哲学追问中，"自我"的存在与"传统"的展开是交相融合在一起的。就孟子性善论哲学而言，与"自我"相关的一个重要概念是"良知"。实际上，我们说"自我"，尤其在论说孟子哲学中"良知"的时候，很多情况下可能产生了很严重的误解。

孟子说："人之所不学而能者，其良能也；所不虑而知者，其良知也。孩提之童，无不知爱其亲者；及其长也，无不知敬其兄也。亲亲，仁也；敬长，义也。无他，达之天下也"（《孟子·尽心上》）。"良知呈现"，良知显现出自身，这是确切无疑的。但是，如何解释良知呈现呢？我们可以追问如此问题：是什么东西作为如此显现的显现者？回答如此问题，一般的进路无非两条：超越的实体主义进路与经验的生物主义进路。借用海德格尔良知召唤的说法，"的确，（良知）召唤确乎是如此之物，此物我们既没有计划过，也没有准备过或自愿执行过，也未曾如此做过。悖于我的期望，甚至悖于我们的意愿，'它'（it）召唤。在另一方面，此召唤无疑并非来自与我同在此世界中的他者。此召唤来自我，且又来自超越我者与在我之上者"。① 这一现象性事实，易于使我们寻找某种外在超越的主宰力量来说明此一召唤，"一个人因此假设而提出一个如此力量的拥有者，或者将此力量作为使自身显明的人格，即上帝。另一方面，一个人可能会拒斥这一解释将召唤者视为如此力量的外在显示，而与此同时生物学地加以敷衍解释"。② 前者是超验实体主义的取向，后者是经验生物主义的取向，二者都"为一个未经明述但本体论上独断导向的命题所促进，即'何物是'（what is，换句话说，任何如召唤一样的实际事物）必须是现成在手（present-at-hand）状态之物，不让自身被客观地展

---

① Martin Heidegger, *Being and Time*, Harper Perennial Modern Classics, 2008, p.320.
② Ibid.

示为现成在手状态,则其根本不存在"。①以现成在手状态的某种具有僵死规
定性的某物来理解良知,这完全悖于良知"出入无时、不知其向"的本真
状态。

　　作为"自我呈现"的"良知召唤",或者说作为"良知召唤"的"自我呈现",
并未有一个"召唤者",也没有一个"被召唤者",良知呈现或良知召唤中"未
予任何一物",而只是"唤起作为其自身存在的本己可能性"。②就此而言,作
为生存论发问的性善论哲学,并非走向一个概念式的实体性执持与知识性
把握,而是将自身置于一个醒豁的"自我追问的问题境遇",使切己的本真生
存得以展开。由此,"自我主体"与"传统之道"就消融在以问题追问逼显而
展开的生存活动自身之中。

　　性与善就是生命存在本身的问题,生命存在自身处于一个历史传统之
中。就其本质而言,"生命本身指向反思"。③然而,一方面,不经过理性反思
的生命不值得体验;另一方面,反思自身却又属于生命存在整体——反思只
是整体生命的部分,整体生命超越了作为部分的反思。相应地,具体生命处
身其中的传统,也是一个超越个体的整体。一方面,"伦理、宗教、法律的传
统本身却依赖于生命对自身的认识",尤其整个传统"被反思摧毁,并需要建
立一种新秩序"④之时,反思性思想(这总是由具体个体的生命承担者来实
现)就取得了对于传统的"优先性";但另一方面,每一个体生命总是在自身
的存在过程中,不断"提升自己超出其特殊性,个人生存于其中的那种伟大
的道德世界,表现了某种固定的东西,在这固定的东西上他能面对他的主观
情感的匆匆易逝的偶然性去理解自身"⑤,不能"以某个当代的自我意识去统
一精神生成物整体"。⑥由具体个体生命反思加以确认的"传统",与由传统决

---

　　① Martin Heidegger, *Being and Time*, p.320.

　　② Ibid., p.318.

　　③ [德]汉斯-格奥尔格·加达默尔:《真理与方法:哲学诠释学的基本特征》上卷,洪汉鼎译,上
海译文出版社,1999年,第303页。

　　④ 同上书,第307页。

　　⑤ 同上书,第304页。

　　⑥ 同上书,第302页。

定的"个体"，二者之间确乎具有某种"诠释学的循环"关系。

思想自身或哲学自身是生命本身的表现形式，"哲学只被认为是生命的表现"。①如果将哲学或思想或者其文字固化物（典籍）或者某个具体的思考者（哲人或圣贤）作为生命本身，就本末倒置了。不能丢弃一个在生存论上先行在此的、作为一切展开基底的源初之"我"。思想之于生命，正如斧头之于砍柴、锯子之于锯木，是斧头、锯子之归属于"砍柴者及其活动"，而不是相反，否则就荒谬了："斧岂可向用斧的自夸呢？锯岂可向用锯的自大呢？好比棍抡起那举棍的，好比杖举起那非木的人"（《旧约·以赛亚书》）。我们根本不能在生命之外去思考生命，思考本身属于生命整体。

总而言之，作为生存论追问的性善论哲学，是存在自身的"问题性情境"，是存在之哲学地展开自身的自我逼问与自我绽放，而不是任何抽象的"普遍而凝固的理智知识"。所谓问题性情境，不是作为"抽象理智的困境"，而是"具体存在本身的困境"。

二、富于内容的生命与理智认知的界定

之所以强调性善论追问的非知识性取向，其中有一个关键是，我们作为人"应该是一个行动的存在者，而不只是一个思辨的存在者"，人天赋有着特定的行动能力，运用并实现这些能力"是真正的智慧"，"也是我们存在的真正目的"。②人与禽兽的区别，不仅在于思辨能力，而且在于行动能力："我们除了由于我们的思辨能力而不同于禽兽之外，至少还由于我们的行动能力而不同于它们。"③

严格而言，单纯的知识引向对人的形式性理解，而生命本身是富于内容

---

① ［德］汉斯-格奥尔格·加达默尔：《真理与方法：哲学诠释学的基本特征》上卷，第296页。
② ［英］托马斯·里德：《论人的行动能力》，丁三东译，浙江大学出版社，2011年，第1页。
③ 同上书，"导言"第2页。

的。行动是道德生存论的实质与内容。内容是在区别之中得以体现的。人的内容有两个维度的区别：一是与禽兽相区别，二是与鬼神相区别。可以很简单地说，不能禽兽不如，且不能装神弄鬼，是人之存在的两个端点，人的内容就实现在禽兽与鬼神二者之间的"中庸之域"。

孔子一方面说"敬鬼神而远之"（《论语·雍也》）、"未能事人，焉能事鬼"（《论语·先进》），另一方面问"伤人乎？不问马"（《论语·乡党》），将人自身界定在鬼神与禽兽之间，并且有一个将鬼神一端转化为圣人的转变。这一点为孟子所继承，孟子将人的两端界定为圣人和禽兽，在孟子看来，圣人的最高表现就是孔子。人之存在的实际内容，实现在圣人和禽兽之间。某种意义上，因为圣人可学而至①，人也易于失其本心（《孟子·告子上》）而为禽兽，圣人和禽兽构成了"人的现实性内容"的两个边界。

人与禽兽的区别究竟何在，在孟子看来可能还须更深一层地理解：人不仅是自觉地肯定自身，而且更重要的是自觉地在践行中否定自身——这种自觉的否定，恰好就是更高的肯定。单纯直接的肯定性并不能表现人的本质（或善）。某种意义上，自觉到自身的行动的否定性方面，这是道德性生存的重要维度。道德戒律往往都是否定性的，比如摩西五戒、佛家戒律等，这种否定性的领悟，更为深刻地体现了人与禽兽的区别："恨恶责备的，却是畜类"（《旧约·箴言》）。②此所谓责备，即是一般的否定性因素。遭遇否定性是

---

① 《孟子·公孙丑上》中，孟子明确论证了孔子作为圣人的现实性，以孔子为最高的圣人，并表达自己的愿望是"学孔子"。

② 实际上，将人从现实性上与动物加以区别，显得特别基础。但是其中蕴涵的问题是，这个以类相区别的认知路径，不能"径直"使用于人自身内部的区别。就中国传统哲学而言，人性论中的三品说、二重论都是重要表现。然而，基于一种人性论断而展开的哲学具有特殊性，就是因为这种哲学需要更为深邃的思辨，性善论和性恶论都有如此特质。《圣经》尽管强调每个人的普遍罪性，但也有一种"现实性"上的区分，即智慧人、愚顽人与畜类人之分（《旧约·诗篇》）。孔子也说"上智"与"下愚"以及生而知之者、学而知之者、困而知之者与困而不学者之分。这种出自"现实性"的区别，后面还蕴涵着一种价值"理念"或"理想"立场。困难就在于：一方面，人与动物要相区分；另一方面，人自身内部人与人之间也要加以区分。但是，在"价值立场"上，人又必须是平等的。而在生存论指向上，具体个体又必须将自身与单纯的类本质相区别乃至于与其他个体相区别。人的存在究竟是趋同还是趋异，在讨论善的过程中，并不简单，而是一个较为棘手的问题。

人生存的实情之一，只有经由否定性，人才能肯定自身。排除否定性而直接肯定，这是禽兽。

　　基于否定性来理解人的存在内容，基础就在于将人的存在理解为行动。如下文将要讨论的，理解孟子性善论哲学的一个基础性入口就是"具体行事"。在孟子与告子"杞柳与杯棬之辩""湍水之辩"和"生之谓性辩"三个著名的争辩中，孟子就鲜明地突出了基于行动来理解性善论哲学：道德性存在之于人自身的本性，就是一个自觉的内在自我否定的能动过程，而非如杯棬对于杞柳的外在否定过程①；"人性之善也，犹水之就下也"，善和性都需要从"动词意义"上加以理解②；而告子与孟子关于"生之谓性"的争论，则在于告子从天生本能的角度理解人之本质，孟子则是从人之现实的能动活动的展开而理解人性的生成。③

　　由此，我们可以深入孟子性善论哲学的一个关键之处，即其"四端说"来略加疏释，以显明我们这里所谓"富于内容的生命存在"之意。

　　《孟子》文本中有"四端"或"四心"说（参见下文），很多学者对"端"的理解就是错误的（而且不确切地理解"四端"与"四心"说的区别，直接将"四心"说与"四端"说等同，并简称为"四端之心"），不是理解为"已有所萌发"、已然绽放而不充分的状态，而是理解为"一无所萌发"、毫无绽放的种子状态——阳光、大地、水分、人事与之浑然一体的状态被"简化为"某种理智抽象的"单一源初规定性"。

　　以恻隐而论，恻隐与同情的内涵基本一致。恻隐之心的领悟，对于理解孟子道德哲学是一个具有重要性的问题。有两种常常被采用的理解进路，一种是生物主义天赋论，另一种是形上学先验论。这两者各有其意义，但

---

　　①　参见郭美华《人性的顺成与转逆——孟子与告子"杞柳与杯棬"之辩的意蕴》，《文史哲》2011年第2期。

　　②　参见郭美华《湍水之喻与善的必然性——孟子与告子"湍水之辩"释义》，《学海》2012年第2期。

　　③　本质上看，基于肯定人的道德能动活动，孟子乃至整个心学的立场都肯定"生之谓性"本身，而非否定这一主张。朱熹的理学立场突出理智思辨的形上确定性，认为孟子反对"生之谓性"之说；有意思的是，主张心学的牟宗三也反对"生之谓性"说，这也是心学立场在哲学思辨上的"理学化"。参见郭美华《认知取向的扬弃——〈孟子·告子上〉"生之谓性"章疏解》，《中山大学学报》2018年第4期。

是,二者都不能切中"同情"的实质。同情不同于认知,"同情属于你我之间的关系形式","在实际的道德关系中确实存在认识,所以爱给予洞见。但是同情却是比单纯的认识条件更多的东西"。①简言之,在归结为生物学禀赋与形上学先验本质的理智或单纯认知进路中,丰富多样的东西被湮没或丢弃了——而这些缤纷的丰富多样本身具有"本体论的性质"。

比如,将恻隐视为先天本质,就将"你我关系"简化成了一种独我主体的狭隘物(唯我论在道德哲学上的危害在儒学中根深蒂固,还需要更为深入的分析),而滑失了同情自身的主体间性。对同情自身的自觉领悟而言,他者的生存本身已然先在,并作为我生命内容的构成性因素,同情才是可以被领悟的。不是我先天具有同情的能力,从而使我能"现实地同情他人",并由我的"同情"而证成他人的存在;本质上,是在他者与我浑然一体的存在中,共在的水乳交融使彼此能"相互同情",从而经由领悟同情进而领悟自身的存在。换句话说,在一定意义上,不是"我"作为原子式道德主体使"同情"得以可能,而是"同情"的已然绽放及其领会使"我"作为道德主体得以可能。

因此,对于某种道德生存的精神性规定,我们必须看到其有一个"先行之物":"在任何情况中,一个如此阐释奠基于我们先行拥有某物——奠基于一种先行拥有。"②由此出发,我们可以在生存论的视野下,更为深入也更为准确地理解"四端之心"或良知良能。

同情与仁义具有一体性,所以,孟子说:"恻隐之心,仁也"(《孟子·告子上》);"恻隐之心,仁之端也"(《孟子·公孙丑上》)。对于"恻隐之心"究竟是"仁"本身,还是"仁之端"的区别,我们可以做一个简单的分析。其中,可以有三点值得提示:其一,孟子本身并不具有概念清晰性的自觉意识,从而在使用概念上具有一定的随意性。其二,《孟子·公孙丑上》在讨论恻隐或同情的政治哲学问题(如何由不忍人之心实现不忍人之政,即由善心到仁政),在此,所谓仁是一种政治理想状态的实现,而恻隐之心只是道德之域的呈

---

①　[德]汉斯-格奥尔格·加达默尔:《真理与方法:哲学诠释学的基本特征》上卷,第300页。

②　在海德格尔看来,先行拥有与先见是源初统一在一起的,任何反思的阐释就奠基于此。参见 Martin Heidegger, *Being and Time*, 2008, p.191。

现,因此,将道德之域的恻隐推扩实现于政治之域,道德意义上的恻隐便是"端芽"。而《孟子·告子上》讨论的是个体道德实现即善的问题(由其源初生存实情之绽现之善,而自为自觉地绵延充盈于生命展开的整个过程),只要个体在其活动中自为而自觉地实现自身,即是仁或善,因此,恻隐以其自觉自为地内在于个体自身的实现活动,就与仁是直接同一的,而不再说为"端"。其三,如果从《孟子》文本的顺序来看,《孟子·公孙丑上》意味着"心"的开启阶段,内容相对贫乏,只是"端";而《孟子·告子上》到了经由事实性展开而最终回到心自身的贞定,已经是经过诸多环节而具有内在内容的了,所以,此时具有丰富内容的心与仁、义、礼、智直接为一了。就善或仁、义、礼、智具有展开过程与充盈内容而言,所谓性或善,不能归诸某种先验性质或生物学禀赋,也是一目了然的了。

将"四端之心"理解为某种空无内容的意识或能意识者(精神主体),不再是活生生的具体生命本身,这本身就是悖于道德的。单纯的意识或理智之光只是空乏的形式,真正的本质在于为生命活动本身所充盈。胡塞尔的哲学在讨论意识的意向性时,强调回到"生命"本身,是讲"意识生命","不仅研究个别的意识体验,而且也研究隐蔽的、匿名暗指的意识的诸意向关系,并以这种办法使一切存在的客观有效性得以理解。以后这就被叫作:阐明'有作为的生命'的作为"。① 胡塞尔的先验意向性指向"有作为的生命的作为",这是一条富于启示的"以内容为本"的生命哲学道路,而不是陷于"形式优先"的非生命之旅。这一"有作为的生命的作为",本质上与孟子哲学"基于具体行事"的"自我实现和自我完善活动"相一致。

在孟子,内蕴同情的仁义本身被清晰地理解为现实的道德性行动。同情、觉悟与行动的统一,绽露了"富于内容的生命存在"的底蕴。孟子说:"仁之实,事亲是也;义之实,从兄是也"(《孟子·离娄上》)。事亲与从兄,两者都不是什么单纯的抽象精神实体或理智规定性,而是具体性情境中的"浑融共在的生存活动"本身。在自我作为主体的展开中,亲和兄的存在已然是"内在性"的生命内容。亲和兄可以说有着血缘亲近性,这是生命活动源初

---

① [德]汉斯-格奥尔格·加达默尔:《真理与方法:哲学诠释学的基本特征》上卷,第317页。

展开的必然性决定的;但随着生命活动本身的展开,恻隐之心则超越和克服了血缘亲近性,而转为一般的相与共在,作为任何一次同情心的具体绽露与自觉领悟:"今人乍见孺子将入于井,皆有怵惕恻隐之心"(《孟子·公孙丑上》)。孺子之将入于井,是任一主体焕发怵惕恻隐之心的、具有本体论意义的"具体实情",并构成同情之心的具体而真实的内容——如此情景的具体性,是孺子、井与自我道德情感的一体而在,并非孺子和井作为外在对象切合于主体自身的观念模本。

　　同时,我们可以深入一点地看认知性知识与仁、义、礼、智浑一的整体生命之间的关系。就孟子的致思逻辑而言,整体"生命和知识的关系乃是原始的所与"。①在孟子关于"四心"或"四端"的言说中,仁、义、礼、智四者本身"非由外铄我也,我固有之也"(《孟子·告子上》),"人之有是四端也,犹其有四体也"(《孟子·公孙丑上》)。也就是说,四者是作为一个整体而"在源初共同给予的"。生命本身内蕴着自身的认识,认知性知识属于生命整体,而不是生命整体从属理智认知。当生命自身的内在认识恪守其"归属于整体生命"的本质之际,生命的这种自我认识,可以说为思或者自身内在之明。但是,如果这种生命的自我认识跑到生命之外,虚构杜撰某种超越生命的本质或观念,并且反过来支配、制约生命本身,那就是理智的自私使用或者说"凿"。

　　孟子竭力批评过将理智认知从生命整体中抽离出来加以抽象化的倾向,他视之为"凿":

　　　　天下之言性也,则故而已矣,故者以利为本。所恶于智者,为其凿也。如智者若禹之行水也,则无恶于智矣。禹之行水也,行其所无事也。如智者亦行其所无事,则智亦大矣。天之高也,星辰之远也,苟求其故,千岁之日至,可坐而致也。(《孟子·离娄下》)

————————

①　[德]汉斯-格奥尔格·加达默尔:《真理与方法:哲学诠释学的基本特征》上卷,第305页。加达默尔所论的生命哲学观点之一。

　　智之在生命整体中的肯定性意义,为生命自身所固有的"内在之明",它持守在"为了生命自身升华"的限度之内,跟随生命之展开自身并"随所遇而明"——出自生命本身并为了生命本身。它永远以生命本身为内容,为出发点与归宿。在此意义上,就是"智之于生命的意义",正如大禹治水之于水的流淌的意义。大禹治水依循水自身之流淌,而不是在具体生动的浩浩汤汤的水流之外,去杜撰一个理智自身抽象出来的"水之本质"。在水流之外虚构属于理智的东西,而不是水流自身,这就是理智之"凿"而"行有其事"——好像理智有自身独立于生命行程之外的"使命之事";让水如其自身而流,让生命如其自身地延展,思之觉悟作为内在之明,内蕴于水流或生命延展中。慨叹"逝者如斯夫"就是彻悟于斯而融身于斯,并不去"如斯"之外叠床架屋而另设一个本体或本质——这就是理智之"不凿"而"行其所无事",即理智之事就是生命本身的自我敞明,而非别有一个空无所有的明本身。

　　在仁、义、礼、智源初一体的关系中,智属于生命整体,孟子有一个明确的界说:"仁之实,事亲是也;义之实,从兄是也。智之实,知斯二者,弗去是也;礼之实,节文斯二者是也;乐之实,乐斯二者。乐则生矣,生则恶可已也。恶可已,则不知足之蹈之、手之舞之"(《孟子·离娄上》)。仁义即是道德生存的实情——在切近的人伦关系中渗透了感情和规则的具体活动本身,而智的真实的内容,就是对于此渗透情感与秩序的活动本身的自明自觉之领悟并守而勿失——既不遗忘、遏止生命活动本身,又不"凿"而自私用智另立生命的虚假本质。内具情感与秩序的源初道德生命,其具体行为的准则之文(礼),就是对情与道(秩序)的教化式范导与政治式制约;乐则是对情与道的审美性引领与顺导——让生命在自我享受与沉醉中前行。"不知足之蹈之、手之舞之",这正表明,生命存在的自身完善状态不是某种理智的宁静,而是活生生之在世行动的充盈饱满。

　　理智对于生命活动自身的如此内在性,孟子强调为"思"。理智认识容易滑失而走向对于生命存在本身内容的疏离,而"思"则是对于生命本身内容之浑融一体的领悟。孟子很重视"思"这个概念,尤其在《孟子·告子上》中多次强调了"思",使"思"作为对于生命之渊博内容的领悟,成为《孟

子·尽心》中"尽心、知性、知天"说的前提和基础。富于内容的生命存在之
自身领悟，是"生命存在"的"本然绽放"。失其本心而不能领悟，是生命存
在本身的"歧出"。

　　因此，孟子在言说思之际，一方面肯定性地阐明思是人之所以为人者：
"耳目之官不思，而蔽于物，物交物，则引之而已矣。心之官则思，思则得之，
不思则不得也。此天之所与我者，先立乎其大者，则其小者弗能夺也。此为
大人而已矣。"耳目之官是小体，心之官是大体，小体之小即在于其不能思，
大体之大即在于其能思——而且，大体之思不单是证成思自身的自为性，而
且是证成大体与小体统为一体的整体存在的自为性。正因为思不单是"返
回自身的纯粹性"，而且是证成小体与大体统为一体的整体，所以，思是富于
内容的生命存在本身；思作为生命活动整体的觉悟，因其在生命整体中能觉
悟、能主宰，而标志着人之作为主体性存在的"本质性"。另一方面，孟子尤
其通过诘问和破除"弗思"的否定性方式来突出"思"是人之所以为人者："仁
义礼智，非由外铄我也，我固有之也，弗思耳矣。故曰：'求则得之，舍则失
之'。""拱把之桐梓，人苟欲生之，皆知所以养之者。至于身，而不知所以养
之者，岂爱身不若桐梓哉？弗思甚也。""欲贵者，人之同心也。人人有贵于
己者，弗思耳。"在生命存在活动过程中，思无处不在，但常常以自身扭曲而
汩没于物的方式呈现出来——本质上是双重丧失，既是生命之大体的能动
性、主宰性的丧失，也是富于内容的整体性生命本身的丧失。因此，扭曲而
汩没于物的无思生存状态，就需要学问工夫，而学问工夫的本旨就是求放
心，求放心就是回到心之觉悟与行动展开统一的生命中来："仁，人心也；义，
人路也。舍其路而弗由，放其心而不知求，哀哉！人有鸡犬放，则知求之；有
放心，而不知求。学问之道无他，求其放心而已矣。"①孟子进一步将作为具
体行事的仁义（事亲与从兄）理解为心与行的统一，而此统一的丧失或分裂
就是本心之失，重归心与行的统一则是求其放心。

　　从失其本心而求其放心，在绵延的生命活动中的思，或者思内在于其中
的生命活动，就要克服两种弊端。一是舍而不耘，二是揠苗助长："必有事焉

---

　　①　本段关于思的几处引文皆见《孟子·告子上》。

而勿正,心勿忘,勿助长也"(《孟子·公孙丑上》)。"正",理解为"止"①,人自身的生命活动绵延不止,其展开过程中,心忘就是舍而不耘。助长就是"揠",就是在生命活动过程之外去虚构物事。二者都是"失其本心",失却了生命存在活动的本然一体,克服本心之失,就是持存思对于生命活动的内在性。

思的如此内在性,表达着"思考自身内在于生命整体本身","主体对世界的态度的可理解性不存在于有意识的体验及其意向性里,而是存在于生命的匿名性的'作为'里"。②这也就是具体行事活动与思之觉悟的浑然一体,亦即一种"具体的生命"或"生命的具体性"。③在孟子哲学里,这种具体性生命内容的整体就是"诚",是一种无可逃避的"天道存在"。而其展开,就是不断获得思之明觉的过程。二者的统一,就是具体而现实的能动之生命存在活动本身。所以,孟子说,"诚者,天之道也;思诚者,人之道也。至诚而不动者,未之有也;不诚,未有能动者也"(《孟子·离娄上》)。人的具体生命,就是具体真实内容与觉悟之思统一的能动活动。

三、端的厘定:萌芽而非种子

历来学者喜欢将"四端之心"视为先天的种子式本体,以论证孟子的性善论是一种先天良知论。实际上,孟子的"四心"说或"四端之心"说,有两处不同的说法。《孟子·公孙丑上》说"四端之心"(恻隐之心,仁之端也;羞恶之心,义之端也;辞让之心,礼之端也;是非之心,智之端也),《孟子·告子上》直接说"四心"(恻隐之心,仁也;羞恶之心,义也;恭敬之心,礼也;是非之

---

① 焦循:《孟子正义》上,中华书局,2004 年,第 230 页。

② [德]汉斯-格奥尔格·加达默尔:《真理与方法:哲学诠释学的基本特征》上卷,第 320—321 页。

③ 同上书,第 322 页。

心,智也)。后世学者,不但没有理解《孟子》文本中"四端"与"四心"的确切意蕴,而且将"端"与"心"囫囵地理解为"端",将"端"理解为生物学种子或者理智形而上学的先天本质/精神实体。这就根本脱离了孟子哲学的地基。孟子性善论是儒家哲学的一个基本命题,一定意义上甚至可以说性善论是儒家哲学的一个信仰,乃至于后世儒学一说到荀子性恶,便谓"大本已失"。但是,一直以来,性善论的具体含义并没有得到清晰而确切的揭示。

实际上,孟子哲学所谓性善,是与心连在一起加以论述的,是从心立论的。从心立论以言性善,在《孟子》中有两段基本的文本,第一段出现在《孟子·公孙丑上》:

> 孟子曰:"人皆有不忍人之心。先王有不忍人之心,斯有不忍人之政矣。以不忍人之心,行不忍人之政,治天下可运之掌上。所以谓人皆有不忍人之心者,今人乍见孺子将入于井,皆有怵惕恻隐之心,非所以内交于孺子之父母也,非所以要誉于乡党朋友也,非恶其声而然也。由是观之,无恻隐之心,非人也;无羞恶之心,非人也;无辞让之心,非人也;无是非之心,非人也。恻隐之心,仁之端也;羞恶之心,义之端也;辞让之心,礼之端也;是非之心,智之端也。人之有是四端也,犹其有四体也。有是四端而自谓不能者,自贼者也;谓其君不能者,贼其君者也。凡有四端于我者,知皆扩而充之矣,若火之始燃,泉之始达。苟能充之,足以保四海;苟不充之,不足以事父母。"

在这一段文本中,如何恰切地理解"端",成为合理而准确地理解孟子性善论的一个关键和基础。赵岐注说:"端者,首也。人皆有仁义礼智之首,可引用之。"[①]孙奭疏说:"此章指言人之行当内求诸己,以演大四端,充广其道……孟子言人有恻隐之心,是仁之端,本起于此也。有羞恶之心者,是义之端,本起于此也。有辞让、是非之心者,是礼、智之端,本起于此也。以其仁者不过有不忍恻隐也,此孟子所以言恻隐羞恶辞让是非四者,是为仁义礼

---

① 赵岐注,孙奭疏:《孟子注疏》,北京大学出版社,1999年,第94页。

智四者之端本也。"①孙奭疏将赵岐所注"端为首"解释为"本",将问题推向了一个歧义之处,即"端"究竟是本还是末?《说文解字》说:"木下曰本,从木,一在其下","木上曰末,从木,一在其上"。孟子所谓"端",究竟是在"其上"还是"其下"呢?

《说文解字》注"端":"直也,从立,耑声。"注"耑":"物初生之题也。上象生形,下象其根也。凡耑之属皆从耑。"注"题":"额也,从页,是声。"额同额。焦循说,"《仪礼·郊射礼》注云:'序端,东序头也。'头,首也。故端为首。端与耑通。《说文》耑部云:'耑,物初生之题也。'题亦头也"。②从字义本身来说,"端"是在上者,而非在下者,"端"作为在上之初生,就是已然有所绽放的端芽或萌芽。孙奭疏把赵岐注的"首"理解为"在下之本",意义恰好相反了。

"端"作为已然萌发之芽,是仁义礼智之具体道德的源初展开。就其实质意义而言,从已然萌发之芽出发,善或道德是"向前地行动以充分展开自身"。但是,在对于"端"的理解中,大多数理解并没有从"已然绽放之端芽",从切己地展开践履、修行而实践地实现、完善自身来理解,而是更多地诉诸理智的抽象之思,为"已发之端芽"寻找"端之所以能萌发之本"。比如朱熹说:"端,绪也。因其情之发,而性之本然可得而见,犹有物在中而绪见于外也。"③朱熹这个解释具有典型性,基本上代表了对孟子性善论的一般性理解。这个理解的关键就是,将"已然萌发之端",由理智的反思抽象为"无所萌发而能萌发的内在种子"。

在一定意义上,孙奭的疏与朱熹的注本质上都是以"种子说"解释"端",即以一种抽象的善之精神实体来理解"端",即所谓"善端",实质的含义是"善的种子"。

这样的理解离孟子的性善论有很远的距离。孟子所谓"今人乍见孺子将入于井"而"皆有怵惕恻隐之心",实质上仅仅是说在此具体情境下,有自然而然的"怵惕恻隐之道德心理意识活动",如此道德心理意识活动即是道

---

① 赵岐注,孙奭疏:《孟子注疏》,第94—95页。

② 焦循:《孟子正义》上,第234页。

③ 朱熹:《四书章句集注》,中华书局,1983年,第238页。

德之仁的"实然而已然的开始"。孟子直接用"恻隐之心"来表达"怵惕恻隐之道德心理意识活动",只是用语的习惯和不严密。从逻辑上说,从"功能""活动"不能推论出一个"实体"。换句话说,从"道德心理意识活动",并不能推论出一个"道德心理意识活动"的"精神实体作为承担者","道德心理意识活动"并不能逻辑必然地推论出一个良知或良心实体。孟子尽管自己说到"良知""良心"以及"本心"等概念,但并不是从抽象理智的先天实体来立论的;相反,毋宁说,孟子的良知、良心、本心等,是消解先天实体化的理智抽象进路,而指向经验现实的切己践行之路。

由此,我们可以看到《孟子》中第二段关于"四心"的说法,在《孟子·告子上》第六章,孟子不再说"端",而直接说:"恻隐之心,仁也;羞恶之心,义也;恭敬之心,礼也;是非之心,智也。"朱熹说:"前篇言四者为仁义礼智之端,而此不言端者,彼欲其扩而充之,此直因用以著其本体,故言有不同耳。"[1]道德存在展开为行动的自身实现,朱熹仍然注目于所谓本体,显然错失了性善的真意在于活动或行动自身的自为展开。实际上,《孟子·公孙丑上》之说"端",与《孟子·告子上》之不说"端",是哲学思考自身的逻辑进程与道德行动-实现过程的统一,即基于切实行动的初始绽放与过程中展开的统一。

"端"作为 sprout,可以由种子(seed)生发出来,也可以由"整棵树"(the whole tree)生发出米。无论是种子之萌芽还是整棵树之萌芽,都与大地、天空、阳光和水分等相联系而为一个整体。将"端"理解为种子,使"已然绽放之萌发"得以可能的"大地、天空、阳光、水分"之整体就被遮蔽了。这意味着,"乍见孺子将入于井"的具体性境域作为整体,是不能在理智抽象的实体化倾向中被消解和湮没的。

心在具体性境域里的自然而油然的显露是人之生命存在的一个基本实情。"心显露自身"为一种"怵惕恻隐的心理意识活动",此活动具有自为肯定的道德属性,所以是善。从心之自为绽放与自为肯定理解性善,现代新儒家已有所见。比如唐君毅就认为:"孟子言性,乃即心言性……孟子之'即心

---

① 朱熹:《四书章句集注》,第328—239页。

言性'之说,乃能统摄告子及以前之'即生言性'之说。"①徐复观《中国人性论史·先秦篇》第六章就直接以"从性到心——孟子以心善言性善"为题,有一个更清楚的表述:"心在摆脱了生理欲望的裹胁时,自然呈露出了四端的活动。并且这四种基本活动形态,虽然显现于经验事实之中,但并不为经验事实所拘限,而不知其所自来,于是感到这是'天之所与',亦即是'人之所受以生'的性。这是孟子由'心善'以言性善的实际内容。换言之,孟子在生活体验中发现了心独立而自主的活动,乃是人的道德主体之所在,这才能作为建立性善说的依据。"②这无疑是一个正确的见解,但他进而认为这个心完全摆脱了欲望裹胁、生理欲望而处于完全休息状态,是欲望未与物相接触而未被引起的纯粹独立的活动,以心的纯粹性与独立性来说善,实际上与性善的真意失之交臂。

总而言之,合理地理解"四端之心"的"端"或"四心"之"心",拒斥生物学天赋本能与理智思辨的先天本体,而从源初绽放的生命活动本身出发,这是理解孟子道德哲学或性善论哲学的一个基本点。实质上,作为道德哲学的性善问题,不仅是一个抽象思辨的理论问题,而且是一个切实践履的自觉行动问题。

四、具体行事活动是理解孟子性善论的根基

富于内容的生命存在,要破除生物学与形而上学对于人性的理智穿凿,必须有一个更为真实的立足之地来理解人自身的生存,即哲学反思与生命存在同时绽现的根基——具体行事活动。

在《孟子》文本中,"事"这个字出现了 110 多次。"事"总是与人的行动相关,并由人的主体性行动加以实现。如上所述,人的行动构成生命存在的内

① 唐君毅:《中国哲学原论·原性篇》,中国社会科学出版社,2005 年,第 13 页。
② 徐复观:《中国人性论史·先秦篇》,上海三联书店,2001 年,第 151 页。

容，"事"也就是行事。可以说，"行事"是理解孟子性善论哲学的基础性概念，却长久未能得到充分注意。与哲学性善论讨论相关，"行事"概念的核心含义，如上所说，是指不间断的具体行事活动。这里列举《孟子》中五条记载（尤其前三条），来阐述"行事"概念的基本意蕴：

（1）必有事焉而勿正，心勿忘，勿助长也。（《孟子·公孙丑上》）

（2）事孰为大？事亲为大；守孰为大？守身为大。不失其身而能事其亲者，吾闻之矣；失其身而能事其亲者，吾未之闻也。孰不为事？事亲，事之本也；孰不为守？守身，守之本也。曾子养曾皙，必有酒肉。将彻，必请所与。问有余，必曰"有"。曾皙死，曾元养曾子，必有酒肉。将彻，不请所与。问有余，曰"亡矣"。将以复进也，此所谓养口体者也。若曾子，则可谓养志也。事亲若曾子者，可也。（《孟子·离娄上》）

（3）昔者尧荐舜于天而天受之，暴之于民而民受之。故曰：天不言，以行与事示之而已矣。（《孟子·万章上》）

（4）孟子为卿于齐，出吊于滕，王使盖大夫王驩为辅行。王驩朝暮见，反齐滕之路，未尝与之言行事也。公孙丑曰："齐卿之位，不为小矣；齐滕之路，不为近矣，反之而未尝与言行事，何也？"曰："夫既或治之，予何言哉？"（《孟子·公孙丑下》）

（5）滕定公薨。世子谓然友曰："昔者孟子尝与我言于宋，于心终不忘。今也不幸至于大故，吾欲使子问于孟子，然后行事。"（《孟子·滕文公上》）

"行事"概念凸显了人之在世生存的基本实情，其具体的含义可以概括为三点：其一，人的存在，无论就其自身而言，还是就相与共在的相互呈现而言，其具体形式与内容，就是行事；其二，没有任何人的存在不展开行事活动的——"孰不为事"①，就此而言，生命存在活动就是具体行事活动；其三，具

————————

① 《孟子·梁惠王下》晏子劝诫齐景公的不要出游一段话中，还有一个"无非事者"的说法，尽管是在说君王治理国家的政治问题，但也可以宽泛地理解为人之生存状态的规定性。

体行事活动作为生存活动,本身不可间断,是一个绵延不绝的过程。"必有事焉"是正面肯定性地突出行事,"孰不为事"和"无非事者"是从反面否定性(否定之否定)而突出行事。简单而言,人的存在就是行事不止,这是理解孟子性善论的根基。

与此相关,如上已述,孟子哲学中与性和善密切相联系的仁和义,在其根本的含义上,也不是某种定义式的抽象理智规定,而是活生生的生存状态,亦即具体行事活动本身及其内在的情感、意志、理智、欲望等多样性因素的觉悟。在上文已经展开的阐释基础上,我们可以集中地罗列几条原文,以展示仁、义与"具体行事活动"在本质上的浑融一体:

（1）仁之实,事亲是也;义之实,从兄是也。智之实,知斯二者,弗去是也;礼之实,节文斯二者是也;乐之实,乐斯二者。乐则生矣,生则恶可已也。恶可已,则不知足之蹈之、手之舞之。（《孟子·离娄上》）

（2）孔子曰:"里仁为美。择不处仁,焉得智?"夫仁,天之尊爵也,人之安宅也。（《孟子·公孙丑上》）

（3）仁,人之安宅也;义,人之正路也。（《孟子·离娄上》）

（4）仁,人心也;义,人路也。（《孟子·告子上》）

（5）亲亲,仁也;敬长,义也。（《孟子·尽心上》）

以"仁"为所居或安宅,孟子把孔子的"里仁"从一般意义上的选择居所提升为生存论上的自觉抉择,并紧扣于具体行事。刘宝楠说:"观孟子所言,是'择'指行事。"①这个解释切中了孟子道德-生存论的基本点和理解性善论的根基,亦即具体行事作为活生生的生存活动本身,就是蕴涵着丰盈内容的自觉抉择。具体行事活动作为生命存在的展开,其基本实情与具体内容,就其切近性而言,是事亲与从兄的实际活动,也就是亲亲和敬长的活动。事亲、从兄侧重事情之行动,亲亲、敬长偏重行动之自觉,二者统一而为人之栖居之所;此一栖居之所,即是以无所止为所止,与《大学》"止于至善"之"止"

---

① 刘宝楠:《论语正义》,中华书局,2015年,第140页。

具有一致的意蕴。孔子曾说："谁能出不由户？何莫由斯道也?"(《论语·雍也》)人由其栖居之所必然而"迈出"，迈出则必有其道，此道即是"义"。仁义作为事亲与从兄或亲亲与敬长，本身就是统一的具体行事活动。孟子以自觉之择突出仁，以行走之动突出义，也就显示具体行事活动在生存论上的意义，即安居与行动的统一。实质上，安居之仁本身也是行动，而行动之义也是安居。简言之，仁也是道路，义也是居所，仁义就是安居与行动，就是生存与秩序。对仁为安居之宅和义为行动之道的不同表述，孟子不过是变其文而突出地加以强调而已。其根本之旨，就是显明生命存在的本质，不是单纯的观念世界或理智世界的概念规定性，而是对生命存在的真切内容，即生命行动本身的护持。①

仁义作为居所与道路的动态统一，作为真实的道德生存活动，在某种意义上跨越了康德道德哲学在纯粹形式与具体实践之间的鸿沟。在维特根斯坦哲学里，也有一个"遵循规则"难题："'我何以能够遵循一条规则?'——如果这不是一个追问[道德行动]原因的问题，那么就是一个追问我遵循规则以如此方式行动的理由问题。"②对道德生存活动的形式主义讨论，往往陷入形式规则、道德情感、道德认知、道德选择与具体行动之间的分裂，造成相互之间不可过渡的鸿沟。实质上，形式主义的道德哲学讨论，脱离人的真实而具体的道德生存活动，已经是"拔苗助长"而"失其本心"了。按照孟子的理解，仁义是具体鲜活的道德生存活动、情感享受、意识觉悟、道德规则等多方面的源初统一，单纯理智的确定性认知便只有相对性的意义，而不能脱离源初统一的生存活动加以孤立的讨论。

因此，如果避开了认知取向的形式主义理解进路，而在富于内容的具体行事活动的基础上来理解，那么，也就能避免对孟子哲学中良知或本心的两

---

①　实质上，这也牵涉一个对人之存在的基本理解，即"什么是人之存在的真正开启"的问题。在此要而言之，存在的真正开启，就是每一当下的"当机绽放"本身，人之生命的本质就在于能不断重新开启。相关论述可以参见郭美华《古典儒学的生存论阐释》，第二、第三章，广西师范大学出版社，2014年。

②　Ludwig Wittgenstein, *Philosophical Investigations*, Blackwell Publishing Ltd., 2009, p.217.

个错误理解倾向,即以之为天生本能的生物学取向和以之为先天性精神实体的理智形而上学取向。由此,孟子哲学中的四端之心或四心、良知良能与仁义的具体内蕴就能得到一个更为妥适的解释。

(1) 乃若其情,则可以为善矣,乃所谓善也。若夫为不善,非才之罪也。恻隐之心,人皆有之;羞恶之心,人皆有之;恭敬之心,人皆有之;是非之心,人皆有之。恻隐之心,仁也;羞恶之心,义也;恭敬之心,礼也;是非之心,智也。仁义礼智,非由外铄我也,我固有之也,弗思耳矣。故曰:"求则得之,舍则失之。"(《孟子·告子上》)

(2) 人之所不学而能者,其良能也;所不虑而知者,其良知也。孩提之童,无不知爱其亲者;及其长也,无不知敬其兄也。亲亲,仁也;敬长,义也。无他,达之天下也。(《孟子·尽心上》)

(3) 仁,人心也;义,人路也。舍其路而弗由,放其心而不知求,哀哉!人有鸡犬放,则知求之;有放心,而不知求。学问之道无他,求其放心而已矣。①(《孟子·告子上》)

在孟子看来,人是就其生存实情而言能"为善"——生存实情就是觉悟与行动的浑融一体,"为善"就是如此浑融一体之不止歇的自身展开。很多人将"四心"理解为善的基础,实质上,"四心"是生存实情如其自身展开而"为善"的"展现"。如果撇开源初统一状态的生存实情,去追问人何以能为善,那就是认知取向的形式主义做法,去究问人的某种生物性能力("才")。孟子明确排斥了对于"才"与为善关系的讨论,也就是拒斥了裂解源初统一生存实情的形式主义理解。在源初浑融的统一体中,行事先行展开,他人与我相融共在,同情就是对于具体行事中共在的情感自觉;源初统一整体的展开,在每一具体环节中,总已有先行作为的展开(真实而切己的道德生存活

---

① 在《孟子》中还有一段比较著名的讨论,即"鱼与熊掌"章的结论,参见郭美华《道德与生命之择——〈孟子·告子上〉"鱼与熊掌"章疏释》,《现代哲学》2013年第6期(收入郭美华《古典儒学的生存论阐释》)。

动,并没有一个一无所行的逻辑起点),羞耻就是对于先行作为的情义自觉(羞耻是对自身既有行为与道德规则相悖的良知觉悟,相对于同情,它不仅有情感自觉,也有意志和规则的自觉);与他人共在,在现实生存中以合理分配物质财富而体现出来,恭敬就是对于他者与自己一样占有作为财物的对象,加以能动克制与让渡的意志自觉;行为与观念相伴随,观念相对于行为之不绝如缕的绵延展开,既根源于行为,也具有相对的独立性,是非就是观念相对独立性的理智自觉(判断观念与行为是否契合以及观念自身之间的契合关系)。因此,本质上,仁、义、礼、智,就是觉悟与行动源初统一体的展开过程的具体内容的呈现(正反两面内容的交织呈现),它们既是源初统一体的展开,又使得生存活动继续更好地展开,因之而善。所谓良知良能,从觉悟与行事二者的浑融统一来看,强调的不外乎是孩提之童(作为生物意义上的人之起点)在其生命的现实展开中、其与亲人共在的生命活动中,本然地具有爱亲、敬长之情,以及对之加以自觉的能力。脱离爱亲、敬长的实情,而且孤立地说"良知良能",是什么"良知良能"呢? 良能就是爱亲、敬长之道德活动,良知就是对爱亲、敬长活动的觉悟。所以,放心不是心丢了,而是对爱亲、敬长之生存活动实情(仁义作为居所与道路)的遗忘。

这样以具体行事活动为基础,才是真正的"一本论"。[1]"一本"是孟子哲学一个很重要的说法:"且天之生物也,使之一本,而夷子二本故也"(《孟子·滕文公上》)。夷子是墨家弟子,理论上坚持"兼爱",行动上强调"施由亲始":其理论上"兼爱"的根据,不是具体行事活动这个生存实情,而是理智自私用智的"拔苗助长"之物(抽象理智规定性);其行动的"施由亲始"之根据,则是每一个体的当下现实切近于亲人。观念主张与行动展开割裂为两茬,不相融合,所以是"二本"。孟子则立基于具体行事活动,将在观念上的自觉爱亲和行动上的事亲之举混而为一。

在整体性"一本论"视野下,从生存活动的具体行事出发,我们才能真正进入孟子性善论哲学,也才能真正通过孟子性善论哲学的阐释,走向我们作

---

[1]　戴震对此作了深入的讨论,参见郭美华《"一本"与"性善"——论戴震对孟子道德本体论的圆融与展开》,《哲学研究》2013 年第 12 期(也可参见本书第十二章)。

为阐释者的"具体行事活动"之善。如此,善作为动词的意义,以及善真正的本质与内容才能得以显露。善不是抽象理智认识之域的名词性状或形容词性质,善是生存活动自身经由内在否定而肯定地展开、绵延自身,是生命活动的自为目的、自觉与行事的相互充盈。在此意义上,也才能理解后来程颢、王夫之、戴震等人结合《易传》的"一阴一阳之谓道,继之者善,成之者性"强调孟子的性善论哲学是"以善为性"这一诠释的深意。①当亚里士多德认为"人的每种实践与选择,都以某种善为目的"②时,他强调目的分为"实践活动本身"与"活动以外的产品"。③以具体行事活动为基础来理解孟子的性善论,真正的善也就意味着具体行事活动以自身为目的。可以简约地说,基于具体行事活动之"一本",性善论的生存论意蕴在于,活出本己的独特性意义(经由切己的生存活动,造就自觉自为的生命内容)——"据其自身地存在——就是成为善"。④

五、性善的实现:整体与过程

无论从富于内容的角度理解道德生命,还是把端或心的源初绽放意义与具体行事活动作为根基来理解孟子性善论,性善作为人自身存在的实现,都绽现为一个统一的整体与过程。以行动为基础,"人性理论与人性为善的命题的提出是基于德行的整体的体验而来"⑤,"体验如同呈现是一种发生,

---

　　① 具体可以参见郭美华《"一本"与"性善"——论戴震对孟子道德本体论的圆融与展开》,以及《整体之诚与继善-成性——王船山对孟子道德哲学的诠释》,《社会科学》2017 年第 3 期(也可参见本书第十章)。

　　② [古希腊]亚里士多德:《尼各马可伦理学》,廖申白译,商务印书馆,2005 年,第 3 页。

　　③ 同上书,第 4 页。

　　④ [法]伊曼纽尔·列维纳斯:《总体与无限:论外在性》,朱刚译,北京大学出版社,2016 年,第167 页。

　　⑤ [美]成中英:《合外内之道——儒家哲学论》,中国社会科学出版社,2001 年,第 420 页。

但不同于体验的是,呈现是主体与客体的融合,也就是呈现的真实结合了主体的经验的丰富感受".①源初的生命活动与源初的觉悟之一体,就是生命自身的源初涌现或呈现。如此涌现,作为一个整体,并不是一个先天本能或先验实体,而是多重内容的一体而鲜活的、生成着的涌现。

如上文所分析的"四端之心"或"四心"的具体内容显示的,所谓源初生命绽放的整体,首先就是心物或主体与客体的浑融一体之呈现。关于孟子道德哲学之著名例证"孺子将入于井",大多数诠释者居然撇开具体性情境而专注于抽象且先天的"四端"或"四心"以论性或善。实际上,在"今人乍见孺子将入于井"这一境域中,"乍见"所绽现的就是一个整体性境域。其中,孺子、井乃至于大地和天空与作为"见者"之我是源初浑融的整体。脱离了"乍见"之源初整体性境域,将所谓自我、孺子、井等,以理智思辨的反思或抽象加以割裂,就完全走向了孟子道德哲学所论性与善的反面。

"乍见"作为源初绽放之几,并不先行给出一个能见的自我道德主体,然后派生出天空、大地、井和孺子,以及乡党朋友等等。"见"是无穷与丰富的浑然一体之显,他者与我共在,大地与天空同在。

在一定意义上,如此源初绽放的整体性境域,可以称为"见在"。在《孟子·梁惠王上》孟子与齐宣王关于仁心和仁术的讨论中,"见在"得以细腻而深入地凸显。齐宣王不忍见牛之觳觫而以羊易之,这个"以羊易牛"的行为本身究竟具有什么意义? 齐宣王只是舍不得杀牛,但何以舍得杀羊呢? 齐宣王本人不知道其中的道理,百姓只是见牛大而羊小,所以觉得齐宣王是吝啬。孟子却觉得齐宣王不是吝啬,而是出于仁心或不忍人之心。但齐宣王为什么舍得杀羊而不舍得杀牛呢? 孟子解释说:"是乃仁术也,见牛未见羊也。君子之于禽兽也,见其生,不忍见其死;闻其声,不忍食其肉。是以君子远庖厨也"(《孟子·梁惠王上》)。就根本义理而言,孟子的意思就是要引出一个仁心或不忍人之心的真实存在状态,即仁心或不忍人之心只有在"见在"——与他物共在的具体的整体性境域——之中,才能自然而然地实现在他物身上。具体的共在情境或整体性境域,是仁心或不忍人之心

---

① [美]成中英:《合外内之道——儒家哲学论》,第421页。

的本体论前提。如此"见在"具有根本性的伦理性意义："面对面始终保持为终极处境。"①由于羊不"见在"而牛"见在"，齐宣王就"以羊易牛"了。当孟子诘问"今恩足以及禽兽，而功不至于百姓者，独何与?"，恰好突出的是齐宣王自身没有处在与百姓一体而在的具体的整体性境域中。孟子道德哲学的许多困境，实际上都是由于解释者脱离了这个整体性境域而自私用智使然，不是孟子哲学本身的问题。②

　　"见在"的整体性意蕴，不是本体-宇宙论的思辨整体，而是道德生存论的整体性境域。这在一定意义上就有了境界论的意味。在孟子与告子关于不动心的争论中，传统上对孟子不动心境界的认知主义解释框架陷于静态描述，而在道德生存论立场上加以重释，可以看出孟子不动心的境界以心气一体的整体性世界为本体论基础，并强调此一整体性世界以具体行事作为根据。由此，不动心基于"必有事焉"的具体行事，既是纵的历程，也是横的统一。

　　在孟子与告子的争论中，"杞柳与杯棬之辩"，如果不从过程的角度来理解，就会陷入一种片面理智认知的静态理解。实际上，从辩证否定的过程观立场分析讨论孟子和告子"杞柳与杯棬之辩"的内蕴，必须批评以往诠释中的认知主义倾向，这一倾向错失了这一争辩的真意。杞柳与杯棬之间、人性与仁义之间，都不单是"戕贼"（转逆或否定）的关系，也涵着"顺成"（肯定）的一面，是转逆与顺成的统一。而且，人的道德生存活动是一种内在的自身否定，经过这一内在自身否定而实现自身；如此内在的自身否定，是由内在于道德生存活动的心思来实现的。如此经由自身否定而自我实现，就是过程论的基本意蕴。

　　在孟子与告子的"湍水之辩"中，过程论与整体观得到更为清晰的呈现。单纯从论辩的形式来看，似乎"湍水之辩"是以人性与水作类比来进行论证

---

　　①　[法]伊曼纽尔·列维纳斯：《总体与无限：论外在性》，第57页。

　　②　当然，如何维护具体的整体性境域及其秩序，这就逸出了道德哲学的范围而进入政治哲学之域了。在孟子哲学中，整体性境域及其秩序，因为乐观主义的认识论与道德自圣化倾向，蕴涵着被其哲学自身消解的危险，这在与庄子哲学突出整体性及其秩序的自在性相比较时，就能更清楚地看出来。

的,而孟子抓住了告子以水作比中的破绽并击败了告子。实质上,告子将水视为脱离大地的孤立存在物,将人视为绝物而在的原子式个体,远离了水与人之真性。而孟子视水与大地一体而在,视人与他者相遇相接而共在,从而将连续性进程与整体性境域视为理解善的基础。水的意象在《孟子》中具有重要的意义。水流被孟子界定为"原泉混混""不舍昼夜""盈科而后进""放乎四海"四个方面,从而清晰地显示为一个连绵不绝的过程。此四者,从过程性角度看,即是阐明水流之为流,有其起点(本),有其展开,有其归终。从其起点或本而言,水流有本,其本为滚动不已之"混混"("原泉混混")。从其展开来看,一方面,水流之动,无有一息之暂停("不舍昼夜");另一方面,水流之动,整个过程的每一环节都是内在充实的,并且当且仅当在每一环节中实现自身之内在充实,水流才进一步前行展开为下一环节("盈科而后进")。从水流之归终来看,水流最终涌入并融合于碧海长天浑然一体的滔滔海水("放乎四海")。而人之善,恰在于自身展开过程中的自我肯定,即智对于展开过程的明觉与贞定。孟子的人性思想将能动的展开过程本身视为理解善的基础。在水与人性(人)的类比论证中,性与善的力动意义成为基本的方面。如此能动性,基于人之存在的实情,即在一种动态的矛盾运动中,主体在整体性与过程性意义上自我决定、自我选择、自我实现。此矛盾中的自我肯定活动,即是善之所以为善。在具体的、自身肯定的自我实现过程中,主体性存在处于相当程度上觉悟了的整体性境域之中,主体自身实现的活动往往体现为与整体以及其中他物之间的交互作用。在整体性境域中,主体与他物的关系在一定意义上既具有内在性,又具有外在性,从而交互作用对于主体既具有自为性,也具有自在性。从内在性或自为性角度而言,整体性境域及其中之他物构成水或人自身实现的积极相遇者;而从外在性或自在性角度而言,整体性境域及其中之他物构成水或人自身实现的消极相遇者。前者无疑直接彰显善,而后者则在更深层意义上突出了善:正如水之搏而使之向上,恰恰在更深刻的意义上彰显了水之向下的本质,人之为外物或环境所否定,也在更深的意义上彰显了人必然克服这些否定而实现自身的本质。

只有基于具体行事活动之整体性境域的整体性与过程性,所谓良知本有、仁义内在才能得到恰切的理解。所谓内在,并非普遍的道德规范内在于作为超越实体的个体良知,也并非道德情感内在于生物性的个体生命,也不是单纯的道德觉悟或道德认识内在于孤立的道德认识主体,而是内在于具体行事活动那个活生生的、作为动态过程的整体性境域。尽管理性觉悟、情感自得、意志自主标志着道德的自为性与自主性,但道德的真正本质并不在于某个或几个神圣道德主体的挺立,而是基于共在(我与他人、人与天空和大地)整体的道德生存之境自身的凸显。在整体性道德之境中,长者、长之者、所以长之者与长幼之间的社会生活关联(语言、习俗等)是彼此内在的——长者不在长之者之外,长之者也不在长者之外,所以长之者不在长者和长之者之外。如此道德或仁义内在性,并不是与外在性对立的内在性,而是整体性道德生存境域及其秩序和自我与他者的共同建立。如果不从整体性视角出发,而将道德视为自圣化的个体创造之物,那么仁义或道德就成为对于所有人的外在之物了。

　　一言以蔽之,从生存论阐释孟子性善论哲学的入口在于:一是"说我者"进入性善论之际,自身存在的问题性情境之绽放。二是性善论的沉思,以内容的充盈而非形式的虚明为归。三是厘清孟子"四端之心"或"四心"之端与心的确切意蕴,是已然绽放的有所萌发状态,而非一无所显的种子式本体,从而透显孟子性善论哲学的真正起点是生存活动的源初绽放。四是性善论的基础与实质,就是具体行事活动中行动与觉悟相融为一,并且在其绵延展开中,持存其一体统一。五是基于具体行事活动,将性与善理解为一个整体和过程,而不是归诸原子式个体的本性问题,才能真切地理解性与善的根本。如此,性善论问题的思考与讨论,并不仅仅是一种思辨的兴趣与历史的情调,而是"说我者"的自我证成活动,显明为"说我者"自身哲学式的生存活动本身。

上 篇

第一章　人性的顺成与转逆
——论孟子与告子"杞柳与杯棬之辩"的意蕴

孟子论人性,一方面是"道性善"(《孟子·滕文公上》),另一方面是"好辩"而善言性(《孟子·滕文公下》)。简言之,孟子善言性善。这突出地体现在《孟子·告子上》对性的集中讨论。因此,对《孟子·告子上》的研究,是理解孟子人性论思想的重中之重。《孟子·告子上》共二十章,开篇是"杞柳与杯棬之辩",第二章是"湍水之辩",第三章是"生之谓性辩",第四、五两章讨论仁义内外问题,第六章是对几种性善、性恶观念的总结性分析与讨论,并由此展开后续十几章的讨论。从整体上看,《孟子·告子上》的展开具有较为密切的内在义理秩序,对此我们还需要进行不断的深入研究。本章以其第一章"杞柳与杯棬之辩"为切入点,力图揭示传统诠释忽略的重要方面。在对"杞柳与杯棬之辩"的既有主流诠释中,有两个倾向:一方面,将第三章"生之谓性辩"作为理解整个孟子与告子争论(包括"杞柳与杯棬之辩")的基础和前提①;另一方面,认为孟子反对以杞柳与杯棬比喻人性与仁义,对杞柳

---

① 朱熹注具有代表性,他认为,前后四章"生之谓性"章"乃其根本"(朱熹:《四书章句集注》,第326页)。冯契认为孟子对"性"的讨论,大约相当于"本质"概念,他用类、故、理三个范畴来概括《孟子·告子上》前三章的内容,以为"生之谓性辩"讨论的是人存在的本质(类),"杞柳与杯棬之辩"讨论的是人之道德存在的根据(故),而"湍水之辩"讨论的是人存在的必然性(理)。这也是以"生之谓性辩"为基础[冯契:《中国古代哲学的逻辑发展》上册,上海人民出版社,1993年,第184—(转下页)

与杯棬的关系只看到"戕贼"或"转逆"的一面,而对人性与仁义的关系则只看到"自然"或"顺成"的一面。①本章通过分析讨论这两方面的倾向,认为"杞柳与杯棬之辩"作为《孟子·告子上》论人性的开端之辩,阐明了人性与道德(仁义)之间复杂的辩证关联,即仁义或道德是通过对人性的"转逆"(否定)而完成或实现(肯定)人自身的。

一、自私用智的认知主义解释背离了孟子的本意

将"生之谓性辩"章作为基础和前提所作的诠释,就实际而言,背离了《孟子》文本自身的秩序安排,脱离《孟子》文本的义理关联,外在地添加乃至强加了多余的观念来进行解释。这是自私用智脱离实情的穿凿之思,恰好合于孟子"所恶于智者"之所为:

> 天下之言性也,则故而已矣,故者以利为本。所恶于智者,为其凿也。如智者若禹之行水也,则无恶于智矣。禹之行水也,行其所无事也。如智者亦行其所无事,则智亦大矣。(《孟子·离娄下》)

(接上页)189 页]。徐复观也说:"告子的人性论,是以'生之谓性'为出发点。"(徐复观:《中国人性论史·先秦篇》,第 163 页)值得注意的是,有论者看到了第六章的重要意义,见信广来《孟子·告子上〉第六章疏解》,载李明辉主编《孟子思想的哲学探讨》,"中研院"中国文哲研究所筹备处,1995 年,第 97—114 页。

①　赵岐注"章指"曰:"此章言养性长义,顺夫自然,残木为器,变而后成"(赵岐注,孙奭疏:《孟子注疏》,第 294 页)。朱熹说:"杞柳必矫揉而为杯棬,性非矫揉而为仁义"(朱熹:《朱子语类》第四册,中华书局,1999 年,第 1375 页)。牟宗三疏解说,如果告子将从人性到仁义比作从杞柳制作杯棬一样需要"戕贼","如诚如此,则仁义将不是由人性自然而发,而是由人工造作而成"(牟宗三:《圆善论》,《牟宗三先生全集》第 22 册,联经出版有限公司,2003 年,第 2 页)。对于从人性到仁义的这种自然顺成论的理解,杨泽波还引向对于某种生物学根源的讨论,参见杨泽波《孟子性善论研究》,中国社会科学出版社,1995 年,第 82—85 页。

朱熹对此解释说:"事物之理,莫非自然。顺而循之,则为大智。若用小智而凿以自私,则害于性而反为不智。"①朱熹也清楚言性而自私用智,则为害于性。但他(也包括别的诠释者)的理解恰好就是"为害于性"的自私用智,为害是多方面的:第一,以"生之谓性"章为基础的解释不合于《孟子》的文本次序与义理秩序;第二,这些解释使用的义理框架悖于孟子本身的思想内容;第三,这些解释的实际内容本身违背于人性的真实。

我们可以深入地剖析朱熹对"生之谓性辩"的理解。他说:

> 生,指人物所以知觉运动者而言;性者,人之所得于天之理也;生者,人之所得于天之气也。性,形而上者也;气,形而下者也。人物之生,莫不有是性,亦莫不有是气。然以气言之,则知觉运动,人与物若不异也;以理言之,则仁义礼智之禀,岂物之所得而全哉? 此人之性所以无不善,而为万物之灵也。告子不知性之为理,而以所谓气者当之,是以杞柳湍水之喻,食色无善无不善之说,纵横缪戾,纷纭舛错,而此章之误乃其本根。所以然者,盖徒知知觉运动之蠢然者,人与物同;而不知仁义礼智之粹然者,人与物异也。②

在孟子与告子的争论中,"生之谓性辩"本来仅仅涉及"白"与"性"两个关键的概念,朱熹增添了理、形而上、形而下、气、知觉运动等概念。他引入性、理与气等本体论意义上的概念来进行理解,大大超出了孟子原本可能蕴涵的意味。孟子的本意,主要是区别对事物共性之把握的认知取向与关注人自身活生生活动本身的生存取向。显然,朱熹的理气架构因立足于认知取向而悖于孟子活生生的生存关怀。而且,在区别人与物的本质问题上,朱熹在本体论层次上为人与物奠定共同的本体,又不得不在工夫论上对人与物加以区别。就人与物之区别,其间出现了太多的扭曲与转折,究竟区别在气还是在理,朱熹不得不曲为之说。而孟子的致思路向一开始就是从人与

---

① 朱熹:《四书章句集注》,第 297 页。

② 同上书,第 326 页。

动物(禽兽)的区别着眼的。而这个区别,奠基于唯一的本体(即"一本")。虽然朱熹倾向于理本体,但实质上,事物的构成以理和气为两重本体,悖于孟子"一本"说。

立足于近现代哲学的视野,牟宗三引入事实与价值的区分来解释孟子与告子的"生之谓性辩",同样也陷入了"二本"之论。他说:

> "生之谓性"一原则所表说的个体存在后生而有的"性之实"必只是种种自然之质,即总属于气性或才性的,这是属于自然事实的……由此而明的性是个事实概念,因而所表示的犬之性不同于牛之性,而犬牛之性不同于人之性,这不同只是划类的不同。这类不同之性既是事实概念,亦是个类概念,总之是个知识概念……不足以说明价值上的不同……孟子理解人之性,其着眼点必是由人之所以异于犬牛的价值上的差别来理解。①

以事实和价值的二分来理解孟子与告子"生之谓性"辩,是完全不相应的,因为价值与事实的二分实质上基于近现代哲学的认知主义取向。以此二分为基础,牟宗三将超越的、动力的、普遍的、实然的本心或良知或义理之性等与生而有的自然气质之性剖裂为两个隔绝的物事,这与朱熹"自私用智"的理解一样,完全违背了孟子反对"二本"而坚持"一本"的立场。

所谓"一本",是孟子在批评墨者夷子"爱无差等,施由亲始"的观点时提出的:"且天之生物也,使之一本,而夷子二本故也"(《孟子·滕文公上》)。夷子一方面强调"爱无差等",要平等而普遍地爱所有人;另一方面又认为在实践上要"施由亲始"。前者的本体性根据显然不同于后者的本体性根据,所以叫作"二本"。孟子反对"二本",而主张"一本"。王夫之认为,夷子的错误在于将形与性的根据割裂为二,而孟子则主张形性合一而以行动为唯一根基。

> 要其所谓二本者:一、性本天地也,真而大者也;一、形本父母也,妄

---

① 牟宗三:《圆善论》,《牟宗三先生全集》第22册,第9—10页。

而小者也。打破黑漆桶,别有安身立命之地。父母未生前,原有本来面目,则父母何亲? 而况兄子? 而此朽骨腐肉,直当与粪壤俱捐。其说大多如此。盖惟不知形色即天性,而父母之即乾坤也。形色即天性,天性真而形色也不妄。父母即乾坤,乾坤大而父母亦不小。顺而下之,太极而两仪,两仪而有乾道、坤道,乾坤道立而父母以生我。则太极固为大本,而以远则疏;父母固亦乾道、坤道之所成者,而以近则亲。繇近以达远,先亲而后疏,即形而见性,因心而得理,此吾儒之所谓一本而万殊也。[①]

虽然王夫之借用了程朱理学"一本而万殊"的说法,但是其所谓真正的"一本",在于由近及远、由亲及疏,所谓"即形而见性,因心而得理",亦即真正的"一本"在于主体与本体在当下行动中的合一。以活生生的行动本身作为唯一之本,这区别于朱熹理学以寂静的太极为本之说。

因此,无论朱熹的理气解释还是牟宗三的事实与价值二分,都悖于孟子揭示的生存实情,而陷于认知主义的自私用智。就智与活生生的生存实情之关联而言,孟子强调智之为智,其合宜或合乎其本质的实现,在于对人之生存实情的觉而不离。他说:

> 仁之实,事亲是也;义之实,从兄是也。智之实,知斯二者,弗去是也;礼之实,节文斯二者是也;乐之实,乐斯二者。乐则生矣,生则恶可已也。恶可已,则不知足之蹈之、手之舞之。(《孟子·离娄上》)

在孟子看来,仁义的实质内容及其表现是事亲从兄的活动。事亲从兄的活动也就是人的生存实情:"仁,人之安宅也;义,人之正路也"(《孟子·离娄上》)。由此而言,智的合宜实现就是自觉于"居仁由义"的活生生的生存实情而不离。所谓不离,就是智不能站在认知立场上,任凭自身造作、思辨地虚构一个言辞世界(观念世界)而脱离了活生生的"居仁由义"的动态生存

---

① 王夫之:《读四书大全说》,《船山全书》第六册,岳麓书社,1998年,第975页。

实情。

因此，回到《孟子·告子上》文本本身，"杞柳与杯棬之辩"作为首章，蕴涵着对单纯认知主义取向的超越，而旨在彰显活生生的行动对于成就人性的内在辩证实情，从而为后续章节乃至整篇的阐述奠基。

二、杯棬对杞柳是转逆与顺成的统一

在某种意义上，孟子与告子"杞柳与杯棬之辩"需要我们特别地加以玩味和斟酌，以显现其中的深刻意蕴：

> 告子曰："性，犹杞柳也；义，犹杯棬也。以人性为仁义，犹以杞柳为杯棬。"孟子曰："子能顺杞柳之性而以为杯棬乎？将戕贼杞柳而后以为杯棬也？如将戕贼杞柳而以为杯棬，则亦将戕贼人以为仁义与？率天下之人而祸仁义者，必子之言夫！"（《孟子·告子上》）

此争辩从文本意义上看，包含着三个意思：一是杞柳与杯棬的关系；二是人性（人）与仁义的关系；三是杞柳与杯棬的关系和人性与仁义的关系两者之间的关系，或者说人性与仁义之间的关系能否比作杞柳与杯棬之间的关系。三层意思相互关联。对杞柳与杯棬关系的准确理解，是准确理解这一争论完整意蕴的基础。

就杞柳与杯棬的关系而言，论者大多看到了杯棬之制成是对于杞柳的残贼或戕害。赵岐对孟子前两个反诘（即"子能顺杞柳之性而以为杯棬乎？将戕贼杞柳而后以为杯棬也？"）解释说："子能顺完杞柳，不伤其性而成杯棬乎？将斧斤残贼之，乃可以为杯棬乎？言必残贼也。"①此处"顺完"一说颇需

---

① 赵岐注，孙奭疏：《孟子注疏》，第294页。

注意,我们可以用"顺成"的说法来替换。焦循说:"伤残则不能完全,故以顺为完。"①顺完或顺成,就是依循其本有而完成、实现出来的意思。就告子的本意看,他以杞柳与杯棬为喻,当然是注目于杯棬作为人工制成品与杞柳树作为自然或本然之物之间的区别,所以认为杯棬之制成,不是对杞柳树的顺成,而是残贼。但是,孟子如何理解杞柳与杯棬的关系呢?赵岐注对孟子的诘问直接断言为"言必残贼也",似乎这是孟子的观点,以为孟子也完全认可杯棬的制成是对杞柳树的戕贼或残贼。

　　赵岐这一看法并非完全准确。告子当然赞同作为自然本然的杞柳树与人为制作的杯棬之间的区别与对立,但孟子并不会如告子一样赞同杞柳树与杯棬的"自然本然与人为制作"的区别和对立。王夫之认为杞柳之喻揭示了"有待于成,则非固然其成"②,这当然一方面是说杞柳与杯棬的关系,另一方面也说人性与仁义的关系。仅就杞柳与杯棬的关系而言,"'杞柳'只是一株树,并无'杯棬'之成形,亦不必为'杯棬'。只为人要'杯棬'用,故有'杯棬',非天下固有'杯棬'也"。③在王夫之看来,杞柳树本身并非天然长成杯棬的形状,也并非一定得被当作杯棬使用,但因为人要使用杯棬,所以将杞柳树"制作为"杯棬。杞柳树有其自在性,它并不直接就是适于人使用的杯棬,需要人能动地将之"制作成"杯棬。但是,从人必然以物为用的生存实情而言,以人的能动的器具制作活动为基础,杞柳树具有"向着作为杯棬而生成"的合目的性或自为性。在此意义上,自然本然的杞柳树或杞柳树的自然本然除了单纯而空虚的自在性承诺之外,还有什么呢? 在此,人的器具制作活动本身具有基础性意义,由之,事物本身只能在人的此一主体性活动中得以确定其本质或属性。由此而确定的事物之本质或属性,就不会完全呈现为与人的作为或行动截然相反,而是具有某种"契合性"或"顺适性"。

　　从一般的器具制作活动来看,由杞柳树"做成/转变成"杯棬,内蕴着两个相反而相成的方面:一方面,杯棬必然是对杞柳树之本然的改变,具有戕

---

① 焦循:《孟子正义》下,第734页。

② 王夫之:《读四书大全说》,《船山全书》第六册,第1054页。

③ 王夫之:《四书笺解》,《船山全书》第六册,第340页。

害、残贼或转逆的一面,简言之即否定的一面;另一方面,杯棬之制成,必然依循杞柳树自身的内在纹理,具有完成或顺成的一面,简言之即肯定的一面。在人的生存实情中,物作为事是不断向人生成的。人通过自身的能动活动,"转逆"物自身的自然形态而"顺成"其为人的本质,这本来就是一切主体性活动的本质。虽然孟子化本然之气为浩然之气、存神过化乃至践形、万物皆备于我等观念主要是在道德践履活动意义上讲的,但我们可以在更为宽泛的意义上引向以"制作活动"为基础的观念。简言之,就杞柳与杯棬的关系而言,虽然一方面孟子与告子一致,承认有戕害或残贼的一面;但另一方面,孟子与告子不一样之处在于,孟子更深入地看到在人的生存活动中,杯棬有着对于杞柳树的顺成一面。历来注解仅仅看到杯棬是对杞柳的转逆,而看不到其中顺成的一面,这不免令人诧异。如此忽略,对理解整个"杞柳与杯棬之辩",乃至理解孟子关于人性的讨论产生了遮蔽。

三、仁义对人性同样是转逆与顺成的统一

在此基础上,我们进而分析用杞柳与杯棬比喻人性与仁义是否适当。赵岐认为,孟子认可告子所谓必然残贼杞柳树以成杯棬,但否认仁义是对人的残贼;因此,赵岐的结论是反对告子以杞柳与杯棬的关系比喻人性与仁义的关系。赵岐对孟子后一个反诘(即"如将戕贼杞柳而以为杯棬,则亦将戕贼人以为仁义与?")的理解则是:"孟子言以人身为仁义,岂可复残伤其形体乃成仁义邪? 明不可比杯棬也。"①值得注意的是,赵岐认为二者不可类比的说法,主要论据是仁义对人是顺成而非转逆,杯棬对杞柳则是转逆而非顺成。这几乎是理解"杞柳与杯棬之辩"章的"共识"。朱熹说:"孟子与告子论杞柳处,大概只是言杞柳杯棬不可比性与仁义。杞柳必矫揉而为杯棬,性非矫揉而为仁义。"②

---

① 赵岐注,孙奭疏:《孟子注疏》,第 294 页。

② 朱熹:《朱子语类》卷五十九,第四册,中华书局,1999 年,第 1375 页。

黄宗羲虽然认为告子同朱熹一样是外心以求理,但在仁义对人性的单纯顺成和杞柳对杯棬的单纯转逆的理解上,意见则颇为一致:

> 孟子言其比喻之谬,杞柳天之所生,杯棬人之所为,杞柳何尝带得杯棬来,故欲为杯棬,必须戕贼。仁义之性,与生具有,率之即是。若必欲求之于天地万物,以己之灵觉不足恃,是即所谓戕贼也。①

正如在杞柳与杯棬的关系上“顺成”一面被忽略让人惊诧一样,在人(人性)与仁义的关系上,“转逆”的一面也令人奇怪地被忽略了。告子的错误似乎在于用一个只具有“转逆”关系的杞柳与杯棬的关系,来类比只具有“顺成”关系的人性与仁义的关系。

何以人们倾向于认同人性与仁义之间仅仅是单纯的“顺成”关系,可以稍作剖析,它与某种对道德的“自然”论理解相关。杞柳与杯棬的关系,宽泛意义上属于“树木/种苗”之喻。在《孟子》文本中,有多处提到树木/种苗的比喻,典型的是“揠苗助长”(《孟子·公孙丑上》)和“牛山之木”(《孟子·告子上》)两处,在其“四端说”中表现更为充分。王阳明也常用种树之喻来说明良知的成长,他强调以“自然”之意来理解孟子的这两个比喻。他说:“学者一念为善之志,如树之种,但勿助勿忘,只管培植将去,自然日夜滋长,生气日完,枝叶日茂。”②从固有本心或良知(先天之善)发展、实现为现实的伦理-道德之善,被认为是一个如种子“内在地自然生长发育为”(单纯顺成为)苗和果实。在法国学者弗朗索瓦·于连看来,这标志着道德哲学的“中国”路径:“中国方面乃是按植物生长的过程,从萌芽求思;而希腊方面则是从传统的史诗与戏剧所表现的‘行动中’的人出发”,从而在中国思想(孟子思想)中,人的现实的道德活动就是“去推发出人身上已经具备的自然之势(善治天性)”。③于连进一步说:“自然变化的逻辑主导着中国思想,使人把现实世

---

① 黄宗羲:《孟子师说》卷六,《黄宗羲全集》第一册,浙江古籍出版社,2005年,第132—133页。

② 王阳明:《传习录上》,《王阳明全集》上册,上海古籍出版社,1992年,第32页。

③ 〔法〕弗朗索瓦·于连:《道德奠基:孟子与启蒙哲人的对话》,宋刚译,北京大学出版社,2002年,第97—98页。

界看成了一个不断按照天然之势变化发展的过程,即是说是一个总体环境的自然结果——而不是让人去思考自己想要实现的东西:天然之势已经暗含了自然的结果。"①关注自然趋势或自然倾向的自在完成,往往易于消解人自身的能动活动。

如此"内在自然顺成"的理解有着某种混淆,其实质是将本体论上的根据设定与修养的最终境界混在一起,抹灭了二者统一的共同基础,即能动的道德活动本身。从过程的观点来看,道德存在一个"端点—展开—结果"的过程。活生生的整个过程,本质上都是由人的能动活动来展开的。作为玄思设定的开端,与作为结果的修养境界,本质上是以道德主体的能动活动作为根据的。道德修养的最终结果要抵达习惯成自然的境界,这一自然境界是持久的修养活动本身内化的产物。而修养行动的一开始,却是从开端的出离、启动、迈出远走。孔子曾慨叹:"谁能出不由户? 何莫由斯道也?"(《论语·雍也》)孟子将此转述为"居仁由义"的活生生的生存活动实情。孔子的学思、力行、敏行、学不厌诲不倦、下学上达等,孟子的强恕而行、操存舍忘、反求诸己、尽心养气等,无一不是对求学与修行活动的强调。而一切现实的学行活动,总是对学行主体既有样态的改变——否定当下存在状态而趋向一个更好的状态。简言之,孔孟哲学的基本主旨,首先在于切实笃行的学行活动,此一活动本质上具有对现成状态的否定性,即"转逆"的一面。不能将最终境界上的自然状态扭曲为开端上的"自然顺成",而湮没了强恕而行、下学上达对自身既有形态的否定和提升。

因此,孟子认可杯棬之于杞柳是"顺成"与"转逆"的统一,同样也就认同仁义之于人性也是"顺成"与"转逆"的统一,二者具有一致性。信广来教授注意到了这点,他通过对古典材料中"性"的分析指出:"'性'所指的不是一物固有的品质,而是一种可以发展或满足,亦可以伤害或抑制的方向……便产生一个争论性的问题:人性究竟是人应该顺从的,还是应该从被外在的行

---

① ［法］弗朗索瓦·于连:《道德奠基:孟子与启蒙哲人的对话》,第158页。

为标准改造?"①性并非一个先天具足不变的物事,只要任其自然地顺流展现就可以了,而是要在展开过程中经由发展与伤害统一或满足与抑制统一的能动活动实现出来。换言之,在人的实现过程中,对于作为开端的性,既有顺成的满足,也有转逆的抑制,是顺成与转逆的统一。

四、仁义与人性之间转逆和顺成的统一基于内在的自身否定

如上所述,单纯就顺成与转逆在形式上的统一而言,杞柳与杯棬同人性与仁义具有相似性。就此而言,人性与仁义可以比作杞柳与杯棬。但是,一旦深入转逆与顺成的实质意旨,人性与仁义同杞柳与杯棬又具有根本的差异。②

在器具制作活动之整体的意义上,杯棬之做成对杞柳的顺成与转逆,虽然可以视为"内在"于此活动整体,但是,就制作活动的静面剖析而言,在整个制作活动的过程中,杞柳依然有其自在性,而制作活动的自为性,对之无疑具有外在性。换言之,人是制作主体,杞柳是被制作对象,杯棬是主体"外在"地改变杞柳的成果。然而,对于仁义与人性之间的关系,无论其"顺成"还是"转逆",都是作为道德生存活动主体的人自身对自身的"内在"关系。

在"杞柳与杯棬之辩"的对话中,告子仅仅单向度地看到杯棬对杞柳的戕贼(转逆),并类比于仁义对人(性)的戕贼(转逆)关系。而孟子对杞柳与杯棬的关系发出了两个反诘:杯棬是"顺"杞柳之性而成,还是"逆"(戕贼)杞柳之性而成? 由上文分析可见,孟子当然肯定既顺又逆的关系。可是,值得

---

① 信广来:《〈孟子·告子上〉第六章疏解》,载李明辉主编《孟子思想的哲学探讨》,第 101 页。

② 不过,需要注意的是:人性与仁义之间同杞柳和杯棬之间转逆与顺成统一的实质的差异不是二者不能相比的理由;相反,正因为二者既有相似性又有差异性,这个类比才具有更为丰润的意义。

玩味的是：孟子对仁义与人性的关系，仅仅给出一个"转逆"意义上的反诘：
"如将戕贼杞柳而以为杯棬，则亦将戕贼人以为仁义与？"孟子没有给出另一
个似乎应该给出的"顺成"意义上的反诘："如将顺杞柳之性以为杯棬，则亦
将顺人(性)以为仁义与？"有必要追问：孟子为什么不做这一"顺成"之问呢？
在对话的最终，孟子在三个反诘之后给出一个评判性结论："率天下之人而
祸仁义者，必子之言夫！"孟子此处说的不是"祸害人或人性"，而是"祸害仁
义"。必须继续追问：孟子为什么是说"祸害仁义"而不是说"祸害人本
身"呢？

　　就后一个问题而言，孟子之所以说"祸害仁义"而不说"祸害人本身"，根
据在于，在孟子的思想中，人和仁义就是同一个东西。如前文所论，仁义就
是事亲从兄的活生生的活动，而人是居仁由义的生存活动。因此，祸害仁义
与祸害人，二者具有完全一致的意义，都是祸害人的生存活动本身。就前一
个问题(何以不诘问顺成)而言，仁义是活生生的生存活动，活动的本性就是
一个不断走出并返回的动态过程。孟子只是在"转逆"意义上反诘"将戕贼
人以为仁义与"，而没有再行诘问是否"顺人以为仁义"，彰显了孟子的真正
主张，即它包含着"人经由自身否定以成仁义"的意思。用前面的话来说，就
是人经过转逆自身而顺成(完成)自身。换句话说，反诘"亦将戕贼人以为仁
义与"的内涵就是问："人是通过自觉的自身否定而成为自身的吗？"孟子所
谓"由仁义行，非行仁义"，实质就在于指出仁义本身就是人的源初性活动本
身，道德存在的展开就是从较少自觉的活动状态抵达越来越自觉的活动状
态，这是经由心官之思而实现的(见下文)。人之为仁义，就是人自觉地活在
自身之中。而此活在自身之中，是安居于活动(仁作为事亲活动)并且不断
依据活动自身内在的条理(义)而展开这一安居(义作为从兄活动)。①简言
之，孟子绽露的一个活生生的生存实情是：人的道德生存就是安于自身自觉
地展开的"存在活动"。这样的道德生存实情，在杞柳与杯棬之辩中，也就豁
显为如此一个实情：人是经由自觉的自身否定而实现、完成(从而也就是肯

---

　　①　义在孟子哲学中既是活动，也是活动内在的条理。二者其实相通，因为活动展开于父母兄
弟之间，条理的根据就在于这一活动的"之间性"。

定)自身的活生生的行动。

　　孟子所谓性善,就奠基于这一活生生的道德生存实情。他说:"乃若其情,则可以为善矣,乃所谓善也"(《孟子·告子上》)。此所谓"情",当如戴震所说,不是性情、情感之情,而是"情实"之"情"。戴震说:"孟子举恻隐、羞恶、辞让、是非之心谓之心,不谓之情。首云'乃若其情',非性情之情也。孟子不又云乎:'人见其禽兽也,而以为未尝有才焉,是岂人之情也哉?'情,犹素也,实也。"①这个情实或实情,就是人的道德生存活动本身。对这句话的理解,焦循认为,"孔子曰:'五十学易,可以无大过也。'可以无大过,即是可以为善。性之善,全在情可以为善,情可以为善,谓其能由不善改而为善。孟子以人能改过为善,决其为性善……可以为善,原不谓顺其情则善。'乃若',宜如程氏瑶田之说。赵氏以顺释若,非其义也"。②程瑶田谓"乃若者,转语也"③,即表示一种否定性的转折。与赵岐顺情为善的理解④相反,焦循突出的则是逆情为善乃性,亦即,所谓善是人的存在实情可以经由展开过程中的自我"转变"而实现自身之本有。这个转变,就是将过或不善,经由经验性教化而明其不善,"转"而为善。

　　这就是置于人自身道德生存活动之实情而必有的理解。"杞柳与杯棬之辩",就是对此实情的一个揭示。因此,焦循对"杞柳与杯棬之辩"进一步解释说:

　　盖人性所以有仁义者,正以其能变通,异乎物之性也……仁义由于能变通,人能变通,故性善;物不能变通,故性不善……杞柳之性,可以戕贼之以为杯棬,不可顺之为仁义,何也? 无所知也。人有所知,异于

---

①　戴震:《孟子字义疏证》,中华书局,2008年,第41页。

②　焦循:《孟子正义》下,第756页。

③　同上书,第752页。

④　赵岐注:"若,顺也。性与情相表里,性善胜情,情则从之。《孝经》云'此哀戚之情',情从性也。能顺此情,使之善者,真所谓善也。若随人而强作善者,非真之善也"(赵岐注,孙奭疏:《孟子注疏》,第300页)。赵氏以为真善是情顺性而为善,强调的是顺情为善即是性。其中内含一个"曲折",即先是肯定情顺性,再强调真正的善是顺"从性之情"而为。其所谓情,由所举《孝经》哀戚之情来看,似乎就是喜怒哀乐之谓。

草木，且人有所知而能变通，异乎禽兽，故顺其能变者而变通之，即能仁义也。杞柳为杯棬，在形体不在性，性不可变也。人为仁义，在性不在形体，性能变也。以人力转戾杞柳为杯棬，杞柳不知也。以教化顺人性为仁义，仍其人自知之，自悟之，非他物所能转戾也。[1]

　　尽管焦循所说有若干地方还值得推敲，但他将"以逆为顺"（即将自觉自主的自身转逆/转戾看作顺其能变者而变通）视为人区别于物或禽兽的本质所在，确是的见。依据事物自身所提供的内在可能性而改变事物，这就是一种自身否定。在事物，这种否定因其不自主、不自觉而是外在的。根据自身内在可能性而自主自觉地展开改变自身的过程，换言之，自觉而内在地经由否定自身而实现（肯定）自身，只有主体性的人才有可能。因此，对于人而言，其生存的实情，就是在具体活动中自觉的自身"转变"——经由转逆自身而顺成或完成自身，或说经由否定自身而肯定自身，从而彰显其本质。

　　显然，如此在活生生的生存活动中实现的自身否定，即是活动本身的本质。如此，孟子所谓告子"祸害仁义"的真实意蕴也就绽露出来了：告子只看到了否定的外在性，尽管他也强调工夫修养[2]，但其所谓工夫境界，只是孤零的心思脱离"必有事焉而勿正（止）"的生存实情的外"义"之举，而不能内在于人整体的生存实情而正面地理解否定"性"。也就是说，告子将心脱离生存活动的整体而孤守自身，是在认知主义的立场上对人亦即仁义的生存实情的否定。

五、内在于道德生存活动的心思是人自身否定的根据

　　从自觉的自身否定活动的意义上来理解"杞柳与杯棬之辩"，杞柳自身

---

① 焦循：《孟子正义》下，第734—735页。
② 唐君毅：《中国哲学原论·原性篇》，第11页。

不能"自觉自主地"否定自身并改变自身而成为杯棬,但是,人是"自觉自主地"否定自身而居仁由义。在孟子哲学里,所谓自觉自主的主体性,主要体现在对"心官之思"的强调上。在一定意义上,在道德生存活动自觉自主的展开中,"思"具有根本性的意义。亦即是说,"思"就是生存活动的自觉自主性最为突出之点。

"思"这个字在《孟子》中一共出现 27 次,杨伯峻认为除却两次作为语词没有具体含义外,其余都可以作为一般而言的"思考、想"来理解。[①]不过,在本章理解的意义上,作为哲学概念的"思",主要是《孟子·离娄上》所谓"思诚者"之"思"和《孟子·告子上》对"思"的强调。先来看看《孟子·告子上》四处论及"思"的文本(原文均为"孟子曰"):

> 仁义礼智,非由外铄我也,我固有之也,弗思耳矣。(11.6)
>
> 拱把之桐梓,人苟欲生之,皆知所以养之者。至于身,而不知所以养之者,岂爱身不若桐梓哉? 弗思甚也。(11.13)
>
> 耳目之官不思,而蔽于物,物交物,则引之而已矣。心之官则思,思则得之,不思则不得也。此天之所与我者,先立乎其大者,则其小者弗能夺也。(11.15)
>
> 欲贵者,人之同心也。人人有贵于己者,弗思耳。(11.17)

这几段文句,还原到活生生的道德生存实情。11.6 所谓仁义礼智的内在性,恰好是由思来实现的(不思,则其内在固有昧而不显);11.13 则阐明只有依靠心思,才能将身体看得重于桐梓(外物),而且知道如何养身体——此即 11.15 所谓"先立乎其大者,则其小者弗能夺也"的意思;11.17 则以心思的自身确定性来评判真正的价值贵贱。我们以 11.15 心之官与耳目之官的区别为中心来略作深入分析。人的生存活动,展开为人与事物的交互作用,而人自身是身与心的统一。人与事物交互作用,内含三个方面的关系:一是心与外物的关系;二是心作为大体与耳目作为小体的关系;三是身体之物与外

---

① 杨伯峻:《孟子译注》,中华书局,2007 年,第 403 页。

物的关系。单纯就身体而言,事物作为外物与身体作为物之间,二者交互作用。外物将牵引、淫惑身体,使身体不再是人的身体而失去自身。而心官之思的作用则在于,它思而得自身,即它一方面不受外物牵引、扭曲,另一方面能促使身体摆脱事物的牵引、扭曲,并认识和支配身体与事物,而且能使人不断回到自身。如果身体性是人之整体存在的自在方面,那么心思则是自为的方面。人的道德存在的自觉自主的展开,作为一种内在的自身否定,在一定意义上,就是自为自觉的心思对于自在性身体的否定。

在一定意义上,心思对于身体性的否定,含有人之自觉活动对于人天生禀赋的否定之意。王夫之说:"谌天命者,不畏天命者也。禽兽终其身以用天而自无功,人则有人之道矣。禽兽终其身以用其初命,人则有日新之命矣。有人之道,不谌乎天;命之日新,不谌其初。"①人不能如禽兽(更不用说植物)那样,在其整个存活过程中仅仅使用或依循天生所得的禀赋(生之初命),而要否定其初生所受,并在生存行动中不断革新自身。这对于初生所受的否定,即是在活生生的生存活动中,由心思而实现的内在否定。

黑格尔认为,心总是与一个现实对立着,它实现自身就是去反对这一现实而去达到自身的一个新形态。他说:"自我意识的新形态对于它自己的起源毫无意识,它认为它的本质毋宁在于它是为自己的,或在于它是这个肯定的自在存在的否定。"②黑格尔关于自我意识经由对自在存在的否定而实现自身的说法,对理解孟子道德生存活动的内在自身否定无疑具有启示意义——心思不是孤立地直接自身呈现的,而是在否定对立者的活动中实现自身的。不过,值得强调的是,在孟子的哲学里,由心思而实现的这种自我否定,其本质也就是一种肯定,就在于思总是内在于身体、外物与心须臾不可分离的活生生的道德生存活动。黑格尔主要还是认为自我意识是精神性的自身返回,在孟子看来,心思不能脱离活动而返回单纯的心思自身。毋宁说,孟子哲学中经由心思对身体性存在的否定,其实质是一种更高程度的肯定,即道德生存活动不断地经由心思而重新返回活动自身——由道

---

① 王夫之:《诗广传·大雅》,《船山全书》第三册,岳麓书社,1988 年,第 464 页。
② [德]黑格尔:《精神现象学》上卷,贺麟、王玖兴译,商务印书馆,1987 年,第 245 页。

德生存活动而达到心思之自觉,并由此自觉之心思而返回到更高的道德生存活动。

笛卡尔在回应伽森狄的批评——"不用花费大力气证明自己存在,可以从任何一个当下行动中证明自己存在"时,说在行动中没有任何一种完全清楚的形而上学的可靠性:"我散步,所以我存在,这个结论是不正确的,除非我具有的、作为内部认识的是一个思维,只有关于思维,这个结论才是可靠的,关于身体的运动就不行,它有时是假的,就像在我们的梦中出现的那样,虽然那时我们好像是在散步,这样从我想我是在散步这件事我就很可以推论出我的精神(是它有这种思想)的存在,而不能推论出我的身体(是他在散步)的存在。"①笛卡尔强调的是只有思维才具有自身确定性,只有思维才能自身返回,而否定思维能确证身体的行动。与之不同,孟子肯定"思"不脱离心物交互作用活动,强调:一方面,只有在此心物交互的生存活动的实情中,心思才能展现、实现自身;另一方面,心思使心物交互的生存活动回到其自身。

心思与生存活动本身在二者动态展开过程中的内在统一性,彰显了主体的真实存在状态,即"诚"。

> 孟子曰:"居下位而不获于上,民不可得而治也;获于上有道,不信于友,弗获于上矣;信于友有道,事亲弗悦,弗信于友矣;悦亲有道,反身不诚,不悦于亲矣;诚身有道,不明乎善,不诚其身矣。是故诚者,天之道也;思诚者,人之道也。至诚而不动者,未之有也;不诚,未有能动者也。"(《孟子·离娄上》)

"诚"作为真实无妄的生存状态,是在活生生的具体生存活动中,通过不断地否定自身而反求诸身而实现的,即经过不得于民的行动而反求获于上→由不获于上而反求信于友→由不信于友而反求事亲之悦→由事亲不悦而反求反身之诚→由反身不诚而求明乎善。这一在具体生存实践中不断否定自身的过程,最终指向"明善",而"明善"即是"思"与"诚"在行动中的统

---

① ［法］笛卡尔:《第一哲学沉思集》,庞景仁译,商务印书馆,1996年,第355页。

一。概括地说,孟子这里是以"明善诚身而动"来表达心思与生存活动的统一。"明善诚身而动"的真实存在状态,蕴涵着三个方面的意思:其一,身体在行动中受到自觉意识的支配和控制(诚身的要义当在此)。其二,具体生存活动不断地自身否定及其反求,就是"思"一步步反求回溯至于"明善"的觉悟。简言之,即"明乎善"之觉悟本质上作为"思"的最高表现,是内在于生存活动的。其三,"思"在生存活动中不断抵达或回到自身,是此生存活动属人性的本质方面。也即是说,"思"不断对生存活动整体及其过程进行反思,并在更高程度的觉悟下展开新的生存活动,从而担保着行动本身的主体性。

　　由此可知,善的本质恰好不是由某种先天设定的本体"顺成"而来,反之,是自觉地经由自身否定(转逆)而更为觉悟地展开新的生存活动。于此,"杞柳与杯棬之辩"丰润的内蕴才得到了深刻而完整的揭示。

第二章　湍水之喻与善的必然性
——孟子与告子"湍水之辩"释义

　　孟子"道性善",但在《孟子》中"善何以必然"的问题,表面上看似乎没有得到充分而完整的揭示,以至于常常受到诘问:如果人性皆善,现实之恶何来?

　　实质上,在《孟子·告子上》中,孟子通过与告子的"生之谓性辩""杞柳与杯桊之辩""湍水之辩"三个经典争论,从类(人的类本质)、故(道德存在或善的根据)以及理(道德存在或善的必然性)三个方面阐述了"善何以必然"的问题。①就广义而言,善的必然性问题,不但包括"知其然"与"晓其所以然",并且包括"明其必然"。不过,本章是从一个狭义的角度来说明善的必然性,即以孟子和告子的"湍水之辩"为中心,以文本的诠释为基础来理解"善何以是人之生存的不得不然"。在"湍水之辩"中,孟子借告子的譬喻而引申之,认为人之善的必然性犹如水向下的必然性:"人之向善,就如水之就下,是必然的自己的运动。"②所谓"必然的自己的运动",换言之,即是说善的必然性,是指人自身的存在活动是一个不断的自身返回过程。善的如此必

---

　　① 参见"孟子对'性'(本质)范畴的考察",载冯契《中国古代哲学的逻辑发展》上册,第184—189页。

　　② 同上书,第187页。

然性，在"湍水之辩"中借水的意象而得以揭示。

一、孟子、告子对"湍水"与"人"的两种不同理解

如所周知，"湍水之辩"在《孟子·告子上》中，是孟子与告子关于人性问题的第二个争论：

> 告子曰："性犹湍水也，决诸东方则东流，决诸西方则西流。人性之无分于善不善也，犹水之无分于东西也。"
>
> 孟子曰："水信无分于东西，无分于上下乎？人性之善也，犹水之就下也。人无有不善，水无有不下。今夫水，搏而跃之，可使过颡；激而行之，可使在山。是岂水之性哉？其势则然也。人之可使为不善，其性亦犹是也。"

单纯从论辩的形式来看，似乎"湍水之辩"是以人性与水作类比来进行论证的，而孟子抓住了告子以水作比中的破绽并击败了告子，但类比论证本身的缺陷不能必然地证明人或人性之善。因此，如果仅仅将湍水之喻视为不严谨的类比论证，"湍水之辩"中孟子所谓"人无有不善"就没有必然性。这样的批评，在一定意义上，适用于告子而不适用于孟子。告子使用湍水之喻来比拟人或人性，不但一方面昧于人之性而不适当地将水与人（或水性与人性）比拟，而且另一方面昧于水之性本身，从而在类比中没有切中水之意象的真性。因此，王夫之谓："告子说'性犹杞柳''犹湍水'，只说个'犹'字便差。人之有性，却将一物比似不得，他生要捉摸推测，说教似此似彼，总缘他不曾见得性是个甚么。若能知性，则更无可比拟者。"①王夫之认为，告子将水视作为一物，与作为一物的性，仅仅从"犹"——一种没有内在关联的表面

---

① 王夫之：《读四书大全说》，《船山全书》第六册，第 1051 页。

相似——来进行类比，如此根本无与于人之真性或人性之真。在水与人性各自作为"一物"的意义上，告子的类比前提是：所谓"一物"，就是将言语确定的指称对象视为原子式独立体，亦即认为孤立独存的水"犹如"绝物独存的人。

"湍水"本是滚动不已的，但其滚动不已之动，只有在广阔的大地上才如其滚动而动。但在告子看来，滚动不已的水流，似乎在一种将自身隔绝围堵起来的堤坝之中，隔绝于大地（无论是山脉与平地，还是山谷）而自身滚动。只有以一种外在的方式，将此堤坝开掘，滚动的水才会穿过堤坝与原本隔绝于外的大地发生实际的关系，才有了实际向东或向西的流动。简言之，在告子的类比中，水具有两种不同意义的涌动：一种是本然的、隔绝于大地的自身孤立自存的抽象滚动；另一种是外力挖掘开其封闭性堤坝之后，在大地上（山脉、平地与山谷）的与物相交往的实际的东流或西流。因为将水与大地隔绝，涌动不已之水与大地的整体性被撕裂，从而水与大地的真实关联便被湮没了——告子无法说明水之流动与大地的内在关系，于是，就以无谓的向东向西来说明水与大地的外在性、偶然性关联。

就告子的理解而言，被割裂而抽象的"自身涌动之水"，与抽象的人之爱欲追求之间（爱欲也是一种初始的涌动而言）（《孟子·告子上》），似乎可以存在"类比"关联。孤立割裂的本然涌动之水，纯粹是一种玄想，在其自身，自然无所谓定然如此而不得如彼的流向。告子以湍水比人，王夫之指出其所用以作比的湍水之意就是无确定指向："'湍水'一决即流……其实只是无定之义。"[①]事物之生成与展开自身的确定之向，必须在与他物彼此结成不可分割的整体的意义上，在彼此的内在关系之中，才能得以贞定（显示其必然性）。在告子，水与大地以偶然而外在的方式发生关联，从而向东或是向西的或然性就湮没了向下的必然性。相应地，对于人或人性，在玄思的抽象割裂之中，将之视为独立自存的某种本然之物，则其在具体境域中的现实展开，就以外在而偶然的方式，或善或恶，并无不得不如此而不如彼的必然性。

---

①　王夫之：《四书笺解》，《船山全书》第六册，第341页。

在类比的意义上，告子对水的谬误理解，其实根源于他对"人"的谬误理解："告子错处在一'人'字，他不识得人之所以为人，故不知性。'人无有不善'吃紧在'人'字上，若犬牛之性则有不善者也。"①因此，以湍水类比于人或人性，不是因为对湍水的错误理解，而类比推论出对人或人性的错误理解。相反，对人或人性的错误理解，使告子错误地使用了湍水意象来作错误的类比，并反过来加深了对人或人性的错误理解。

因此，孟子虽然接着告子的湍水之喻引申论之，但与告子有着完全不同的理解。"孟子此喻，与告子全别：告子专在俄顷变合上寻势之所趋，孟子在亘古亘今、充满有常上显其一德（自注：如言'润下'，'润'一德，'下'又一德）。此唯《中庸》郑注说得好：'木神仁，火神礼，金神义，水神信，土神知'（自注：康成必有所受）。火之炎上，水之润下，木之曲直，金之从革，土之稼穑（自注：十德），不待变合而固然，气之诚然者也。天全以之生人，人全以之成性。故'水之就下'，亦人五性中十德之一也，其实则亦气之诚然者而已。故以水之下言性，犹以目之明言性，即一端以征其大全，即所自善以显所有之善，非别借水以作譬，如告子之推测比拟也。"②王夫之自气本论而论善之意蕴，这是另一话题。就本章的主旨而言，我们需要注意的是其间两点：其一，孟子以水喻人，是在"亘古亘今"的连续性历史进程中彰显其内在之德；其二，孟子以水喻人，是在天、人、水、土、木、金、火一体之中而论水之就下与人性之善，换言之，是在水与人在内的天地万物相涵相摄的整体性之中而论其一贯之德（性）。从王夫之此处的阐述来看，连续性进程与整体性境域是理解善及其必然性的基础，脱离这两点来论善及其必然性，都将陷入抽象理智思辨的矛盾之中（必然善何以有恶之类的问题）。

与抽象玄想而割裂的水之自身与人之本然相比，真实的水、水的真实的涌动，就是在大地上、天空下——天地之间——与万物相遇相接地流淌。真实的人、人的真实之性，就是在天地间与万物他人相遇相接而行动。水与人

---

① 王夫之：《四书笺解》，《船山全书》第六册，第341页。

② 王夫之：《读四书大全说》，《船山全书》第六册，第1056页。

在具体而连续的关联中一体而在。在此意义上,湍水之辩通过对告子"错误类比"的揭示而引向更为深刻的理解:"孟子赢得与告子的论辩,不是由于他的诡辩比论敌机智这样琐碎的原因,而是因为他对水这一自然现象有着比告子更为透彻的理解。"①这一更为深刻的理解(无关于真理性)昭示,告子与孟子在"湍水之辩"之中,对于水与人的分歧在于:告子是以玄想抽象的、孤立而割裂的水自身与人之本然的外在类比,孟子是基于连续性进程与整体性境域的内在领悟。

进一步理解孟子关于水与人或人性的更深刻意涵,需要将《孟子》文本有关水的论述加以深入的阐释。

二、《孟子》中水之意象昭示的过程性与整体性意蕴

在《孟子》七篇中,提到水有四十四次之多②,单是"水之就下"一句就有三四次。③除日常意义上的水(比如与火相对举),孟子对"水"的言说,其中若

---

① 〔美〕艾兰:《水之道与德之端:中国早期哲学思想的本喻》,张海晏译,上海人民出版社,2002年,第46—47页。艾兰教授认为,告子与孟子分享了一个共同假设:水性与人性是相似的,它们都依循着共同的原则。因此,对决定自然现象的原则的恰当领悟,亦同样包含了对指导人性的原则的理解(第46页)。这一说法略似之而不足。

② 杨伯峻:《孟子译注·孟子词典》,第362页。杨伯峻将《孟子》中水的含义总结为两点:一是"一般意义,有时亦指河流";二是"与'汤'对言,则意义为冷水"。就语文学意义而言,这在字面上是准确的,但从哲思义理上看,则是不足的。

③ 见《梁惠王上》"由水之就下",《离娄上》"犹水之就下、兽之走圹",以及《告子上》中两提"水之就下""水无有不下"。在《梁惠王上》与《离娄上》,就对话的文本而言,直接针对的是君侯的政治治理问题,似乎表达的是百姓或民众在政治上相对于外在治理的自在性及其内在倾向。不过,就孟子政治哲学对"纣为独夫"的评判以及"独乐众乐""与民同乐""与民共之"(比如文王之囿)的分析来看,其存在论基础无疑处处凸显出整体性存在境域。通过"水之就下"的意象,他在政治哲学上强调了民众对政治的内在自主性维度,而这是政治治理及其原则和秩序的基础。(政治治理的原则和秩序,相对于统治者的自在性,实质上就是民众或百姓生活的自主性。"民贵君轻"的思想需要放在这一意义上来理解。)由之,他对君侯等掌权者的外在权威式统治给予了严厉的批判。

干处值得深入剖析。在孟子看来,孔子对水就洋溢着赞赏。《孟子》有一段弟子问孔子何以称赞水的问答:

> 徐子曰:"仲尼亟称于水,曰'水哉,水哉!'何取于水也?"
> 孟子曰:"原泉混混,不舍昼夜。盈科而后进,放乎四海,有本者如是,是之取尔。苟为无本,七八月间雨集,沟浍皆盈;其涸也,可立而待也。故声闻过情,君子耻之。"(《孟子·离娄下》)

《论语》中有"子在川上,曰:'逝者如斯夫! 不舍昼夜'"(《论语·子罕》)的感叹,因其言辞简洁,其间意蕴有一个可供涵泳的广阔空间。简单地看,孔子言及某种变迁者之变迁(如时间之流逝)如水之流淌,加上"不舍昼夜"以突出其不间断性。[1]在此,孟子言之所及,后世注疏认为孟子强调的是水流之"有本",以启示学须务本。朱熹引邹氏之言说:"孔子之称水,其旨微矣。孟子独取此者,自徐子之所急者言之也。孔子尝以闻达告子张矣,达者有本之谓也,闻则无本之谓也。然则学者其可以不务本乎?"[2]所谓"学而有本"的"本"有不同层次的含义。其一是说学须有"实行"(真切的道德修行或德性)为本:"言水有原本,不已而渐进以至于海,如人有实行,则亦不已而渐进以至于极也",而无本之雨水快速干涸,"如人无实行,而暴得虚誉,不能长久也"。[3]其二是说学须有本体性领悟,即为学须明了道体流行不息之本然:"天地之化,往者过,来者续,无一息之停,乃道体之本然也。"[4]两层含义统一起来理解,即以对道体不息之本然的领悟,从而自省于为学之不可间断,简言之,即以对道体不息之领悟勉人进学不已:"天地之化,往者过,来者续,无一息之停,乃道体之本然也。然其可指而易见者,莫如川流。故于此发以示

---

[1]　艾兰教授认为孔子此处所说是时间的流逝,见[美]艾兰《水之道与德之端:中国早期哲学思想的本喻》,第 40 页。

[2]　朱熹:《四书章句集注》,第 293 页。

[3]　同上。

[4]　同上书,第 113 页。

人,欲学者时时省察,而无毫发之间断也。"①从存在论的意义上看,为学的不间断实质上意味着生存自身的连续性。②

为学或道德-生存的不间断性,在孟子如上对徐子的解释中,得到更为细腻的规定,即界定为"原泉混混""不舍昼夜""盈科而后进""放乎四海"四个方面,从而清晰地显示为一个连绵不绝的过程。这四个方面,从过程性角度看,即是阐明水流之为流,有其起点(本),有其展开,有其归终。从其起点或本而言,水流有本,其本为滚动不已之"混混"("原泉混混")。从其展开来看,一方面,水流之流动无有一息之暂停("不舍昼夜");另一方面,水流之流动,整个过程的每一环节都是内在充实的,并且当且仅当在每一环节中实现自身之内在充实,水流才进一步前行展开为下一环节("盈科而后进")。从水流之归终来看,水流最终涌入并融合于碧海长天浑然一体的滔滔海水("放乎四海")。

流水的过程性,作为起点、展开与归终三个环节的动态统一,昭示的是整体性本身。就人性问题的讨论以真实为鹄的而言,其"意义在于全部运动",其内容和意义是"整个的展开过程","内容即是理念的活生生的发展"。③全部运动、整个展开过程作为活生生的发展,就是真之所以真。黑格尔说:"真理是全体。但全体只是通过自身发展而达于完满的那种本质。"④事物作为过程与整体的统一,既要求在动态的意义上理解事物,也要求在动态的意义上理解过程中的每一环节与过程整体之间的关系。简言之,事物展开的每一环节,一方面既是过程的构成环节,又是过程本身的当下实现;

---

① 朱熹:《四书章句集注》,第 113 页。程树德《论语集释》则认为宋儒解"逝者如斯夫"为"道体不息""是"过深之解",经文本义只是勉人珍惜光阴、及时学习。见程树德《论语集释》,中华书局,1990年,第 611 页。

② 参见郭美华《论"学而时习"对孔子哲学的奠基意义——对〈论语〉首章的尝试性解读》,《现代哲学》2009 年第 6 期。

③ [德]黑格尔:《小逻辑》,贺麟译,商务印书馆,1995 年,第 423 页。黑格尔认为,绝对展开的每一阶段,都是在有限方式下对于绝对的表现,每一阶段都尽力前进、展开以求达于全体。他以"开始""展开""目的"作为三个环节的相互勾连演绎,具体地展示了三者统一意义上的全体(参见《小逻辑》第 238—242 节,第 424—427 页)。

④ [德]黑格尔:《精神现象学》上卷,第 12 页。

另一方面,每一环节既是整体的构成,也是整体的实现。

就《孟子》文本中关于水的描述而言,作为起点的"原泉混混",本身就是基于整体的涌现或实现:"原泉者,涵之地中而出于地上,畜之也深,而乐见其有余,于是而混混然居盈集厚之势,地不足以困之矣。"①有本之水不是某种自身自足而独立存在的状态,而是深厚积蓄在大地之中而自身涌现在大地之上。换言之,混混涌动之水展开自身、显现自身,就是在与大地一体中,将大地作为自身的他者——妨碍并困顿自身的力量——并克服这一他者的活生生展开。这就是"水流"的起点:在大地中涌动并"正在"克服大地而实现自身的涌动。作为水流之起点的源泉,就已经展现自身为涌动之水流本身。

因为在其绽露自身的"本然状态"中,源泉就是与大地一体并克服大地束缚的水流自身。源泉克服大地束缚并进一步实现自身的"展开",就是水流之真正流动。因此,水流的展开,可以必然地从其源初混混的涌动中昭示其方向。《孟子》文本中有一段值得注意:

> 孟子曰:"天下之言性也,则故而已矣,故者以利为本。所恶于智者,为其凿也。如智者若禹之行水也,则无恶于智矣。禹之行水也,行其所无事也。如智者亦行其所无事,则智亦大矣。天之高也,星辰之远也,苟求其故,千岁之日至,可坐而致也。"(《孟子·离娄下》)

朱熹解释说:"性者,人物所得以生之理也。故者,其已然之迹,若所谓天下之故者也。利,犹顺也,语其自然之势也。言事物之理,虽若无形而难知;然其发见之已然,则必有迹而易见。故天下之言性者,但言其故而理自明,犹所谓善言天者必有验于人也。然其所谓故者,又必本其自然之势;如人之善、水之下,非有所矫揉造作而然者也。若人之为恶、水之在山,则非自然之故矣。天下之理,本皆顺利,小智之人,务为穿凿,所以失之。禹之行水,则因其自然之势而导之,未尝以私智穿凿而有所事,是以水得其润下之

性而不为害也。天虽高，星辰虽远，然求其已然之迹，则其运有常。虽千岁之久，其日至之度，可坐而得。况于事物之近，若因其故而求之，岂有不得其理者，而何以穿凿为哉？"①所谓"故者，其已然之迹"，就上文的理解而言，就是作为起点的源泉之涌动。朱熹以"顺"解"利"，以"自然之势"解"行其所无事"，得出"水得其润下之性而不为害"的结论。实则朱熹是以混混涌动之源泉自身的"内在肯定性展开"为水流之性。水作为如此内在肯定性展开的流动，就是克服大地山谷之束缚或障碍而实现自身，也就是它不断地在展开的每一环节去充实自身——不断实现自身的"润下之性"。

《孟子》此处将水之内在肯定性地实现自身，直接与"天下之言性"相联系，而言性是智的活动。就水而言，水的内在自身肯定的展开与实现，就是在展开过程的每一环节之内在充盈激荡本身，这并不是脱离这一过程的某种虚悬本质的"表象"。而一般智者对水的理解，往往脱离水的涌动实情，抽象出某种思辨物作为水的本质，却失去了水的滔滔本色。对于水而言，人与之关联，在一定意义上类似于水在其自身流动中与万物的关联。在作为人与水关联的典型象征的大禹治水故事中，禹并非在水之外依凭自己的主观理智将某种运行的秩序强加于水；相反，他对水的治理，是"行其所无事"而让水以自身的方式实现自身。而这也正是水在大地上激荡并实现自身的方式，即水"善利万物而不争"却以让他物如其自身实现的方式而实现水之自身。②对水的如此本质，需要人之智如其实情地领悟与理解，而不是不要智而

---

① 　朱熹：《四书章句集注》，第 297 页。

② 　这里须注意两点。其一是孟子关于水的说法，一定意义上分享了老子哲学"道法自然"的维度。《老子》第八章说："上善若水。水善利万物而不争，处众人之所恶，故几于道。居善地，心善渊，与善仁，言善信，政善治，事善能，动善时。夫唯不争，故无尤。"在老子哲学中，"道法自然"形象地体现在"上善若水"之中。所谓"道法自然"，昭示的是道在万物之中起作用的方式——道以让万物如其自身实现自身的方式而起作用。"上善若水"，指出"水善利万物而不争"，亦即水以万物之形为自身之形，它以让万物经由自身而实现自身的方式，来实现水之自身（所谓在方法方、在圆法圆而实现水之为水）。其二是经由人与水的关联，实现人与人之间的关联，而这也就既要求实现水之自身，也要求实现他人之自身。在《孟子·告子下》一个关于"白圭治水"的讨论中就可以见到这点。白圭曰："丹之治水也愈于禹。"孟子曰："子过矣。禹之治水，水之道也。是故禹以四海为壑，今吾子以邻国为壑。水逆行，谓之洚水。洚水者，洪水也，仁人之所恶也。吾子过矣。"

鲁莽冥行。简言之,并非舍弃智,而是否定智的穿凿。人或人性自身实现的过程,恰好在于智的不穿凿而内在地肯认生之过程而善。有人误解性的实现就要摈弃智的作用,王夫之诘问:"智岂非知性者之所必资,而亦何恶哉?"继而解释说:"今夫水之就下,水之性也。而当禹之时,横流泛滥,则有杏不知其经流之何在,而似可随指一处为水之归者;亦无异于人当习气横流之时,不知何者为性之真,而唯人之言。如使智者于情欲纷乱之余,独有以深知性之固然,而导天下以知其所自生,若禹之行水,经分派引,使必归于海,而天下晏然,则于不易知之中而真知不妄,而抑何恶乎? 禹之行水也,唯不凿也,九山自高,九川自下,原有固然之经流,去其壅塞,行之而已,未尝有事于陻之遏之、开之创之也。如智者因其孩提之知爱而言性之仁,因其少长之知敬而言性之义,因之以自治,而全性乃以全其生,因之以及物,而尽吾性乃以尽人物之性。则知之所及,上足以体上天生我之大德,而无所疑于天;下足以风动乎一世之人心风俗,使之咸若而无拂于人。其为智也,岂不大乎! 而又何恶乎? 夫苟能以智而行所无事,其用智也亦甚逸矣……故君子智诚足以知性,则一言以决之曰性善。彼凿智之流,虽执一故以相亢,徒见其劳身焦思,而止以贼天下,亦恶足道哉!"①在王夫之看来,人自身的完成,在其展开过程中,从其初始的"已然实情"(故)以"自身内在肯定方式"(利)而绵延实现,此利或自身内在地肯定自身,就系于"智"的知并自觉地持续实现自身。针对朱熹《集注》引程子所谓"此章专为智言",王夫之指出朱熹注解是"以智言性而非于性言智"。②"以智言性"有两个意思:其一,这里并非把"智"作为"仁义礼智"的"智",视之为"性"本身,而是"仁之实,事亲是也;义之实,从兄是也。智之实,知斯二者,弗去是也"(《孟子·离娄上》)中的"智"。简言之,智的自觉领悟只是以仁义之性为自身的内容,而非智另有其独立于仁义之外的内容(就仁义本身就是事亲从兄的活生生的活动而言)。其二,性之为性,恰好是智以言性而成其为性,即人性的实现,正是以智为其自觉而内在地实现自身。

---

① 王夫之:《四书训义》,《船山全书》第八册,第531—533页。
② 王夫之:《读四书大全说》,《船山全书》第六册,第1028页。

基于内在自觉领悟的持续展开过程，人或人性的实现，最终是人的完满。就水的意象来看，水自身的最终实现就是归于大海。正如正确地理解大海需要立于适当的角度一样，正确理解人性也要立于适当的角度。《孟子·尽心上》有一段文字讨论"观水有术"：

> 孟子曰："孔子登东山而小鲁，登泰山而小天下。故观于海者难为水，游于圣人之门者难为言。观水有术，必观其澜。日月有明，容光必照焉。流水之为物也，不盈科不行，君子之志于道也，不成章不达。"（《孟子·尽心上》）

这里与波澜壮阔的沧海联系在一起，重复强调了水流"盈科而行"的过程性。水流的展开行程，一方面是其每一环节必须内在地自身充盈，另一方面又不断地指向其最终的目的。起点、过程与目的的统一，才是水流的真正面目。东山本为鲁之一地，泰山本为天下之一隅，何以登东山而能小鲁，登泰山而能小天下？ 王夫之说："今夫流水之为物，不能为海，而必欲至于海，夫固有至之理矣，非不必以海为归也。乃出于深谷行于川泽，高下屡经，中有科焉。盈此科而后达于彼科，无科不盈，无流不行，而后至于海。"[1]流水在流经之途中，每一环节的内在充实本身并不即是"海"。但是，流水由其每一当下的"自身必欲充实自身"指向着对当下的超越，只要流水作为流水还要持续地流下去，它就必然在充实自身的绵延过程中流向作为归终的"大海"。如此"大海"并非作为一个既成的完成物或充实物先行置放在"此"。"大海"只是每一当下完成自身的不断超越的一个牵引性意象——不断展开的水流过程，必然总是不断溢出自身而前行，如此不断溢出的累积构成大海之为大海的内在本质。因此，展开环节不断地自身超越与绵延接续，后一环节对于前一环节构成一种新的视角，使每一环节不断融入过程的整体而不至于因循固守在某一个单一的"据点"之上。前后环节的相连一体，使从后一环节来"四望"，即回顾过去的环节、关注当下的环节、展望将至的

---

[1]　王夫之：《四书训义》，《船山全书》第八册，第868页。

环节,每一构成环节都融入了一个整体而使自身"小"。①

　　而对于人或人性的实现而言,作为一个无止境的展开过程,每一环节自身充实、自我溢出与超越,引向无限性的自由存在状态,这正是孔子从"十有五而志于学"到"七十从心所欲不逾矩"的展开过程:"君子之志于道,必循夫本末先后之序,实有诸己,成章而后达……如《语》所载,由志学至于从心不逾矩,每积十年,然后能成章而一进也。"②孔子所谓十五、三十、四十、五十、六十、七十等,每一环节都是"积学成德"实有诸己而后前行,每一环节自身在其内部就昭示了对自身的逸出和不得不前行的倾向,而生命存在的整体就是从十有五到七十不间断的连缀相续,并非以七十这一环节作为生命的"终极状态"。生命的自然终极也许是生命的自然结束,但生命的存在论本质在于源初涌动自身的生命如流水一般,在其自身绽出对自身当下的超越,并从而昭示一个将当下内化其中的整体。③

三、以善为性

　　在水与人性的类比中,孟子将"人性之善"和"人无有不善"交替使用,明确地将"善"仅仅使用于人自身。而且,在人与人性的互换使用及人性与水之意象的类比中,很容易忽视却极端重要的是:孟子将"水之就下"与"人性之善"对应而比。从句法上看,"水之就下"对应"人性之善",以"之"字为中介,"水"相应于"人性","就下"对应着"善"。"就下"无疑是一种动的性质,

---

　　① 大海本身是涌荡的水,它由无数的水珠与水泡构成,当代新儒家熊十力以大海水与众沤为喻,来表达体用不二的整体性存在本身。

　　② 张栻:《癸巳孟子说》,《张栻全集》,长春出版社,1999年,第478页。

　　③ 安乐哲说概括葛瑞汉的结论也将性还原到生的过程及其整体:"性源于生,而且是一种对生的精致化,它意味着产生、成长到最终死亡这样构成一种有生物之生命的完整过程"(《孟子的人性概念:它意味着人的本性吗?》,载[美]江文思、安乐哲编《孟子心性之学》,梁溪译,社会科学文献出版社,2005年,第93页)。

就语法学上的理解而言,"就下"是动词性质的。就此而言,"善"内蕴着"动词性"意义(后文说"人无有不善,水无有不下","下"其实就是"就下"或"往下流",因此许多注释就将"善"理解为"向善或趋善")。在上文的阐释中,过程、自身超越、整体等以流水或生命自身的内在涌动为基本的意蕴。因此,"善"不能单纯理解为名词式或形容词式的属性概念,换言之,不能理解为一种抽象理智规定的静态概念。涌动的展开过程及其整体才是理解性善的基础。

孟子哲学中"性"的动态意义,在《孟子》文本中有诸多表现。比如,《孟子·尽心上》13.21"君子所性"、《孟子·尽心上》13.30 和《孟子·尽心下》14.33"尧舜性之"、《孟子·尽心下》14.24"君子不谓性"等关于"性"的说法,就只能在动态的意义上来理解。[①]以《孟子·尽心上》13.21 和《孟子·尽心下》14.24来看:

> 孟子曰:"广土众民,君子欲之,所乐不存焉。中天下而立,定四海之民,君子乐之,所性不存焉。君子所性,虽大行不加焉,虽穷居不损焉,分定故也。君子所性,仁义礼智根于心。其生色也,睟然见于面,盎于背,施于四体,四体不言而喻。"(《孟子·尽心上》)

> 孟子曰:"口之于味也,目之于色也,耳之于声也,鼻之于臭也,四肢之于安佚也,性也,有命焉,君子不谓性也。仁之于父子也,义之于君臣

[①] 几处原文分别如下。13.21 孟子曰:"广土众民,君子欲之,所乐不存焉。中天下而立,定四海之民,君子乐之,所性不存焉。君子所性,虽大行不加焉,虽穷居不损焉,分定故也。君子所性,仁义礼智根于心。其生色也,睟然见于面,盎于背,施于四体,四体不言而喻。"13.30 孟子曰:"尧舜,性之也。汤武,身之也。五霸,假之也。久假而不归,恶知其非有也。"14.33 孟子曰:"尧舜,性者也。汤武,反之也。动容周旋中礼者,盛德之至也。哭死而哀,非为生者也。经德不回,非以干禄也。言语必信,非以正行也。君子行法以俟命而已矣。"14.24 孟子曰:"口之于味也,目之于色也,耳之于声也,鼻之于臭也,四肢之于安佚也,性也,有命焉,君子不谓性也。仁之于父子也,义之于君臣也,礼之于宾主也,知之于贤者也,圣人之于天道也,命也,有性焉,君子不谓命也。"信广来教授在《孟子论人性》中对此有概括,见[美]江文思、安乐哲编《孟子心性之学》,第 201—205 页。信广来教授具体分析了"尧舜性之"及"君子所性"的动词意义,但未提及 14.24"性也,有命焉,君子不谓性也""命也,有性焉,君子不谓命也"的说法。

也,礼之于宾主也,知之于贤者也,圣人之于天道也,命也,有性焉,君子不谓命也。"(《孟子·尽心下》)

在力动意义上来理解,前一段文本所谓"君子所性",有着君子"能动地以何为自身之性"的主体性内涵。牟宗三认为,君子所以之为其性者,不是一般之"欲"与"乐",因为二者不是人人可强求而得的,不是人性分中所必然有者。所欲所乐是所求不能必然有所得者,而所性则是其所得必然源自所求者。因此,"君子所以之为其性者不在于其得志不得志。因为现实人生中之得志不得志是不可得而必的。故吾人必须先有不依于'不可得而必者'之可得而必者以为绝对自足之标准"。①此绝对标准,就是性分之中固有而自身明觉了的"仁义礼智"。牟宗三点出所性即是求在我者,并且标准在于自身内在本有,这是"主体性选择"的基本根据。不过,牟氏较为关注仁义礼智之本心的自足完满,则忽略了选择标准主体性能动性的过程性内涵。

后一段文本很难理解,因为"性"和"命"显然在其中具有两重不同的意义,而孟子对之有不同的取舍。如果根据牟宗三的说法,也可以给出一个理解:虽然为命而之为性不以之为命,也就是求在我者;虽然为性但以之为命不以之为性,这是求在外者。不过,严格而言,比如求财富或健康,真正用力去求,此求必然也能有所得,财富与健康并不必然在求之之活动之外。如此看来,单纯突出仁义礼智根于心之本然,不置放在源初涌动的整体中来理解,命和性是没有办法区分的。因此,当葛瑞汉在身心(欲望与道德)实际冲突的整体中来理解时,问题似乎有了一些得到解决的征兆。葛瑞汉的一个说法是:"孟子精确地说明了欲望与道德之间的冲突……在衡量彼此相反的倾向时,我们应该选择通过有助于我们道德的完善,与我们的本性相一致的倾向……我们的自然倾向——道德的和肉体的——属于一个整体,在此整体中,我们去判断身体的各个部分时,宁可选择较大的,而不是较小的。就其自身而言,没有欲望是恶的。例如,暴食是错的,仅仅是因为他妨碍了更重要的相关之事。结果,它并不是关于为了促进我们本性之善,而去与不善

---

① 牟宗三:《圆善论》,《牟宗三先生全集》第 22 册,第 157 页。

作斗争的问题。当我们因为比较大的欲望而拒绝比较小的欲望时,我们遵循作为一个整体的我们之本性,正像通过保护肩背而不是手指我们保护作为一个整体的身体一样……孟子认为,只有当心灵是持续而有活力的、能判断我们各种欲望和道德冲动的相对重要性的时候,我们才能发展人的体质结构的所有的可能性……只有当他持续不断地去处理利害关系时,一个人才能够生活于生命的自然期限之外。至于他们,对他而言,认识人的本性就是认识人的体质结构的全部可能性,不管是为了生命的延长还是为了道德的发展。而且,假如我们去实现这些可能性,心灵必须在利害之间做出判断。"①相对于牟宗三以本心固有德性为行动选择标准,葛瑞汉更为注重道德选择本身的动态的内在冲突本身。在将人或人性的实情理解为欲望和道德(身和心)冲突整体的基础上,将更符合、更有助于人的整体自身的更好持存视为道德选择的原则,这无疑是很精辟的见解。在此基础上,所谓"性""命"之间的"不谓性不谓命",其关键在于:在"性""命"之冲突的实情中,作为主体的存在者能够通过其主动的"以之为性不以之为命"或"以之为命不以之为性"的选择,来成就自身生命之内容,而生命的本性,就基于在"命""性"冲突中的此主动性的"不"——经由否定而肯定。

对孟子哲学中"性"的动词意义,安乐哲尤其在文化或存在论意义上给予突出的强调:"在人的情况下,'性'意味着作为一个人完整的过程。严格说来,一个人并不是一种存在,而首先和最主要的是正在做或正在制作,而且仅仅是派生的和追溯的,使某物被做成。"②在人的完整生命过程的基础上,通常片面理解的所谓"人性本善"并没有解释孟子人性哲学的要核:"人性本善并不是什么了不起的,而更重要的是,人之所为即变成了人的本性。"③在此,关于"善",安乐哲使用了近似亚里士多德的理解:"作为一种规范性概念,'善性'是能够最大限度地扩展其可能性、维持其自身的完整,而

---

① [英]葛瑞汉:《孟子人性理论的背景》,载[美]江文思、安乐哲编《孟子心性之学》,第52—54页。

② [美]安乐哲:《孟子的人性概念:它意味着人的本性吗?》,载[美]江文思、安乐哲编《孟子心性之学》,第97页。

③ 同上书,第109页。

且与此同时实现其最完满的一体化之程度这样一种'性'。"①人以自身生命的持续和完整之实现为目的,这是人的善,亦即是人的性。我们可以看看亚里士多德的说法:"最高善显然是某种完善的东西……那些因自身而值得欲求的东西比那些因它物而值得欲求的东西更完善;那些从不因它物而值得欲求的东西比那些既因自身又因它物而值得欲求的东西更完善。所以,我们把那些始终因其自身而从不因它物而值得欲求的东西称为最完善的。"②"仅仅因其自身而从不因它物而值得欲求",在双重意义与孟子哲学相合:一方面,只有人才是绝对地自身相因并不因他物而完满自足,或借用康德的话说,"人是目的"——只有人才是自身的目的,除开自身的存在与继续存在,人没有别的目的;另一方面,"可欲之谓善",一切在最初源动意义上的有内在倾向的展开,都是善的。③人自然而自主地显现自身,自主而自为目的地持续地展开自身,造就自己生命的过程,造就自身生命的内容,肯定自我造就的这一过程及其内容,如此自为肯定的自身实现,就是人之善。

对孟子哲学中"性"的能动意义,唐君毅指出"孟子言性,乃即心言性善",此亦即"就心之直接感应言性",比如"孺子将入于井"(《孟子·公孙丑上》)和见"蝇蚋姑嘬"(《孟子·滕文公上》),心在具体情境中与此具体情境一体而显,并从中彰显出自身一定之倾向:"孟子之所谓心之由感而应之中,同时有一心之生。心之感应,原即一心之呈现。此呈现,即现起,即生起。然此所谓心之生,则是此心之呈现中,同时有一'使其自己更相续呈现、相续现起生起,而自生其自己'之一'向性'上说。此生非自然生命生长之生,而是心之自己生长之生。"④因此,所谓性善,就是心在具体情境中绽露自身,显现、实现、生起自身,并觉悟其绽露,而且自觉于持续自身之绽露、呈现。简而言之,心在自身源初绽露中觉悟于自身之显现并持续不断地显现自身,就是性善的基础意义。

---

① [美]安乐哲:《孟子的人性概念:它意味着人的本性吗?》,载[美]江文思、安乐哲编《孟子心性之学》,第 108 页。

② [古希腊]亚里士多德:《尼各马可伦理学》,第 18 页。

③ 张栻说:"可欲者,动之端也。"见张栻《癸巳孟子说》,《张栻全集》,第 507 页。张栻认为,可欲作为动之端,其具体显现就内蕴着仁义礼智等,所以为善。

④ 唐君毅:《中国哲学原论·原性篇》,第 18 页。

"性"的动词用法引向一种新的理解,即在孟子这里,首要的不是对人性抽象的概念规定,即似乎某种先天自足之物具有"善"的固有规定性,而是"以善为性"。苏轼评论孟子人性学说时,就概括为"孟子以善为性":"昔者孟子以善为性,以为至矣。读《易》而后知其非也。孟子之于性,盖见其继者而已。夫善,性之效也。孟子不及见性而见夫性之效,因以所见者为性。性之于善,犹火之能熟物也。吾未尝见火,而指天下之熟物以为火,可乎?夫熟物,则火之效也。"①比较有趣的是,苏东坡以抽象孤立的善来批评孟子的具体之善,在其批评中,反倒揭示了孟子性善说的意旨——不是某种抽象物的属性被设定为具有善的本性,而是人在一种活生生的自身肯定的持续展开中,以此"展开的自身绵延为性",而持续的自身绵延展开即是人之善(所谓继),此即所谓"以善为性"。这样,孟子所谓善的意义就逐渐呈现为一个必然的过程。

四、他物与境域的两重意义

在具体的、自身肯定的自我实现过程中,主体性存在处于相当程度上觉悟了的整体性境域之中,主体自身实现的活动往往体现为与整体以及其中他物之间的交互作用。在整体性境域中,主体与他物的关系在一定意义上既具有内在性,又具有外在性,从而交互作用对于主体既具有自为性,也具有自在性。就内在性或自为性角度而言,整体性境域及其中的他物构成水或人自身实现的积极相遇者;而就外在性或自在性角度而言,整体性境域及其中的他物构成水或人自身实现的消极相遇者。

对如此两种不同的情形,张栻曾使用"有以使之"和"无所为而然"来加以区分。他解释"湍水之辩"说:"告子以水可决而东西,譬性之可以为善、可以为不善,而不知水之可决而东西者,有以使之也。性之本然,孰使之邪?故水之就下,非有以使之也,水之所以为水,固有就下之理也。若有以使之,

---

① 　苏轼:《东坡易传》卷七,文渊阁《四库全书》,上海古籍出版社,1993年。

则非独可决而东西也，搏之使过颡，激之使在山，亦可也。此岂水之性哉？搏激之势然也。然搏激之势尽，则水仍就下也，可见其性之本然而不可乱矣。故夫无所为而然者性情之正，乃所谓善也；若有以使之，则为不善。故曰：人之可使为不善。然虽为不善，而其秉彝终不可殄灭，亦犹就下之理不泯于搏激之际也。"①水在大地上流动，总是要与山川溪谷相互激荡，并且正由此彼此激荡而真正地实现"水之为水"。在水与大地（山川溪谷）的相互激荡中，水依据自身本性而在关系整体中确定不移地"向下流"。但是在具体的境域中，向下流之确定不移的指向，可能向东，也可能向西，甚至或南或北。向下的具体表现，或东或西，或南或北，一方面有着水自身内在的根据，另一方面，也依据具体境域中相遇的山川溪谷之特殊之势。涌动之水流经一处落差极大的山谷之际，"飞流直下三千尺"而撞击在谷底磐石之上，飞溅起万千水花而氤氲之水汽萦绕；倘使遇前方嶙峋高耸的山石阻碍，水流又折而回返，甚至自身向后相荡。水花的飞溅与回流，是山谷与磐石作为整体性境域中的他者对于水的"有以使之"而然。

在此，通常有一种似是而非的理解以为，如果不与山谷或高耸磐石相遇，水流没有"以使之"者，就必然向下。比如，葛瑞汉就认为，作为孟子人性论之背景并被孟子认可的有关"性"的理论主张是："有生物之本性，它到处被假定为一种当它不被伤害和被适当培养就发展的方向。"②由此出发，他认为孟子人性论也有一个"自然主义"的基础："就像身体的自然生长一样，道德倾向同样属于自然的。它们是自然而然的倾向，不要后天的努力而在我们自身之中就产生了的。它们能够被培养、伤害和节制，如果适当地呵护，它们就发展，但不能被强迫。这是孟子论辩中最为人熟知的部分。"③从实质

---

① 张栻：《癸巳孟子说》，《张栻全集》，第426—427页。
② ［英］葛瑞汉：《孟子人性理论的背景》，载［美］江文思、安乐哲编《孟子心性之学》，第22页。
③ 同上书，第38页。这一点是葛瑞汉理解的孟子关于人性论辩的第一个步骤，即道德倾向的自然主义设定（强调"四端"）；第二个步骤则说明人之现实生存实情能够作出道德选择而行道德（突出"情"）；第三个步骤则说明道德倾向与欲望倾向同等地作为自然倾向，二者的冲突在具体道德实践活动中如何被抉择（突出"心"）。除开这一自然主义假定前提，葛瑞汉的许多分析无疑具有很大的启发性。参见《孟子心性之学》，第38—54页。

上看,这个自然主义的假定对理解孟子虽然有借鉴意义,但并不切中孟子关于人或人性思想的真意。一方面,脱离具体境域关系的人本身是虚幻的;另一方面,在具体关联中相遇的外物(权且假定能被视为外物),不单是对一物自身的实现具有妨碍或伤害,也有助成或完善。而即使是妨碍或伤害,也有一个更为隐曲的道理需要领会——外物对于一物的任何影响,尤其一种否定性或消极性影响,只能通过此物自身在相互关联、彼此激荡的具体实现活动中体现出来,并由此成就或表现(彰显)自身内在之性。简言之,任何一物必然存在于与其关联的整体中,它的一切本性恰好只是在相互激荡中彰显出来的,而不能在相互激荡之外去假定一种先在的自然本能。

因此,当张栻区分"有以使之"和"无所为而然"时,我们并不能理解为"有以使之"是与物关联、离其自身的情形,而"无所为而然"是与物无关、在其自身的情形。对于水而言,搏激之势使之"向上流"的否定性影响,恰好在双重意义上肯定了水自身必然向下流的确定不移之向:一方面,当此搏激之势解除之际,水流必然"重新向下"。另一方面,搏激向上本身之所以可能,根据正在于水流必然向下的本性——如果水流本不向下,比如它如果是向上的,就无所谓外在的强力影响使之向上了;而且就一般而言,外力之搏激之势,恰好是克服水之向下之势,并依据其向下之势而由外搏激之,并最终以其向下流而实现所以搏激之目的。同样地,人在与他人乃至万物相与共在的整体世界中,其必然为善正是在两重意义上得以彰显的:其一,从内在性或自为性角度看,以相与共在及其共同实践活动为基础,每一个主体都能在与他人的相互关联、彼此激励的有利影响中更好地实现自身,这可以视为"无所为而然"。其二,从外在性或自在性角度看,在相对独立的意义上(因为人不可能脱离群体而彻底孤立存在),他人之外在不利影响的消解,总是使得每一作为主体的人回到其自身;尤其是,对于他人之妨碍或伤害之不利影响的觉悟本身,在更深刻的层面上"经由他物的否定而肯定性地实现着自身",从而必然为善——这是"有以使之"转而实现"无所为而然"。

在整体性中经由他者而回到自身,这是善的真正意蕴。这意味着一种自身否定而回返自身的"圆圈式运动",亦即必然的自己的运动:"真理就是它自己的完成过程，就是这样一个圆圈，预悬它的终点为目的并以它的终点为起点，而且只当它实现了并达到了它的终点它才是现实的。"①孟子用"自反"来阐述这一必然性：

> 君子所以异于人者，以其存心也。君子以仁存心，以礼存心。仁者爱人，有礼者敬人。爱人者人恒爱之，敬人者人恒敬之。有人于此，其待我以横逆，则君子必自反也：我必不仁也，必无礼也，此物奚宜至哉？其自反而仁矣，自反而有礼矣，其横逆由是也，君子必自反也：我必不忠。自反而忠矣，其横逆由是也，君子曰："此亦妄人也已矣。如此则与禽兽奚择哉？于禽兽又何难焉？"是故君子有终身之忧，无一朝之患也。（《孟子·离娄下》）

他者之横逆作为否定性的影响，引致主体不断逐次深入地回到自身并肯定自身。

置放于整体性角度来理解善的必然性，这里要注意孟子对他者作为妄人或禽兽的评断。在道德生存论上认可他者作为妄人近似于禽兽，避免了从生物学或物理学意义上追问：如果人必然为善，何以总是有一些个体恶行昭彰？在孟子的意义上，这个问题本身就是不可能的，因为将所有生物学上的个体脱离道德-文化生存的具体整体性境域，并预设每一个体均匀而内在地分布着天生固有的善之禀赋，这本身就是一种虚妄的做法。同时，对恶的追问本身，就是一种经由否定而实现肯定的善之表现（恶并不自身显现或呈现，领悟何为恶以先行领悟善为前提）。存在的整体性使自身返回成为可能，而返回经由的否定性之恶，构成了进一步走向肯定自身之善的必然环节。在整体性视野下，善的必然性就体现为"善与人同"和"与人为善"的统一。孟子说：

> 子路，人告之以有过则喜。禹闻善言则拜。大舜有大焉，善与人

---

① ［德］黑格尔：《精神现象学》上卷，第 11 页。

同。舍己从人，乐取于人以为善。自耕、稼、陶、渔以至为帝，无非取于
人者。取诸人以为善，是与人为善者也。故君子莫大乎与人为善。
（《孟子·公孙丑上》）

　　在孟子看来，尽管以舜为表征，但善并不是生物学意义上的个体性事
业，而是类整体的必然性本质。朱熹解释说："善与人同，公天下之善而不为
私也……取彼之善而为之于我，则彼益劝于为善矣，是我助其为善也。能使
天下之人皆劝于为善，君子之善，孰大于此。此章言圣贤乐善之诚，初无彼
此之间。故其在人者有以裕于己，在己者有以及于人。"[1]私，就是关注基于
身体性存在的个体性。朱熹明确指出，"善与人同"是天下之公而不为私、无
彼此之间，意味着善是在群体性相与之中的必然性实现。换言之，"善与人
同"基于存在的整体性，而"与人为善"就是整体性存在的必然指向。"与人
为善"包括两个层次：一层意思是取人之善而实现于自身；另一层意思是他
人借助于我之为善而回向他人自身为善。在《中庸》中，此亦即成己与成物
的统一。王夫之说："君子之善，所以成己也；而成己之至，即所以成物……
故君子之道，以至善为归，以万物为一……成物乃成己之至，而成己为成物
之本。"[2]主体对自身的肯定性实现，即是自身之善，即成己；而自身的肯定性
实现有助于其他主体自身的肯定性实现，即是引向他者之善，即是成物。二
者统一于"万物为一"的整体，其归终则是整体自身肯定性实现的"至
善"——此一实现也就是"自身与他人一体的整体"之肯定性实现。

---

[1]　朱熹：《四书章句集注》，第239页。
[2]　王夫之：《四书训义》，《船山全书》第八册，第227—229页。

第三章　认知取向的扬弃

——《孟子·告子上》"生之谓性"章疏解

从人自身的真实存在来理解人的本质，需要克服认知主义的错误。对于《孟子》中极为重要的"生之谓性"之辩，传统解释充满分歧。理学之朱熹、心学之牟宗三，都认为孟子否定了"生之谓性"说，而心学主流与气学派都肯定"生之谓性"这个命题本身，即认为人的现实生存活动造就人的本质。因此，"生之谓性"的本义恰好区别于"白之谓白"的理解，后者是一种基于认识论的普遍主义执取，而前者注目的则是生存论的切己之行。行动或行事的具体活动是孟子论性的起点和归宿；孟子言性，一方面关注了普遍性的担保问题，另一方面更突出了个体性的生命践行。

人性讨论中的认知主义立场或倾向，与一般哲学中的认知主义立场或倾向具有一致性。概括言之，认知取向一方面注重"主客二分与对立"①，另一方面注重"普遍性"，两方面相互依存，构成认知取向的基本特征。

所谓主客二分及其对立，即预设认知主体与认知对象彼此独立且分离存在。作为认知主体的人成为抽象的理智存在物，被视为人的各种属性集合的主体，而非具体性行动本身及其担当者；而作为认识对象的物，也被视为独立于人的普遍属性的集合（实体），而非具体行动过程中丰富性的呈现

---

① 　参见张世英《天人之际——中西哲学的困惑与选择》，人民出版社，1995年，第44—69页。

本身。在认知取向中,理智自身是"普遍性的范畴力量"①,对象是抽象的"普遍属性"。当认识指向认识者自身,或者关乎人的自我认识时,认知取向就导致对真实的自我与真实的事物的双重丢失,显现为"一般认识一般,普遍认识普遍"。②理智的外在化、普遍化与抽象化,远离了活生生的生命存在本身。通过对告子"生之谓性"的辩驳,孟子强调个体性具体行事活动本身是人性的真正实现,而此一实现逸出认知之域。换言之,"生之谓性"作为真正的自我实现是非认知性的。

一、传统上对"生之谓性"的普遍主义错解与孟子的真义

孟子人性论的主张集中体现在《孟子·告子上》孟子与告子的争论中。"生之谓性辩"是此篇第三个争论,此争论为前后几个争论的中心所在,然而对"生之谓性辩"的理解,历来传注莫衷一是。问题在于:告子"生之谓性"的主张究竟是否合理? 或者说,孟子究竟是否赞成"生之谓性"? 从争论文本看,告子先行给出"生之谓性",孟子则使用类比层层追问,最后以告子戛然无以应答为终:

> 告子曰:"生之谓性。"
> 孟子曰:"生之谓性也,犹白之谓白与?"
> "然。"
> "白羽之白也,犹白雪之白;白雪之白,犹白玉之白与?"
> 曰:"然。"
> 曰:"然则犬之性,犹牛之性;牛之性,犹人之性与?"

---

① [德]康德:《任何一种能够作为科学出现的未来形而上学导论》,庞景仁译,商务印书馆,1995年,第99—100页。

② [俄]尼·别尔嘉耶夫:《自我认识——思想自传》,雷永生译,上海三联书店,1997年,第299页。

　　朱熹的解释具有典型性。他明确否定"生之谓性"说，认为告子此说是以知觉运动言性，而为孟子所不取："生，指人物之所以知觉运动者而言……性者，人之所得于天之理也；生者，人之所以得于天之气也。性，形而上者也；气，形而下者也。人物之生，莫不有是性，亦莫不有是气。然以气言之，则知觉运动，人与物若不异也；以理言之，则仁义礼智之禀，岂物之所得而全哉？此人之性所以无不善，而为万物之灵也。告子不知性之为理，而以所谓气者当之，是以杞柳湍水之喻，食色无善无不善之说，纵横缪戾，纷纭舛错，而此章之误乃其本根。所以然者，盖徒知知觉运动之蠢然者，人与物同；而不知仁义礼智之粹然者，人与物异也。孟子以是折之，其义精矣。"①朱熹以理为性、以气为生，二者作为理智抽象物，是包括人在内所有物的本体论根据，具有鲜明的普遍主义色彩。朱熹的错误在于两个方面：一是从抽象的共同本体出发，无法真正地区分人和动物；二是将人之性与其知觉运动彼此割裂。

　　与朱熹理学否定"生之谓性"有别，黄宗羲强调气外无理，而认可"生之谓性"："无气外之理，'生之谓性'，未尝不是。然气自流行变化，而变化之中，有贞一而不变者，是则所谓理也性也。告子唯以阴阳五行化生万物者谓之性，是以入于儱侗，已开后世禅宗路径。故孟子先喻白以验之，而后以牛犬别白之。盖天之生物万有不齐，其质既异，则性亦异，牛犬之知觉，自异乎人之知觉；浸假而草木，则有生意而无知觉矣；浸假而瓦石，则有形质而无生意矣。若一概以儱侗之性言之，未有不同人道与牛犬者也。"②王夫之的看法与黄宗羲大体相近。王夫之说："'生之谓性'四字，亦无甚错。生气，'生'也；生理，亦'生'也。生则有，死则无，食色然，仁义亦然，故此语破他不得。但其意是说有生之气，有知觉能运动的，故凡生皆生，凡性皆性。孟子灼见其所言之旨而反诘之，告子果以为然，故可以人与犬牛破之，以人之知觉运动即灼然非犬牛之知觉运动，即人之甘食悦色亦非犬牛之甘悦也。"③黄、王

① 朱熹：《四书章句集注》，第 326 页。
② 黄宗羲：《孟子师说》卷六，《黄宗羲全集》第一册，第 133 页。
③ 王夫之：《四书笺解》卷十，《船山全书》第六册，第 342 页。

认为,虽然万物同源于一气之变化,但每一物类或每一个别物自始便因其所
禀而与其他物类或他物相区别。就人而言,人自始便与动物区别,所以即便
就知觉运动而言,人之知觉运动也异于动物之知觉运动。不过,从他们由同
一之气分化而得殊异的观点来看,仍是一种理智思辨的抽象,并未取得真正
有内容的差异性自身;虽然他们注重气之动而言人之别于禽兽,较朱熹以无
动之性与有动之气的隐曲挂搭为说更为妥帖,但气之动仍是一种抽象的虚
假的"动",而非真正的行事活动。

　　与从理气关系论"生之谓性"不同,心学倾向的程颢引《易传》糅合《孟
子》《中庸》,用"性即气、气即性"之说来对"生之谓性"说本身表示肯定。其
论曰:"'生生之谓易',是天之所以为道也。天只是以生为道,继此生理者,
即是善也。善便有一个元底意思。'元者善之长',万物皆有春意,便是'继
之者善也'。'成之者性也',成却待它万物自成其性须得。"[1]"'生之谓性'
(原注:'告子此言是。而谓犬之性犹牛之性,牛之性犹人之性,则非也')。"[2]
"告子云'生之谓性'则可。凡天地所生之物,须是谓之性。皆谓之性则可,
于中却须分别牛之性、马之性……'天命之谓性,率性之谓道'者,天降是于
下,万物流形,各正性命者,是所谓性也。循其性而不失,是所谓道也。此亦
通人物而言。循性者,马则为马之性,又不做牛底性;牛则为牛之性,又不为
马底性。此所谓率性也。"[3]"'生之谓性'性即气,气即性,生之谓也……盖
'生之谓性''人生而静'以上不容说,才说性时,便已不是性也。"[4]程颢所说,
要点有二,一是强调"继之者善",二是强调"'人生而静'以上不容说"。从
"继之者善"而言,程颢明确反对"只道一般",而强调"自成其性""各正性
命";从"'人生而静'以上不容说"而言,他明确否定了用语言来思辨地虚构
人之本性或普遍人性。简言之,程颢肯定"生之谓性"须立足于既有之生及
其展开来理解。

　　宋明儒学中,心学倾向认可"生之谓性",理学则倾向否定"生之谓性"。

---

①　程颢、程颐:《河南程氏遗书》卷二,《二程集》,王孝鱼点校,中华书局,2004 年,第 29 页。

②　程颢、程颐:《河南程氏遗书》卷十一,《二程集》,第 120 页。

③　程颢、程颐:《河南程氏遗书》卷二,《二程集》,第 29—30 页。

④　程颢、程颐:《河南程氏遗书》卷一,《二程集》,第 10 页。

当代新儒学中的牟宗三属于心学，却明确否定"生之谓性"："'生之谓性'之自然之质可直接被说为是生就而本有的。但此所谓生就而本有是生物学的本有，是以'生而有'之'生'来定的，与孟子所说'仁义礼智我固有之也，非外铄我也'之'固有'不同。孟子所说之'固有'是固有于本心，是超越意义的固有，非生物学的固有，亦非以'生而有'定，盖孟子正反对'生之谓性'故。"①"'生之谓性'一原则……是属于自然事实的……孟子理解人之性，其着眼点必是由人之所以异于犬牛的价值上的差别来理解之。"②牟氏借用事实与价值二分来理解孟子与告子争辩的差异，转换了问题，但也将人之自然性与价值性彼此脱离。事实与价值的二分是一种理智思辨的外在强加，脱离了人的具体行事活动，陷入了普遍主义的立场。

　　唐君毅将性理解为生命展开自身之方向性，在一定意义上肯定"生之谓性"说，认为孟子"即心言性"可以统摄"生之谓性"："即心之生以言性，乃直接就此恻隐、羞恶、辞让、是非等心之生处而言性……此所谓心之生，则是此心之呈现中，同时有一'使其自己更相续呈现、相续现起生起，而自生其自己'之一'向性'上说。此生非自然生命之生长之生，而是心之自己生长之生……孟子之言心，乃重此心之自生自长之义。所谓心能自生自长，即心能自向于其相续生、相续长，以自向于成一更充实更扩大之心。简言之，即心之自向于其扩充。"③唐君毅以生命展开过程中所蕴涵之方向理解"生之谓性"，并认为孟子以"心之自向于其扩充"的即心言性来统摄"生之谓性"，表明他认可孟子在更高意义上的"生之谓性"。唐氏将性理解为生命之自身肯定的自我展开，此一展开是一个过程及其内在秩序（向性）的统一，这是对"生之谓性"的恰适理解。不过，他将心视为单纯精神性实体，将人之性主要理解为"心之生"，则失却了更为整全的感性生命活动。"性"字合心与生，其直接的意义在于生命活动本身与心之觉悟的统一，而非脱离生命活动之单纯的心（精神性）之生成。

---

① 牟宗三：《圆善论》，《牟宗三先生全集》第 22 册，第 5 页。

② 同上书，第 9—10 页。

③ 唐君毅：《中国哲学原论·原性篇》，第 18—19 页。

综上,"生之谓性辩"中,孟子从"生之谓性"到"白之谓白"的诘问,以及从"白羽之白也,犹白雪之白;白雪之白,犹白玉之白与?"到"犬之性,犹牛之性;牛之性,犹人之性与?"的诘问,并非一个逻辑上的滑跃错误[1],而是一个归谬式的论证[2],从而在更高意义上肯定"生之谓性"的内涵,即要求不脱离具体生命活动自身之展开而言性,反对抽象理智脱离人生本身去虚构一个孤立的普遍人性。

二、"白之谓白":外在普遍性的执取

在"生之谓性辩"中,孟子诘之以"生之谓性也,犹白之谓白与?",告子应之以"然"。孟子再诘之以"白羽之白也,犹白雪之白;白雪之白,犹白玉之白与?",告子再应之以"然"。但是,当孟子最后诘之以"犬之性,犹牛之性;牛之性,犹人之性与?",告子戛然而止,无所可应。这表明孟子以一种归谬式的诘问,得到了告子自己也不能认可的结论。在一定意义上,告子的无所可应至少表明了一种最为基本的识见,即论人之性须从人不同于犬牛之处着眼。对此,刘宗周认为:"告子累被孟夫子锻炼之后,已识性之为性矣。故曰'生之为性',直是破的语。只恐失了人分上本色,故孟夫子重加指点,盖曰'生不同而性亦不同'云。孟夫子已是尽情剖露了,故告子承领而退。"[3]刘宗周认为告子经孟子辩难,达到了与孟子一致的看法,此说过于乐观。我们须对告子两次应之以"然"的实质意涵加以剖析:

（1）告子提出"生之谓性",但其含义不明。

（2）孟子以"白之谓白"类比于"生之谓性",追问告子所谓"生之谓性"是否类似于"白之谓白"。

---

[1]　牟宗三:《圆善论》,《牟宗三先生全集》第22册,第7—9页。

[2]　梁涛:《郭店楚简与思孟学派》,中国人民大学出版社,2008年,第331页。

[3]　刘宗周:《学言下》,《刘宗周全集》第二册,浙江古籍出版社,2007年,第465页。

（3）告子同意"生之谓性"的意涵类似于"白之谓白"。

（4）孟子进一步追问告子：所谓"白之谓白"是否即是"白羽之白类似于白雪之白，白雪之白类似于白玉之白"？

（5）告子在此表示肯定。

（6）以上述推论演绎为基础，孟子最后追问告子：是否犬之性类似于牛之性，牛之性类似于人之性？

（7）告子无所应而终，以示其不肯定犬之性类似于牛之性、牛之性类似于人之性。

在此几个步骤中，关键的问题是搞清楚两点：

第一，"白之谓白"何谓？

第二，"白"和"性"有何异同？ 或者"白之谓白"与"生之谓性"有何异同？就 A 而言，逻辑上说，"白之谓白"是一个全称命题，意即"一切白色之物都是白色的"。这完全是一个"分析命题"①："白"是所有白色之物的共相，而白羽、白雪、白玉则是殊相。凡白物皆白，必然蕴涵白羽为白、白雪为白、白羽为白。"一切白色之物都是白色的"是一种在逻辑上普遍有效的分析命题，"白"作为共相具有什么性质呢？

从后文关于"仁内义外"的争论来看，告子认为，"彼白而我白之，从其白于外也，故谓之外也"。"白"作为共相，是在判断者——作为主体的"我"——之外的。因为某物自身自在地"白"，所以"我"如其"白"而称之为"白"。这有两个层次的意义：

① 如果白色是外在于主体（我）的事物自身的属性，而非在主体（我）之内或与主体相关联，那么，主体（我）如何能够跨越内外屏障如其白而称之为白呢？

② 一切具有白色属性的事物，它们在白色这一共相上相似甚至相同，但是，白色的羽毛其主要之点在于其白色吗？ 白色的雪其主要之点在于其白色吗？ 白色的玉石其主要之点在于其白色吗？

就①而言，将某种属性视为事物自身客观自在而有，这在认识论范围之

---

① 牟宗三：《圆善论》，《牟宗三先生全集》第 22 册，第 8 页。

内也是有偏颇的。洛克就曾以两种性质的划分,指出颜色、味道、声音等性质是认识对象作用于认识主体而在主体身上造成的主观感觉结果,事物自身并没有与之相应的客观自在之性,是第二性质;它区别于事物自身相应而有的、客观自在的广袤、形状、运动、静止等第一性质。[1]而就总是处于具体生命活动之中的人来说,根本无法设想脱离人的活动之外的事物之客观性质,更无法设想脱离了在具体活动中与人一体的、具有丰富特性的事物的纯粹理智本身;而之所以能将二者思辨地割裂开来,就在于理智的抽象使用,是脱离了本源之实而"自私用智"的结果。而且,即便"白色"之共相属于事物自身所有,[2]这层含义又该如何理解呢?

赵岐说:"孟子以为羽性轻,雪性消,玉性坚,虽俱白,其性不同。问告子,以三白之性同邪?"而"告子曰然,诚以为同也"。[2]赵岐以为孟子强调白羽、白雪与白玉虽同为白,但各自就其自身之在而言彼此相异:白羽之为白羽,虽白,但就其自身之作为羽而在言之,并非白,而是轻更为彰显其在;白雪之为白雪,虽白,但就其自身作为雪而在言之,并非白,而是消更为切于其自身之在;白玉之为白玉,虽白,但就其自身作为玉而在言之,并非白,而是坚凸显着玉之为玉。而告子均应之以"然",以为羽、雪、玉三者同为白,而忽略其各自就其自身而在之轻、消、坚。赵岐注揭示出:白色之物不同于物之白色。一物拥有白色,同时还拥有别的无数可能性质;某种直接触目之性质并不一定是此物区别于他物而成其为自身之所在者。

究实而论,白色物之所以为白,若在一般"艺术"意义上看,离不开进行美之创造的主体需要。创作活动离不开假物以为用。物之为物,在此假物以为用的创作过程中,实现其为物。在主体性创作活动中,经由用与被用的关联,物的意义被决定、被揭露。在一定意义上,物首先是因"事"而显,脱离"事"不可能有"物"。在事中,被"假用"之物,与假物以为用之人,相联相融不可分。物因其在事中被用而成其为物,人因其在事中假物以为用而成其为人。事是人与物的"动"的合一。

---

① [英]洛克:《人类理解论》上册,关文运译,商务印书馆,1959年,第101—109页。

② 赵岐注,孙奭疏:《孟子注疏》,第296页。

告子将白视为羽、雪、玉的"共相",而非在"事"的关联中领悟羽之为羽、雪之为雪、玉之为玉可能绽放的其他更关乎其自身之在的可能性。以赵岐之意,孟子领悟了"物"之更关乎自身之在的可能性。

在"白"对"物"的共相固化中,扭曲已是怵目惊心。那么,关涉人自身呢?"白之谓白"何以犹于"生之谓性"呢?

从语法学上看,"白之谓白"与"生之谓性",按照戴震的说法,"A 之谓 B"句式,表示以 A 为 B 的内涵。"古人言辞,'之谓''谓之'有异:凡曰'之谓',以上所称解下,如《中庸》'天命之谓性,率性之谓道,修道之谓教',此为性、道、教言之,若曰性也者天命之谓也,道也者率性之谓也,教也者修道之谓也;《易》'一阴一阳之谓道',则为天道言之,若曰道也者一阴一阳之谓也。"①相应地,"白之谓白"的意思就是"白色,就是一切白色之物之谓也","生之谓性"的意思就是"性,就是生之谓也"。换言之,"白之谓白"表示白不能脱离一切具体的白色之物而为独立存在的共相,"生之谓性"则说明性不能脱离具体之生命存在而成独立之共相。如此理解,是"白之谓白"能犹"生之谓性"处。但是,孟子在诘问了"白羽之白也,犹白雪之白;白雪之白,犹白玉之白与?"并得到告子"然"之回应后,引入"犬之性,犹牛之性;牛之性,犹人之性与?"的诘问,以犬牛之性为中介,展露了"白之谓白"不能犹"生之谓性"之处。

犬牛有生,人亦有生。不过,犬牛作为禽兽,与人之间有许多区别,这个区别是什么呢?孟子说:"人之所以异于禽兽者几希,庶民去之,君子存之。舜明于庶物,察于人伦,由仁义行,非行仁义也"(《孟子·离娄下》)。人与禽兽的区别很稀微,一般人无法保有而失去这种区别,而君子则能持存如此区别于自身而行。对孟子而言,所谓仁义,其实际的内容与展开就是具体的事亲从兄之活动——"仁之实,事亲是也;义之实,从兄是也"(《孟子·离娄上》)。所以,以舜为例,君子明察于"庶物人伦"而行,其实质是在觉于源初事亲从兄之活动而继续展开其活动。"由仁义行,非行仁义",即君子不是因为先有了理智上的对于行动(事亲从兄)的知识,再有"事亲从兄"的活动,相

① 戴震:《孟子字义疏证》,第 22 页。

反,就是在活动中,君子直接觉于此活动,并在活动之继续展开中,持续其对活动之觉。

因此,"犬牛之性"在"白之谓白"与"生之谓性"的关联中具有中介意义。在单纯理智的抽象观照中,"白之谓白"与"生之谓性",易于简单地化约为"一切白色之物都是白色的"与"一切有生之物都是有性的",从而具有相似性。但是,犬牛因与人发生着切近的关联,更切近于劳作自身,能够警醒犬牛之与人在"事"中的区别。这个区别首先豁显于这样一个事实——在人劳作而驯兽为用的过程中,犬与牛具有与人不同的、基于劳作分化的意义。"孟子所以言此者,以其犬之性,金畜也,故其性守;牛之性,土畜也,故其性顺。"[1]因为犬牛在劳作之事中与人的切近关联,犬性与牛性,或犬之生与牛之生,在假物为用的主体这里有着"狗忠诚为人看护"与"牛温顺为人耕犁"的区别。这个区别只有在"事"中才能得以确定。

犬牛作为中介,一方面倾于白之谓白,另一方面倾于生之谓性。就前一方面而言,它具有可以被外在把握的普遍属性;就后一方面而言,它则须在具体的劳作之事中得到贞定而无普遍性可固化。其中介意义,指向人在"假物为用"之事中的独特性。此即"生之谓性辩"所要抵达的最终结论,即生存论而非认知主义的视野。

三、"乃若其情":孟子论性的入手处

破除了"生之谓性"与"白之谓白"的语法学形式相似,扬弃对性的普遍主义认知取向,须追问:孟子究竟是在何种意义上讨论人性的? 孟子与学生有个问答:

> 公都子曰:"告子曰:'性无善无不善也。'或曰:'性可以为善,可以

---

[1]　赵岐注,孙奭疏:《孟子注疏》,第296页。

为不善；是故文、武兴，则民好善；幽、厉兴，则民好暴。'或曰：'有性善，有性不善；是故以尧为君而有象；以瞽瞍为父而有舜；以纣为兄之子且以为君，而有微子启、王子比干。'今曰'性善'，然则彼皆非与？"孟子曰："乃若其情，则可以为善矣，乃所谓善也。若夫为不善，非才之罪也。"（《孟子·告子上》）

公都子昧于孟子言性善之"何所自"，以当时流行之三种"有所自"的人性论为问：孟子主张性善，那么其他三者是不是都错了？显然，与其他三种人性论相区别，"乃若其情"就是孟子论定性善之"何所自"。

公都子所问的三种言性理论是：（1）告子的"性无善无不善"之论，以为善有一个不受具体行事之实影响的本然状态，此本然无所谓善与不善；（2）无名氏的"性可以为善，可以为不善"之论，以为性本身一无所定，人自身无所为于自身之何所是，性完全是由外在环境决定的，有似于经验主义的环境决定论；（3）无名氏的"有性善，有性不善"之论，认为人先天即固有其或善或恶之性，先天善者一定善，先天恶者一定恶，后天环境或交往关系不能对之有任何影响和改变，是先验主义的善、恶天生论或先天论。就三者的共同点而言，都是"将性看作为一客观对象"。① 换句话说，三种言性理论都是将性脱离于具体行事之实，作为一独立自存之物而加以规定，如此之性自身具有理智确定性。

与三种孤立抽象地片面看待人性不同，孟子性善论从"乃若其情"即"人生之情实或实情"出发。此处"情"作"情实"②，亦即"必有事焉而勿正"③的生存实情。孟子论性，其起点、过程和归宿都要求须臾不可离此生存之实情。

"必有事焉而勿正"的生存实情，是两个方面的相融互摄：一方面是行事活动自身不绝如缕地绵延展开，另一方面是心不可脱离此绵延展开的生存活动。所以，孟子既反对"舍而不耘"，也反对"揠苗助长"。严格意义上说，舍而不耘者是无所行事，而揠苗助长者是离事言心。因此，就不间断的行事活动与心思

①　梁涛：《郭店楚简与思孟学派》，第 339 页。

②　赵岐注，孙奭疏：《孟子注疏》，第 41 页。

③　"勿正"，据焦循《孟子正义》，"正"训为"止"。见焦循《孟子正义》上，第 204 页。

之明的关系而言,就是心事浑融,一方面心外无事,另一方面事外无心。

孟子突出批评了揠苗助长的离事言心,认为那是"智者之造作":

> 天下之言性也,则故而已矣,故者以利为本。所恶于智者,为其凿也。如智者若禹之行水也,则无恶于智矣。禹之行水也,行其所无事也。如智者亦行其所无事,则智亦大矣。(《孟子·离娄下》)

"故者,其已然之迹","利,犹顺也"。[1]对于智而言,其对于生命自身的"明了",根源于一个过去、现在与将来不绝如缕、牵连一体的生命绵延活动。智往往可能"穿凿附会",脱离生命绵延活动而自行其是地虚构概念世界。如脱离生命活动之过程,则智无其本而小;若"行其所无事"而融于生命绵延活动,则智大。

孟子反对智之穿凿的自私使用而要求行其所无事,并非老、庄意义上的"去故与智"而返回到无知无欲的淳朴状态,而是强调智谨守于其具体行事之实:"仁之实,事亲是也;义之实,从兄是也。智之实,知斯二者,弗去是也"(《孟子·离娄上》)。"仁"即"事亲"之具体行事活动,"义"即"从兄"之具体行事活动,二者具有某种生存论上的本体论意味:"仁,人之安宅也;义,人之正路也"(《孟子·离娄上》)。人源初即处于"居仁由义"的活生生之行事中,即以"事亲从兄"之具体行事活动为其存在之本、之实,而智即是对于此"实"之领悟——领悟此"实"本身而融于其间且因其领悟而提升此"实",由此"实"之进一步展开而达于更深刻的领悟。智对于仁义作为具体行事活动之"实"的"知而弗去",表明智对于事亲从兄之活动只有从属的意义以及智与仁义之具体行事活动的相融不离。

人的具体道德生存展现为"居仁由义"的活动。"居仁由义"是活生生的行事活动,此即人之存在之实情。人不可一刻无事,孟子强调"必有事焉而勿正,心勿忘,勿助长也",意在于突出"人总是必然处于具体行事活动之中而不可止"的实情。对此实情,心知的作用是一方面不可忘此实情,另一方

---

① 朱熹:《四书章句集注》,第 297 页。

面不可助长此实情。孟子特别提醒要提防后者,即脱离"必有事焉"之实外在地虚构某种普遍性,反过来戕害具体行事之实。

总而言之,孟子论性的真实基础就是每一个具体的绽放的生命活动本身,或觉悟了的具体行事活动之不绝如缕的展开。由此,论性的目的,也就不是给出一个"白之谓白"那样摈除了具体性的、理智抽象的一般,而是要昭示一条返回自身切己生命行动的通道,"回到活的生命本身"。因此,个体性(切己具体的生存活动)就是孟子论性的必然指向。

四、一而不同:普遍性与个体性的厘定

每一个人作为主体都要过属于自己的真实生命。对孟子而言,每个人的生存实情都是心事相融的不可间断的具体行事活动。如此不可或息的生存活动有某种普遍性意义,此即所谓"心之所同然"。孟子说:

> 口之于味也,有同耆焉;耳之于声也,有同听焉;目之于色也,有同美焉。至于心,独无所同然乎?心之所同然者,何也?谓理也,义也。圣人先得我心之所同然耳。故理义之悦我心,犹刍豢之悦我口。(《孟子·告子上》)

表面上,孟子在此将感官小体的口耳目之相似倾向,类比于心之所同然,即通过口之于味有同嗜、耳之于声有同听、目之于色有同美,类比推论心之有同然。如果注目于同然之普遍性,并归结为普遍性的先天本心和普遍性的道德原则两者,就错失了这一文本的真义。

实际上,口、耳、目与心是一体的:"心者身之主宰,目虽视而所以视者心也,耳虽听而所以听者心也,口与四肢虽言动而所以言动者心也。"①"耳目口

---

① 王阳明:《传习录下》,《王阳明全集》上册,第119页。

鼻四肢,身也,非心安能视听言动? 心欲视听言动,无耳目口鼻四肢亦不能,故无心则无身,无身则无心。"①因此,口之于味的同嗜、耳之于声的同听、目之于色的同美的活动,实质就是心与口、耳、目一起实现的活动。口、耳、目之能同嗜、同听、同美,就在于心为其主宰。简言之,心之所同然的意思,关键在耳目口鼻的活动都是心与之一体的实现活动,心在其间起着主宰与支配的作用。心之主宰与支配,就是在不同个体所处的不同的具体情境中,切近于其具体情境而依循一定的秩序与规范(即理义)而视听言动。

孟子并不直接给出某种普遍的秩序与规范,来作为所有人在具体情景中可以由外加以引用的标准,亦非将某种普遍有效性作为所有人的实质原则而置于每一个体的所谓先天之心中。在戴震看来,孟子提出"心之所同然者为理",恰好是为了反显那些迄今为止被称作"理"者并非真正的"理":"自孟子时,以欲为说,以觉为说,纷如矣;孟子正其遗理义而已。""心之所同然始谓之理,谓之义;则未至于同然,存乎其人之意见,非理也,非义也。凡一人以为然,天下万世皆曰'是不可易也',此之谓同然。""昔人知在己之意见不可以理名,而今人轻言之。夫以理为'如有物焉,得于天而具有心',未有不以意见当之者也。今使人任其意见,则谬;使人自求其情,则得。"②戴震认为,将理乃至义理解为脱离个体自身具体行事的普遍独立自存物,都是"意见"而非理。其实,戴震所谓"一人以为然,天下万世皆曰'是不可易也'",历史与现实中都没有,因此,"心之所同然"的指向只能是每一个人回到自身之行事而得其正。戴震的见解是"心之所同然"的唯一合理理解。

每个人生存的实情是切己的具体行事。行事作为具体性的活动或行动,总是由个体担当。"心之所同然"从形式上可以表述为:每一个人都必须切己行事,这是所有人都一样的。这里也有某种普遍性。然而,这种普遍性并不是独立存在的某种本质要求,或可说是"空虚的普遍性";而是要求每一个体切于自身而行事,谨守自身之实而不移,是基于具体行事的"充实的个体性"。孟子所谓"心之所同然"就是两者的统一。切己反身担当之行事活

---

① 王阳明:《传习录下》,《王阳明全集》上册,第90页。
② 戴震:《孟子字义疏证》,第70页、第3页、第4页。

动本身,是无可替代的个体性之在。每一个体都是如此这般切己反身担当,也是一种"普遍性"。如此普遍性,可以在双重意义上来加以理解。一是每一个体都一样追求自贵于己者的自我实现,二是自贵于己者经由个体的切己之思才能实现:"欲贵者,人之同心也。人人有贵于己者,弗思耳。人之所贵者,非良贵也"(《孟子·告子上》)。

显然,孟子所谓"同心",并未走向后世所谓"心同理同"的结论,而是将"欲贵乃人之同心"与"思而得其自贵于己者"相统一。"同心"与其说是心之本质的内容上的同一,毋宁说恰好是无内容的某种相似;而真正的关乎心之本质的内容,则是返回自身的自贵于己者。返回并实现自贵于己者,经由"思"。"思"在孟子哲学中得到特别的强调:

(1) 是故诚者,天之道也;思诚者,人之道也。(《孟子·离娄上》)

(2) 仁义礼智,非由外铄我也,我固有之也,弗思耳矣。(《孟子·告子上》)

(3) 孟子曰:"拱把之桐梓,人苟欲生之,皆知所以养之者。至于身,而不知所以养之者,岂爱身不若桐梓哉? 弗思甚也。"(《孟子·告子上》)

(4)(孟子)曰:"耳目之官不思,而蔽于物,物交物,则引之而已矣。心之官则思,思则得之,不思则不得也。此天之所与我者,先立乎其大者,则其小者弗能夺也。此为大人而已矣。"(《孟子·告子上》)

真实需要思,不思则不真;仁义礼智(尤其注意智本身就是思的某种表现形式)之固有是思所显现的,不思就无所谓固有之;在自身与外物的比较权衡上,只有思才能做出选择,没有思的展开,就无以区别桐梓之树与自身身体;思是人的现实性生存觉悟,思的显现就是思自然而然地自我显现。思不是空无内容的凌空蹈虚,它以具体行事活动为自身的本然内容。在某种意义上,思所实现的自身返回的真实自我或我的真实存在就是行动与认知的统一。孟子强调思与诚的统一,而思与诚的统一首先是一个动态的过程。诚是在一种具体而多样的相互关系中不断由思去切己体认的真实存在状

态。思不是一种能以知识性或认知性方式加以理解的东西，反而是认知得
以可能的基础。思意味着作为实情的具体行事活动的自身觉悟，只能是具
体个体的有内容的具体的觉悟，而不可能是一种没有主体的、空灵超越的
"灵明觉知"或"抽象思考"。没有具体个体担当的、没有具体内容的思根本
不存在。

　　在所有不同个体之中抽象出某种能力，作为普遍性的能力，这是一个认
识论上极易犯下的僭越之误。别尔嘉耶夫在反对一般意义上的认识论时，
认为自古希腊肇始的"普遍性哲学"中所谓的"自我认识"，其实是"关于人的
一般的认识。自我认识的主体是理性的，具有共同理性的，他的认识对象是
一般的人，一般的主体。一般认识一般，普遍认识普遍。人对自我进行的认
识变得模糊不清，在认识中保留下来的只有一般的特征，非一般的个人特征
则消失了"。①他所谓的自我认识是存在主义的："被我所认识的我自己是存
在主义的，这种存在主义性同时是我的非客体化的认识对象。"②非客体化的
自我认识亦即在自身真实存在中的自我领悟，此领悟不外化或超越化而立
于自我之外，存在与认知融为一体而展现为一种真实的个体性活动。所以，
"我的个性不是准备好了的现实性，我创造自己的个性，当我认识了自己时，
也就创造了个性。'我'首先是'行动'"。③自我认识根于行动且一刻也不离
开行动，行动的不断展开与自我认识的统一，意味着行动与认知的相互推
进，也意味着个性或真实自我的不断生成。

　　每一个人都在切己行事活动中思而自我觉悟，具有空的普遍性特征，这
是某种"一"；但在此"一"下，每一个体保持自身的差异性实质而"彼此不
同"。孟子将此概括为道德存在上的"一而不同"。在真正的具体生存行动
中，"一而不同"具有两个方面的含义：一是所有真正的具体生存行动都充满
差异性内容，比如伯夷、伊尹、柳下惠，"三子者不同道，其趋一也。一者何
也？曰：仁也。君子亦仁而已矣，何必同？"；二是真正富有内容的行动（君子

① ［俄］尼·别尔嘉耶夫：《自我认识——思想自传》，第299页。
② 同上书，第300页。
③ 同上书，第299页。

之所为）是不可被外在认识的："君子之所为，众人固不识也"（《孟子·告子下》）。

在"仁"而为人的意义上，君子只是实现其自身而已，"同"与"不同"根本上并非其切己生存活动展开的内在关注点。孟子在这里突出"一而不同"，明确反对有某种抽象普遍的共同本质，而突出人之为人的具体生存活动本身的绝对差异性。在此意义上所谓"一"类似于某种"普遍性"，但此普遍性仅仅是说伯夷、伊尹、柳下惠都是切己而行之人，这是不以普遍性自身作为本质的、不以普遍性为内容的，或者说没有内容的普遍性，是一种空的普遍性。富有内容的君子之具体生存活动，本身并非任何语言或理智能够外在地加以对象化描述。孟子所谓"君子之所为，众人固不识也"，强化了对于普遍本质的消解，以及对将生存活动加以外在概念式把握的拒斥。

个体性的切己行动总是彼此相异，要求返回自身以保持不间断的自身领悟或自我圣洁化："圣人之行不同也，或远或近，或去或不去，归洁其身而已矣"（《孟子·万章上》）。行之不同而归洁其身，此即孟子论性的最终指向。它瓦解了对于性下定义式的认知取向，昭示性是一种自觉的存在活动的成就，且并非自私用智的抽象虚构物。

由此，孟子突出地反对两种普遍主义的理解。他明确否定了生物主义普遍性。学生（曹交）以身体的生物性来理解"人皆可以为尧舜"，孟子强调重点不在尧舜，而在"为"："奚有于是？亦为之而已矣"（《孟子·告子下》）。"人皆可以为尧舜"重点在于"为之而已矣"——切己力行，不在"尧舜"，更不在尧舜背后的某种"普遍性本质"，不能在"切己力行"之后去寻找什么"能力本体"或"本体能力"，行动的坚持和坚持行动就是唯一的内容。

孟子反对的另一种普遍主义是抽象本质主义或天命本质论。在解释传统的尧舜禅让之事时，孟子以舜之具体行事来表达天与之的内蕴："天不言，以行与事示之而已矣"（《孟子·万章上》）。万章认为，尧舜禅让相承，有两个超越性的东西起作用：一是天命，二是尧舜之承顺天命的内在能力——与天命相通的精神能力或禀赋。孟子非常明确地提出"行事"概念，以舜自身具有历史性、过程性的切己行事作为解释舜受让而得天下的根据。

表面上，孟子说，"先圣后圣，其揆一也""禹、稷、颜回同道"，"禹、稷、颜子易地则皆然""曾子、子思易地则皆然"(《孟子·离娄下》),这似乎是某种普遍性的彰显,但实质上,这种普遍性是虚指的空的普遍性,其真正的目的是对切己的个体性行动本身的突出。对"道一而已",孟子引颜渊说:"舜何人也？予何人也？有为者亦若是"(《孟子·滕文公上》)。"有为者亦若是",根本意思不外乎是每个人通过自身具体行事活动而成就自己,关键就是个体性的"作为"或行动。

在《孟子·公孙丑上》中,孟子自述自己的志愿是"学孔子"。在此志愿中,孟子提到了孔子与伯夷、伊尹的"圣人之同"在于:"得百里之地而君之,皆能以朝诸侯有天下。行一不义、杀一不辜而得天下,皆不为也。是则同。""同"有两个要点:一是都非切己而有的行动(三者都未得地而君之),二是都为否定性戒令(行一不义、杀一不辜而不为)。在此意义上的普遍性之同,就是以否定性形式体现的道德法则,如康德意义上的"普遍律令",是以形式普遍性担保实质个体性。对"圣人之同"的形式性理解之后,是孟子对于切己个体性的强调:"麒麟之于走兽,凤凰之于飞鸟,太山之于丘垤,河海之于行潦,类也。圣人之于民,亦类也。出于其类,拔乎其萃,自生民以来,未有盛于孔子也。"形式性的普遍性可以视为人的类本质与社会性共在的要求,它确保每个人成为"人之类"的分子,具有人的类本质。但是,一个作为切己行动者的具体的人,并非仅仅为了实现成为"一个人或人类中的一个",他还需要成为"出类拔萃"的"自己"或"自我",要成为"自有生民以来未曾有过的自我"。孟子之学孔子,即在于孔子那种深沉的"在兹"的自觉——"文王既没,文不在兹乎？"(《论语·子罕》)"文"是一种对自身的自觉照亮,意味着切己的生存觉悟——也就是觉与行统一的真正的个体性的实现。

经由切己的具体行事,造就"从未有过的在此之自我",这是孟子之所学与所行之实,也是其性善论哲学的旨归。这是扬弃认知主义眼光的生存论取向。

第四章　道德生存的内在性维度及其局限

——孟子与告子"仁内义外"之辩的生存论阐释

孟子的道德哲学有一个强烈的内在化指向:"孟子曰,仁义皆出于内,而告子尝以为仁内义外,故言其未尝知义也。"①这一指向在《孟子·告子上》②中孟子与告子关于"仁内义外"的两个争论中充分体现出来(问题的焦点主要在前一个争论,后一个争论是补充性的展开):

> 告子曰:"食色,性也。仁,内也,非外也;义,外也,非内也。"孟子曰:"何以谓仁内义外也?"曰:"彼长而我长之,非有长于我也;犹彼白而我白之,从其白于外也。故谓之外也。"曰:"异于白马之白也,无以异于白人之白也;不识长马之长也,无以异于长人之长与? 且谓长者义乎? 长之者义乎?"曰:"吾弟则爱之,秦人之弟则不爱也,是以我为悦者也,故谓之内。长楚人之长,亦长吾之长,是以长为悦者也,故谓之外也。"曰:"耆秦人之炙,无以异于耆吾炙。夫物则亦有然者也。然则耆炙亦有外与?"
>
> 孟季子问公都子曰:"何以谓义内也?"曰:"行吾敬,故谓之内也。"

---

① 焦循:《孟子正义》上,第202页。

② 在《孟子·公孙丑上》"知言养气"章中,孟子与告子就有义之内外的争论,赵岐以为"集义所生"即是"从内而出","义袭而取"则是"自外而取"(焦循:《孟子正义》上,第202页)。关于"知言养气"章的讨论,参见郭美华《境界的整体性及其展开——孟子"不动心"的意蕴重析》,《中国哲学史》2011年第3期。

"乡人长于伯兄一岁，则谁敬？"曰："敬兄。""酌则谁先？"曰："先酌乡人。""所敬在此，所长在彼，果在外，非由内也。"公都子不能答，以告孟子。孟子曰："敬叔父乎？敬弟乎？彼将曰'敬叔父'。曰：'弟为尸，则谁敬？'彼将曰'敬弟'。子曰：'恶在其敬叔父也？'彼将曰'在位故也'。子亦曰：'在位故也。庸敬在兄，斯须之敬在乡人。'"季子闻之曰："敬叔父则敬，敬弟则敬，果在外，非由内也。"公都子曰："冬日则饮汤，夏日则饮水，然则饮食亦在外也？"

但是，内在性的具体内涵，在后世主要被理解为内在于某种心性本体。王阳明就认为普遍的道德规范或道德原则内在于心："夫外心以求物理，是以有暗而不达之处；此告子义外之说，孟子所以谓之不知义也。心一而已，以其全体恻怛而言谓之仁，以其得宜而言谓之义，以其条理而言谓之理；不可外心以求仁，不可外心以求义，独可外心以求理乎？外心以求理，此知、行之所以二也。求理于吾心，此圣门知、行合一之教。"[1]牟宗三说："孟子是从'仁义内在'之分析入手，由此悟入仁义礼智之本心以建立性善，由此心觉性能发仁义礼智之行。仁义礼智之行即是'顺乎性体所发之仁义礼智之天理而行'之行。天理（亦曰义理）即是道德法则，此是决定行动之原则，亦即决定行动之方向者。天理从性发，不从对象立，即是仁义内在，内在是内在于心，即内在于性，本心即性也。心创辟地涌发仁义礼智之理，即是心悦理义，亦即康德所说之'意志之立法性'。'心悦理而立理'即是吾人之义理之性。人既以此为其义理之性，他当然能发义理之行。此在以前名曰'性分之不容已'。'不容已'即是义不容辞，即是义务。'性分之不容已'即是义务从性发，因此，人必然能践履义务。只要其本心性能一旦呈现，他即能有义理之行。其本心性能必然能呈现乎？曰必然能。盖岂有既是心而不活动者乎？岂有既是性而不呈现者乎？其所以一时不呈现者只因私欲利害之杂间隔之。"[2]从王阳明到牟宗三的心性内在说，是对孟子与告子"仁内义外"争论的误解：

①　陈荣捷：《王阳明〈传习录〉详注集评》，华东师范大学出版社，2009年，第99页。

②　牟宗三：《圆善论》，《牟宗三先生全集》第22册，第179—180页。

"一个最大的误判是后世学者多用'人心内外'来解说告子的'仁内义外'。"①
实际上,内在与外在的关系超越了一般道德哲学的视角而具有更为广泛的
生存论意义:"外在和内在的二元对立密不可分地重新出现在了此在以及整
个通过世界来理解存在(existence)的传统存在论之中。"②如此将孟子的仁
义内在性理解为内在于心性实体(良知或本心),实质上将孟子道德哲学的
内在性维度逼仄化、扭曲化了,从而掩盖了其中真正的生存论意蕴。

　　道德之为道德,不单是纯粹内在的自身存在,"存在的外在性乃道德性
本身"。③其实,朱熹就对单纯的内在性有所保留,而兼顾内外交互作用:"人
固当敬守其志,然亦不可不致养其气。盖其内外本末,交相培养。"④这意味
着自我实现的内在性,必须向外在性保持开放性,即"内在性必须同时既封
闭又敞开"。⑤在经由主体性选择与贞定的"操之在我"的道德生存中,同时必
须允诺他者的他异性和世界的无限性,不能将他者与世界纳入"我"之中而
构造为封闭式"万物皆备于我"的"总体性世界"。真正的内在性,只是生存
论意义的自由创造,而非伦理-道德意义上的对于他者他异性和世界无限性
的湮没与消解。只有他异性与无限性作为外在性持存其自身,内在性生存
自由才是普遍可能的。简单地将内在性与外在性对峙,以为内在性就是否
定外在性,并非理解孟子与告子"仁内义外"之辩的妥适视野。

一、告子"仁内义外"说的意义及缺失

　　在孟子与告子的争论中,告子论证"仁内义外"说有两个步骤。其一是

---

① 庞朴:《试析仁内义外之辩》,《文史哲》2006 年第 5 期。

② [法]埃马纽埃尔·列维纳斯:《从存在到存在者》,吴蕙仪译、王恒校,江苏教育出版社,2006
年,第 47 页。

③ [法]伊曼纽尔·列维纳斯:《总体与无限:论外在性》,第 294 页。

④ 朱熹:《四书章句集注》,第 230 页。

⑤ [法]伊曼纽尔·列维纳斯:《总体与无限:论外在性》,第 131 页。

从"食色性也"推论"仁内义外"："食色，性也。仁，内也，非外也；义，外也，非内也。"可以看到，"食色，性也"是其主张"仁内义外"的根据。换言之，告子论证的第一步是从本能欲望、自然情感与其实现的规范之间的彼此外在，来说明义的外在性。

　　在告子看来，与"食色"是人的生存本能与自然欲望一样，"仁"也是人的自然而本能的情感，而非孟子意义上的合于规范的道德情感："告子以'食色'为性者，以其出于自然，不待学虑……告子所言'内'，亦不指之为性，但自性中发出的。以呴呴之爱为仁，亦止食色上发出，非君子所言之仁。"[1]"食色"是人的自然本能，本身内在具有自身实现的动力。"仁"作为爱与"食色"之生存本能、自然欲望一样，也是同属于生命的自然而本能的情感，它内在地自行推动自身的实现。而对其自行实现加以限制、约束，则是与本能欲望和自然情感相对立而彼此外在的。也就是说，约束、限制本然情感的规范（义），不是由作为本能之爱的仁自身而来："告子以人之知觉运动者为性，故言人之甘食悦色者即其性。故仁爱之心生于内，而事物之宜由乎外。学者但当用力于仁，而不必求合于义也。"[2]在告子看来，就仁作为本能而自然之爱来说，它自我展开、自我实现，这就是"内"，即"仁内"；对自然本能之爱的仁加以限制和束缚的规范，它制约、束缚本能之爱的自身实现，相对于爱而言，此即"外"（外在于本能之爱），即"义外"。在一定意义上，自然本能与其限制之间的关系，即仁义之间的关系，具有彼此外在性："我们也不能希望，人类心灵中有任何一种自然的原则，能够控制那些偏私的感情，并使我们克服由我们的外界条件所发生的那些诱惑。"[3]告子强调"以我为悦即是内"，自然情感的内在性即在于其自身推动："一切道德都依靠于我们的情绪；当任何行为或心灵的性质在某种方式下使我们高兴时，我们就说它是善良的；当忽略或未作那种行为、在同样方式下使我们不高兴时，我们就说我们有完成那个行为的义务。义务的改变以情绪的改变为其前提；新的义务的发生以

---

① 王夫之：《四书笺解》，《船山全书》第六册，第 342 页。
② 朱熹：《四书章句集注》，第 326 页。
③ ［英］休谟：《人性论》，关文运译，商务印书馆，1980 年，第 528 页。

某种新的情绪的发生为其前提。"①情感不能自然地被道德理性或道德意志改变或消解:"我们确是不能自然而然地改变我们自己的情绪。"②

进而,某一个体的本能欲望与自然情感的实现,常常受到他人尤其社会中占优势地位阶层的欲望和情感的限制与约束;当如此限制与约束体现为与权力相一致的主流价值规范之际,在社会批判的意义上,告子的义外说显然具有一定的合理性。一个个体之所以会克制其本能欲望与自然情感的实现,并不出自其欲望与情感本身,而来自自身之外的社会规范:"我们如果只是顺从我们情感和爱好的自然途径,我们便很少会由于无私的观点而为他人的利益作出任何行为,因为我们的好意和仁爱是很有限的。"③假如现实而具体的社会总是未臻于完善之境,社会的既存道德-价值规范(义)总是更多地体现了社会中优势地位阶层的情感和利益,那么,这些道德-价值规范(义)便具有对于弱势阶层成员的外在强制性。广而言之,对于特定历史阶段的社会成员而言,其生存活动所遵循的道德-价值规范(义)总是先在的,从而具有外在性。

但是,告子如此仁内与义外的分离,其基本点是错谬的。首先,对现实的人而言,并不存在单纯的自然而本然的情感,不存在与社会性规范(义)相分离的仁爱:"以'食色'之中,仁义未尝不寓焉。'食色'而得其正者,固仁义也。"④真实的欲望与情感,总是在社会性规范(义)的渗透与制约下形成并实现的。其次,就单个个体作为整体而言,一方面他有着情感、意志、理性、本能、潜意识等生命存在的众多因素,它们相互勾连而作为整体,如此整体有着内在的彼此制约关系;另一方面,就某种欲望或情感的过程而言,欲望的时间性展开会逐渐以其长期性的实现为目标,而制约其短期性的实现,这是内在于欲望自身的。最后,实际上不存在抽象的单个个体,就历史与社会的整体而言,仁义是内在于其中的每一个体的社会性禀赋。个体理解自身的

---

① [英]休谟:《人性论》,第557页。
② 同上。
③ 同上书,第560页。
④ 王夫之:《四书笺解》,《船山全书》第六册,第342页。

欲望与情感,本身就是受制约于其生存的那个社会政治-道德处境。

告子"义外说"论证的第二个步骤,是从"彼长而我长之,非有长于我也;犹彼白而我白之,从其白于外也。故谓之外也",即用行为的自然情感倾向与外在对象及外在环境的关系来说明,行为之背离于行为者的自然情感倾向,是由于外在对象或外在环境的制约使然。就此而言,第二个步骤的义外说实质上是第一个步骤的深入。在道德生存论上,注意到道德主体之行为与外在他者或整体环境的关系,并以之为某种外在性,具有合理而深刻的意义。在某种意义上,道德之为道德,不单是纯粹内在的自身存在,"存在的外在性乃道德性本身"。①就告子以长者作为他者及斯须之具体境域作为道德行动的限制来看,他意识到了道德境域对于道德主体的外在性与道德关系中他者对于道德主体的外在性。

即便道德仁义具有内在性,如此内在性并不能摄进单纯的主观精神意识之域。道德行动是对整体道德生存的豁显,主体性自觉并不遮蔽具体情境。因为,具体情境是道德生存活动真实展开的处所,而具体情境又是不断变换的。具体情境的变换,意味着主体需要在"话题"上进行转换,"这样的变换要求我在心中同时具有我当下正在对之作出反应的对象以及我将要对之作出反应的对象……这就预先要求具有处理那只是想象中的事情、'可能的'事情,而不是在具体场景中给予事情的能力"。②道德意识并不局限在当下情境以及情境之中的特定对象上,这种对于当下具体情境及其对象的超越克服,在精神或意识自身范围内对于"想象性可能世界"的思考,是人类道德生存的一个重要方面。在一定意义上,这可以说是相对于具体情境对象的某种道德意识的"内在性"。不过,如此内在性,并不意味着道德意识停留并固守在纯粹的精神意识范围之内,而是意味着道德意识先行为道德存在活动的未来继续开辟通道。对于未来道德生存的任何可能处境的"先行思想或想象",一方面当然有确定不易的东西,比如特定历史阶段上的道德原

① ［法］伊曼纽尔·列维纳斯:《总体与无限:论外在性》,第 294 页。

② 参见［德］古德斯泰因《人的本性:以精神病理学视角进行的探索》,转引自［德］恩斯特·卡西尔《人论》,甘阳译,上海译文出版社,1997 年,第 73—74 页。

则和特定存在环节的德性人格;另一方面,对未来可能的想象,本质恰好在于让渡出异于"当下"的崭新可能性之降临。道德生存及其展开过程中,有着确定不易之物与迥异新颖之物的纠缠,二者之间的一致性可以理解为某种内在性,二者之间的异质性则呈现为外在性。就此而言,确切无疑的既有道德规范,并不能对未知处境中的一切具体行动穷尽而无所遗漏地加以引导;相反,真正的道德行动,恰好有着超出于(从而外在于)既有道德规范与当下道德意识和道德认识的维度。真实而具体的道德行动,总是展开在观念性规范与主观性意识之外的客观而自在的情境之中。

同时,在告子看来,面对老者或长者,我们在"行吾敬"的意义上突出内在性,但这并不能湮灭老者或长者本身。一个自觉自身为道德主体而内在敬老的个体自我,所敬之老并不由其敬而"产生",老者或长者自身生存的自在意义,并不由我之敬而消解:"所孝者父,不得谓孝为父。所慈者子,不得谓慈为子。所登者山,不得谓登为山。所涉者水,不得谓涉为水。"①如果将长者视为个体道德自我内在之敬的意向构成物,这样的敬无疑是敬的反面。根本上,老者作为个体道德主体所敬的对象,是一个他者而与"我"不同:"作为他人的他人并不是另一个我,他人恰好是我所不是者。"②他者并不能视为"我"的客体:"作为他者的他者在这里并不是一个客体,这一客体会变成我们的,或变成我们。"③就此而言,他者并不在任何道德个体"内在之敬"的意识状态中消解其自身性:"他人自始至终都不是我们所掌握者或我们所主题化者。"④长者本身面对敬之者不可消解的自身性与他异性,相对能敬者及其内在意识而言,显露出坚硬不屈的外在性。在此意义上,如果摈除"望梅止渴"式的纯粹观念幻想,必须清楚地理解对"炙"之主观嗜好并不能产生出"炙"本身,"炙"本身相对于嗜好具有不可消弭的外在性。如何让老者经由敬而能保持其区别于敬者的自身性,这是任何道德主体的单纯内在性不能回避也不能遮蔽的问题。如果以为被敬的长者本身符合我敬之的内在

① 王夫之:《尚书引义》卷五,《船山全书》第二册,第 379 页。
② [法]伊曼努尔·列维纳斯:《时间与他者》,王嘉军译,长江文艺出版社,2020 年,第 77 页。
③ 同上书,第 80 页。
④ 同上书,第 156 页。

尺度,以为长者本身是如同我的主观道德意识那样为我所敬或接受,这样的敬反而是极端不道德的。实际上,在行敬之我与长者之间,在嗜好之我与炙之间,有一种关系,这种关系"不再将自身交给会吞没其对象的观看,而是在面对面中以从自我到他者的方式获得实现"。①如此之见,在《孟子·梁惠王上》中,孟子就明确点出,齐宣王不忍杀牛而忍杀羊,原因在于"见牛未见羊"之"见"是"仁术"。如此之见而行仁,便是"面对面"中的异于观看者本身的外在"他者",是仁得以绽露的前提。如此之见,也是"今人乍见孺子将入于井"之"见"。因为孺子作为他者外在于乍见之见者,孺子之显示自身先于乍见者对于此见的意义给予。不理解牛相对于齐宣王的外在性和孺子相对于乍见者的外在性,孟子的仁及其四端之心就是无法显露的。②如果见是面对面的彼此相见而非单向性的"窥视",那么,"观看在本质上乃外在性与内在性的某种相即"。③因此,关联本身以及关联物相对于个体道德主体的外在性,是与道德生存内在性的相辅相成者。实际上,没有与他者的外在关系,直接将某种预设的普遍性与特定个体主体视为一致,这尽管是"操之在我者",但只是个体的私人性的感受和体验,与本真的伦理生存没有关系。④

不过,告子在突出道德行动的如上外在性时,忽略了人类的认识中本身就渗透着价值:"从认识运动来看,评价是包含在认识之中的。"⑤尽管在相对的意义上,我们可以将一般狭义的认识活动与渗透着价值的评价活动区别开来,但是,告子将具有厚重道德-价值意味的"年长之人"与薄弱价值意义的"衰老之马"等同视之,并且将有价值意义的"年长之人之长"与"衰

① [法]伊曼纽尔·列维纳斯:《总体与无限:论外在性》,第281页。

② 参见郭美华《性善论与人的存在——理解孟子性善论哲学的入口》,《贵阳学院学报》(社会科学版)2017年第4期(也可参见本书"导论")。

③ [法]伊曼纽尔·列维纳斯:《总体与无限:论外在性》,第287页。

④ 勒维纳斯说:"与上帝、普遍性和原则保持一致,只能在我内在的私生活中起作用,从某种意义上说,它在我的能力之内。"参见[法]埃马纽埃尔·勒维纳斯《塔木德四讲》,关宝艳译,商务印书馆,2002年,第24页。

⑤ 冯契:《人的自由和真善美》,华东师范大学出版社,1996年,第48页。

老之马之长"的"长",同无价值意义的"白色之马"与"白人之白"的"白"等同视之,则有着双重错失。其一,即使就一般无价值意义的认识而言,作为认识对象之性质的"白",也并非对象的客观自在规定性,因为我们并不是根据对象如何呈现就被动地接受,人可以主动地选择自己愿意看或想听的对象。①其二,对于每个人而言,他爱一个人不单是他被要求去爱,而且是他能爱并愿意去爱,他敬一个人不单是他被要求去敬,而且是他能敬并愿意去敬。能把爱、敬的人与一般认识对象或物区别开来,并能将自身的能爱、能敬和愿意爱、愿意敬与爱、敬的对象区别开来,如此主体性自觉对人来说是内在的,也是更为本质、更为重要的。因此,孟子以诘问答告子:"异于白马之白也,无以异于白人之白也;不识长马之长也,无以异于长人之长与? 且谓长者义乎? 长之者义乎?"如此诘问,显露出人类道德主体性的意识能动性方面。朱熹说:"白马白人不异,而长马长人不同,是乃所谓义也。义不在彼之长,而在我长之之心,则义之非外明矣。"②将人和马区别开来,以区别于对待老马之心来对待老人,恰好就是人类道德-价值之应当(义),而这不来自自然本能,而来自人之能觉之心的主体性觉悟:"所敬之人虽在外,然知其当敬而行吾心之敬以敬之,则不在外也"③;"长之耆之,皆出于心也"。④

更值得注意的是,所谓"义内",是"行吾敬,故谓之内也"。因此,内在之为内在的基础,就在于作为道德主体性意识自觉的"敬"内在于道德的主体性行动。脱离于"行",在单纯观念之域,内在本身就没有意义。告子的上述错失根本之处就在于,他从认知取向下抽象地预设一种不变的自然情感、道德规范与外在他者及外在环境,而没有从具体而生动的道德行动本身来理解情感、他者与环境的丰富性、变化性。

---

① 关于"白之谓白"的详细讨论,参见郭美华《认知取向的扬弃——〈孟子·告子上〉"生之谓性"章疏解》(也可参见本书第三章)。

② 朱熹:《四书章句集注》,第 327 页。

③ 同上。

④ 同上。

二、孟子以具体行事为基础的仁义内在性及其意蕴

尽管告子突出义的外在性具有某些积极而合理的意蕴,但是,就其实质而言,告子预设坚凝不变的本然状态之人与完全外在的道德规范,将仁义视为彼此外在之物,依然是站在单纯理智抽象的角度来理解人以及自身的道德生存,而没有立足于一个真实的地基之上。告子的"仁内义外"说,分裂仁与义为二,没有将道德情感与道德原则融入道德行动,本质上就是割裂了人自身活生生的具体绽放本身这个整体。

虽然《孟子》文本中有一些可能引起歧义的理解,但从根本上看,孟子所谓仁义,其实涉及一个对于人自身道德存在的活生生的理解。他一方面说"仁,人心也;义,人路也"(《孟子·告子上》);另一方面说"居恶在? 仁是也;路恶在? 义是也。居仁由义,大人之事备矣"(《孟子·尽心上》)。如此意义的仁,不是一种脱离了人具体的活生生的绽放本身之生物学天赋或先天情感。仁的活生生的绽现就是"事亲"这一道德生存活动本身——"仁之实,事亲是也"(《孟子·离娄上》);如此意义上的义,也就不是一种先验抽象的普遍本质规定,义的真实意蕴就是"从兄"的活动本身——"义之实,从兄是也"(《孟子·离娄上》)。如此意义上的仁义,就是活生生的道德生存活动整体本身。其间,一方面有爱(作为仁),另一方面有当然之则(义),"仁义二者不能割裂开"[1],二者彼此融合于人的生命活动整体而彼此内在。仁义作为具体行事或本源生存活动,一直绵延不绝,就是"必有事焉而勿正":"告子未尝知义,以其外之也。必有事焉而勿正,心勿忘,勿助长也"(《孟子·公孙丑上》)。"正"训为"止"[2],表示行事之不断绝,或者说人自身的存在就是一个不绝的行事活动。仁义作为不断绝的"不止而必有之事",具有本体论上的

---

① 冯契:《人的自由和真善美》,第 211 页。

② 焦循:《孟子正义》上,第 204 页。

意义。

因为注重仁义是在生存论意义上的具体性活动,所以可以说:"孟子'仁义内在'于人的实存和情感生活。"①由此而言,孟子以仁为居、以义为路的致思路向,克服了心性内在性而兼取了某种"外在性",突出仁义内在于人的实存生活:"仁是精神安居之所,精神的家园,故说居仁。义是行动的原则,行为必由之路,故说由义。居与由的分别,似乎是'居'从我自己出发,'由'则循外在的路径而行。在这一点上,早期儒家的仁内义外说,孟子虽然反对其义外论,但义外说对他的某些思想也有影响……孟子反复说义是人路,表明义是行为的原则,带有客观的意义。"②

以"仁义"之行事作为本源性根基,作为道德原则或规范的义,即是"事之宜"与"心之制"的统一,而非单纯内在于孤另的心灵实体或主观观念:"义者,心之制、事之宜也。"③因此,作为道德行动的原则或规范,义就其本意而言,并不能收摄在单纯的主观性意识之内,而与具体境域及具体事情的展开相应。义内在于事,而非内在于作为实体的心。孟子明确说:"我故曰,告子未尝知义,以其外之也。必有事焉而勿正,心勿忘,勿助长也"(《孟子·公孙丑上》)。简言之,告子义外之说,完全脱离于具体的行动与事情之展开,是一种虚妄之论;与之相对,孟子所谓义,是在心思与行事完全融合的基础上,内在于具体行事活动的活生生的具体之物。进一步说,实质上,以具体行事活动为根基,义就是人之生存活动整体的内在之物,而非外在之物。因此,义不是内在于单纯的心灵实体,而是与心一体融于生存活动的整体。作为与浩然之气相融互摄的义,本身是"即事集义"④,"与'浩然之气'相关的

————————————

① 李景林:《伦理原则与心性本体——儒家"仁内义外"与"仁义内在"说的内在一致性》,《中国哲学史》2006 年第 4 期。

② 陈来:《仁学本体论》,生活·读书·新知三联书店,2014 年,第 110 页。

③ 朱熹:《四书章句集注》,第 201 页。

④ 参见王阳明《传习录》。表面上,王阳明也说:"夫外心以求物理,是以有暗而不达之处。此告子义外之说,孟子所以谓之不知义也。心一而已,以其全体恻怛而言,谓之仁;以其得宜而言,谓之义;以其条理而言,谓之理。不可外心以求仁,不可外心以求义"(《传习录·答顾东桥书》)。但是,这只是一个方面,另一个方面,王阳明也强调:"夫物理不外吾心,外吾心而求物理,无物理矣。遗物理而求吾心,吾心又何物哉?"(同上)本质上,物理与吾心的浑然一体,就是"事"。

'事',本身又有其自身的规定和法则"。① "道德并非孤心而成,它实际上是一种对象性的意识和行为,道德不能没有人与人之间的关系,道德必有所'事'的对象。"② 所谓敬,并非孤另的内在意识状态,而是与"事"相关,"事思敬"(《论语·季氏》),"涉及人与人之间的交往"③,由此,所谓行事之应当的规范之义,就并"非单纯地呈现为其内在意愿,而是通过各自具体的为人处'事'而得到现实的确证"。④ "要作得心主定,唯是止于事","有物必有则,须是止于事"。⑤ "'事'不仅展开为人与对象、人与人之间的作用过程,而且包含恒常的程序和法则。"⑥

　　道德原则或道德规范具体实现于行事活动之中。行事活动并没有一个千篇一律的形式,而是展开在"斯须"与"庸常"的对比之中:"斯须"是某种偶然而临时的情境,"庸常"则是通常而恒在的情境。无论是偶然情境,还是通常情境,总是与具体行事活动相连一体而呈现出来。具体行事活动具有自身的指向性,在具体情境中,由此指向性而有行事活动自身的中心,此即具体时位或位。具体情境中之"位",决定着道德行动的实际实现。具体道德情境是具体道德活动的实现之所,其中包含着诸多因素。普遍的道德规范实现在具体道德情境之中,于孟子而言,关系到经权之辩。经权之辩是由具体情境的变化引起的,其基础则是不同具体情境之间差异的辨析。问题恰好在于,具体情境本身的变化及其识别,并非由作为道德原则的经决定。不同的道德具体情境之别,比如恒常处境与暂时情境的区别,即这里所说的"庸常"与"斯须"之别,二者不由普遍道德规范决定,而是由心的认识来加以分辨的:"庸,常也。斯须,暂时也。言因时制宜,皆由中出也。"⑦ 这是在人之意识自觉的意义上突出主体性,即以道德意识的充分自

---

① 杨国荣:《人与世界:以"事"观之》,生活·读书·新知三联书店,2021年,第80页。

② 李存山:《气论与仁学》,中州古籍出版社,2009年,第530页。

③ 杨国荣:《人与世界:以"事"观之》,第84页。

④ 同上书,第88页。

⑤ 程颢、程颐:《二程集》,第144页。

⑥ 杨国荣:《人与世界:以"事"观之》,第137页。

⑦ 朱熹:《四书章句集注》,第327页。

觉、道德情感的自身充足、道德行动的自我关注等作为道德生存之内在维度的重要体现。

义作为当然之则，既包括"做什么"，也包括"如何做"，无论前者还是后者，都与行为或做事相涉的他者有关：在前者，他者可以影响甚至决定行为与做事的内容；在后者，他者可以影响甚至改变行为与做事的具体方式和具体手段。"义，宜也。"①道德行为之得宜或合宜，与具体情境不可割裂。具体情境与普遍道德原则的结合，有着较单纯的普遍道德原则更为基础、更为充盈的东西，即权衡或度对于二者的融合。"在人与人之间的交往活动发生之前，不存在内在于其中的交往原则和礼仪规范。"②尽管在特定历史阶段，对具体个体而言，社会的交往原则或礼仪规范具有先在性，但是，就其本源而言，人类的交往原则和礼仪规范生成于人与人之间的交往活动本身。但无论如何，交往原则和礼仪规范都不可能根源于特定个体的良知。③

道德自觉意识、道德主宰意志以及道德情感等内在于具体道德行动。仁义彼此内在或者说内在于"行"，具体表现为心与身一体而由心主宰的有序结构："耳目之官不思，而蔽于物，物交物，则引之而已矣。心之官则思，思则得之，不思则不得也。此天之所与我者，先立乎其大者，则其小者弗能夺也。此为大人而已矣"（《孟子·告子上》）。在此心为主宰而心身一体的有序结构中，仁义作为本源性行事活动内在有着自身的自觉，并相应地带来一种"乐"的道德情感，从而呈现为"行事-规范-觉悟-快乐"，彼此内在勾连而成一个统一整体："仁之实，事亲是也；义之实，从兄是也。智之实，知斯二者，弗去是也；礼之实，节文斯二者是也；乐之实，乐斯二者。乐则生矣，生则恶可已也。恶可已，则不知足之蹈之、手之舞之"（《孟子·离娄上》）。

就情感而言，在孟子看来，一个行动往往受到荣辱之情的驱动："仁则

---

① 刘熙：《释名》，中华书局，1985 年，第 52 页。
② 杨国荣：《人与世界：以"事"观之》，第 183 页。
③ 当然，这不是说与个体良知无关，个体行为基于个体对原则和规范的自觉与遵守，这需要个体良知的觉悟与选择及坚持。从发生学意义上看，将人类的具体道德原则与规范视为与特定的历史人物特别相关，甚至由其创作，比如传统说"周公制礼作乐"，本质上这只是一种象征性说法，并非历史的真实。

荣,不仁则辱。今恶辱而居不仁,是犹恶湿而居下也"(《孟子·公孙丑上》)。
朱熹解释说:"因其恶辱之情,而进之以强仁之事也。"①道德行动的动力机
制,在一定意义上,就是人之恶恶欲欲之心,正如《大学》所谓"好好色,恶恶
臭"一般。道德情感的具体实现常表现为"耻"——一种作为内蕴情感的自
觉反思领悟,以对否定性情形的否定而返归于肯定性之境:"不仁、不智、无
礼、无义,人役也。人役而耻为役,由弓人而耻为弓,矢人而耻为矢也。如耻
之,莫如为仁"(《孟子·公孙丑上》)。也就是说,孟子"因人愧耻之心,而引
之使志于仁也"。②与耻是否定之否定的领悟不同,敬则是肯定之肯定的领
悟。作为肯定性的情感与觉悟的统一,敬在本质上与仁义一致,以仁义为自
身的本质内容。孟子说:"齐人无以仁义与王言者,岂以仁义为不美也? 其
心曰'是何足与言仁义也'云尔,则不敬莫大乎是。我非尧舜之道,不敢以陈
于王前,故齐人莫如我敬王也"(《孟子·公孙丑下》)。如此之敬,其中有着
对于善恶的清醒领悟:"陈善闭邪谓之敬"(《孟子·离娄上》)。如此将道德
情感与道德行动理解为彼此内在的关系,具有生存论上的本源性意义:"离
开爱的行动是没有爱的。"③

总而言之,就个体而言,仁义内在于具体情境中的具体行事;就类而言,
一切道德的情感、观念与原则等都内在于人类的具体历史实践及其展开。

三、不可消解的多重外在性及内在性与外在性的统一

孟子基于具体行事活动以理解"仁义内在",一方面是拒斥自然本能或
先天的心灵本体,另一方面是拒斥外在天命或外在超越的抽象实体。现代

---

① 朱熹,《四书章句集注》,第 235—236 页。

② 同上书,第 239 页。

③ [法]让-保罗·萨特:《存在主义是一种人道主义》,周煦良、汤永宽译,上海译文出版社,
2008 年,第 15 页。

新儒家那种基于本体-宇宙论视野的"既内在又超越"的思路①,并不合于孟子道德内在性的本义。本质上,"超越者,就是那不会被包含者","任何对超越的'理解'事实上都让超越者处在外部,并且它自己是在超越者的对面发挥作用"。②

除却告子所凸显的道德境域与他者外在性之外,道德规范或道德原则相对于每一个道德主体的外在性是外在性的重要方面。尽管强调道德生存的内在性突出了道德主体性,但是,道德内在性所突出的个体主体性与道德原则的普遍性有着紧张和矛盾。道德生存的内在性,不能代替道德原则的普遍性:"内在性不能代替普遍性。"③如果以为普遍性在某一个体的内在意识中一切都已完备,这不但无视于历史和现实之中人与人互害的实情,而且引向更多的非理性互害。

因为对道德原则普遍性的注重,朱熹就十分反对将道德原则(义)完全收归内在。《朱子语类》卷五十九记载:

> 李时可问"仁内义外"。曰:"告子此说固不是。然近年有欲破其说者,又更不是。谓义专在内,只发于我之先见者便是。如'夏日饮水,冬日饮汤'之类是已。若在外面商量,如此便不是义,乃是'义袭'。其说如此。然不知饮水饮汤固是内也。如先酌乡人与敬弟之类,若不问人,怎生得知? 今固有人素知敬父兄,而不知乡人之在所当先者;亦有人平日知弟之为卑,而不知其为尸之时,乃祖宗神灵之所依,不可不敬者。若不因讲问商量,何缘会自从里面发出? 其说乃与佛氏'不得拟议,不

---

① 比如牟宗三说:"天道高高在上,有超越的意义。天道贯注于人身之时,又内在于人而为人的性,这时天道又是内在的(immanent)。因此,我们可以康德喜用的字眼,说天道一方面是超越的(transcendent),另一方面又是内在的(immanent 与 transcendent 是相反字)。天道既超越又内在,此时可谓兼具宗教与道德的意味,宗教重超越义,而道德重内在义"(牟宗三,《中国哲学的特质》,上海古籍出版社,1997 年,第 25 页)。

② [法]伊曼纽尔·列维纳斯:《总体与无限:论外在性》,第 284 页。

③ 同上书,第 231 页。

得思量,直下便是'之说相似,此大害理。"①

朱熹之意是,对于普遍性的礼或理,如果完全由个体内在性直接地给出,那就是理的反面。实际上,朱熹拈出道德原则或规范在认知上"讲问商量"的教学需要,一方面指出道德原则与规范本身相对于道德主体的"认知"外在性,另一方面指出了具体情境及其与普遍道德原则的结合具有相对于特定道德主体的"知识"外在性。具体情境与普遍道德原则在"知识论"意义上相对个体道德自我的外在性,意味着逸出单纯个体道德自我内在精神性的许多东西。个体道德自我与普遍道德原则在具体情境中相互作用,如此相互作用生成道德主体本身的生命内容,也不断呈现普遍道德原则的丰富意涵。富于内容的自我生成与富于意涵的原则呈现,瓦解了先天性与内在性所持守的坚凝不变之自我实体,也消解了先天性与普遍性相沆瀣而虚构出的永恒不变的道德原则。尤其是,当具体情境变化不定时,道德生存本身就在道德自我与普遍道德原则的交互作用中,生成着超出内在道德意识既有认知界限之外的迥异而新颖的内容。任何具体生存环节上的道德自我,其新颖生命内容的生成,任何具体历史阶段上的普遍道德原则,其迥异意涵的呈现,这新颖与迥异两方面,都有着相对于既成性的外在性。

如果将普遍道德原则与具体道德情境回溯收摄于"特定个体道德自我"的内在性,就会泯灭真实的道德自我与普遍道德原则本身。进而,真实自我与普遍道德原则的泯灭,吊诡地转换为虚假自我僭越自身,消融其他道德存在者的整体性及其原则秩序,从而扼杀作为他者的其他道德主体。"仁内义外之辩"中内在性的自我指向之中,有着如此辩证的僭越:"在向内在性下降的所有运动中,下降到自身的存在者通过一种辩证法的单纯作用并以抽象相关性的形式而与外在性发生关联。"②内在自我与外在性的如此抽象性关联,实质上就是内在自我僭越地将自身总体化而消解了他者与外在性,并经由自身与社会的关联而将社会和他人视为自己赋予意义的作品

---

① 朱熹:《朱子语类》卷五十九,第 1379 页。

② [法]伊曼纽尔·列维纳斯:《总体与无限:论外在性》,第 130 页。

或创造物。①如此进路，是后世理解孟子仁义内在说的一个基本倾向，尽管采取了对天地万物乃至他人担当责任的方式。但是，以虚构的自我与虚假的普遍道德原则，来为天地万物与众生担当道德责任，这些被担当道德责任的天地万物与众生，也就并非真实的天地万物和真实的他人。虚假的责任担当自以为仁义，实质上却消解了社会关联本身，扼杀了他者，陷于仁义的反面而不仁不义。仁义之为善，并非在自我的内在化指向中将他者化约为我的责任，而是在自身的精神升华中将他者作为迥异的他者释放回其自身。他人不能在自我的内在精神升华之中被消解。在精神内在的自我升华中，将他人消解为自我意识的衍生物或内在精神的投射物，这在道德生存上是不可容忍的。

如果内在性指向道德的主体性或主观性，那么，在道德生存论上，普遍性的含义只能是一方面指每个人是自由的，另一方面指每个人都不能越出人的主观性。②这也就是承担责任或生存之自由选择的普遍性，每个人在选择成为自己时，都制造了一种普遍性："在这个意义③上，我们可以说有一种人类的普遍性，但是它不是已知的东西；它在一直被制造出来。在选择我自己时，我制造了这种普遍性；在理解任何别的人、任何别的时代的意图时，我也制造了这种普遍性。"④

与他者外在性相关，道德情感也具有外在性，不能简单地归结为道德主体的内在体验。将同情、敬重等道德情感视为完全内在性的东西，尽管突出了道德主体的某些侧面，但由此无疑遮蔽了更多的东西，"有一片乌云来自同情"⑤，使我们丢失了生存的实情。将情感提炼并转向某种抽象理智判断，道德生存本身就会愈加丧失自身："道德判断，只要它用概念来表达自己，就

---

① 就自我的社会关联本身而论，社会关联并不能简约为自我的作品："那标志着有之荒谬噪音的终结的与他人的社会关联，并不把自己构成为一个授予意义的自我的作品"（［法］伊曼纽尔·列维纳斯：《总体与无限：论外在性》，第252页）。

② ［法］让-保罗·萨特：《存在主义是一种人道主义》，第5页。

③ 人都能够普遍地相互理解——引者注。

④ ［法］让-保罗·萨特：《存在主义是一种人道主义》，第18页。

⑤ ［德］尼采：《查拉图斯特拉如是说》，钱春绮译，生活·读书·新知三联书店，2007年，第424页。

会显得狭隘、笨拙、可怜、几近可笑，与之相比的是这种判断的精致，只要它在行动、选择、拒绝、颤栗、爱情、犹豫、怀疑中表达自己，在人与人的各种接触中表达自己。"①爱或恻隐作为一种情感，完全内在化，其实是告子与孟子共同的错失。因为，"情绪不是内在于他人的随便某个灵魂中，同样也不在我们的灵魂中……情绪无处不在，它根本不依一种内在性而'在内'并只能通过眼神表现出来；但因此它也同样不'在外'……情绪不是心灵中作为经历出现的某种存在者，而是我们彼此共同-在此的方式"。②恻隐之心有着外在性的他人和境遇渗透其中："恻隐之心中，自我不仅与他者相通，而且自我的感情感受明显地不是内在的，而是向外的，恻隐不是对于自我的感受，不是我与我的关系，恻隐是对他人存在及境遇的感受和表达。"③同时，同情作为具有外在性的情感，并非自我与他者之间具有单纯本质一致性的情感，而是内涵着自我与他者差异性的情感。在某种意义上，差异性才是伦理学的根基——领悟于他者与我不同，这才是道德关系与道德行动的基础。就此而言，孟子道德哲学的普遍主义本质一致性，反倒是某种绝对意义上的内在性，而没有充分让渡出外在性。

　　而且，突出道德行动的主体性（尤其道德自觉性）以强化内在性，也有其界限。因为，绝对的自觉本身并不存在，在道德行动及其结果之间，有着逸出自觉域限之处："行为的本己运动就在于，在未知中，它无法衡量它的所有结果。"④如此逸出道德认知之域的结果，这不单是说道德行动的具体境域、道德的他者具有外在性，还彰显着道德行动自身就有其外在性，而非内在性所能完全囊括。就此而言，即如传统所理解的内在性，"内在性必须同时既封闭又敞开"。⑤因此，道德生存的整体性并不是"一块界限牢固的封闭之域"，而是"有着清晰却又灵活界限的开放之域"。有界限而又开放，才是既在与将在融合的整体性存在。

---

① ［德］尼采：《权力意志》，孙周兴译，商务印书馆，2007 年，第 48 页。

② ［德］马丁·海德格尔：《形而上学的基本概念》，赵卫国译，商务印书馆，2017 年，第 99—100 页。

③ 陈来：《仁学本体论》，第 88 页。

④ ［法］伊曼纽尔·列维纳斯：《总体与无限：论外在性》，第 215 页。

⑤ 同上书，第 131 页。

　　孟子哲学中的"内在性",当不被理解为与外在性水火不容,而是恰好在允诺外在性与无限性基础上的内在性之际,其合理意蕴才能得到真正的理解。"万物皆备于我"只能在内在性与外在性并立的意义上,亦即在内在地栖居自身主体性意义世界之际,向着未知的无底深渊开放自身,多样性与差异性的万物才可能"备"于"内在性之我",这个"备于"不是"单纯封闭性意义上的我造就我的栖居家园",而且是"欲望无限的开放性"。在内在性总是与人的自由生存相关的意义上,自由受到的限制也就是外在性,二者在一种开放的教养与胸襟里和解:"自由的内在性与那应当会限制它的外在性之间的矛盾,在向教导开放的人那里达成和解。"①内在有限性并不是一种僵死的自我封闭,在自身之内蕴涵着逸出自身的东西,如此逸出,就是无限之为无限的观念。"无限观念以这样一种灵魂为前提:这种灵魂有能力包含比它可从自身中引出的东西更多的东西。它指示着一种有能力与外在发生关系的内在的存在者,并且这种存在者并不把其内在性当作存在的总体。"②

　　总而言之,如何在区别于无常天命与自然本能的基础上贞定人的道德生存的内在性,以彰显人自身生命存在的高贵与深邃、自由与独立,这是孟子道德哲学突出"内在性"的根本之处。实质上,道德生存的内在性与自我的唯一性具有一定的一致性,而这又与拒斥概念的外在把捉有关:"自我的唯一性并不在于它仅仅作为一个唯一的例子而现身,而是在于它之实存是没有属的,在于它的实存不是作为一个概念的个体化。自我的自我性在于它处于个体与普遍的区别之外。"③"对概念的拒斥并不只是其存在的诸方面之一,而就是其整个内容——自我就是内在性。对概念的这种拒绝把拒绝概念的存在者推入到内在性的维度中。"④对内在性的可能理解之一,就是将人的道德生存或存在本身,从概念的束缚中解放出来。如此,"由于内在性的维度,存在者才能拒绝概念,才能抵抗总体化"⑤,才能使"我"获得自身本

　　① ［法］伊曼纽尔·列维纳斯:《总体与无限:论外在性》,第164页。

　　② 同上书,第164—165页。

　　③ 同上书,第97页。

　　④ 同上书,第97—98页。

　　⑤ 同上书,第31页。

己的生命意义。这需要一种生存论划界，即将自身的道德生存和自然本能与外在天命区分开来。在孔子和孟子的思考中，基于划界而论道德主体性，是理解道德生存内在性的基础所在。①由此，我们既要拒斥理智认知主义的倾向，又要拒斥本体-宇宙论的进路。所谓拒斥理智认知主义的倾向，即孟子所谓不能理智造作而虚构超越于切己生存的观念本体："所恶于智者，为其凿也。如智者若禹之行水也，则无恶于智矣。禹之行水也，行其所无事也。如智者亦行其所无事，则智亦大矣"（《孟子·离娄下》）。亦即作为道德生存之觉悟的知，必须内在于切己的道德生存活动，而不虚构彼岸式道德实在："仁之实，事亲是也；义之实，从兄是也。智之实，知斯二者，弗去是也；礼之实，节文斯二者是也；乐之实，乐斯二者。乐则生矣，生则恶可已也。恶可已，则不知足之蹈之、手之舞之"（《孟子·离娄上》）。仁义本质上就是事亲从兄的切己道德生存活动，理智之知就是觉悟于仁义之实而内在其中，不离弃仁义活动之实而理智造作一个另外的道德世界。实质上，如此拒斥理智认知的外在取向，孟子与庄子具有一致性："不知深矣，知之浅矣；弗知内矣，知之外矣"（《庄子·知北游》）。所谓本体-宇宙论进路，即经由抽象思辨而虚构某种本体，将自然本能与外在天命统一起来，再与道德生存融为一体，形成某种"普遍时间"或"总体化境域"以及超越的普遍天理或原则，这消解着道德存在的独立性意义，也湮没了世界的自在性和人的自然性。这不但没有理解，更不必说推进孟子道德内在性的深意，反而扭曲了其本意。

僵硬而凝固的内在与外在之分，可能滑失了很多东西，比如个体的具体差异性、历史与现实的丰富生动性等；最为重要的是，它将人视为一种现成而既有的存在物，而不是一种生成活动本身。而人自身的存在，就是去存在，亦即存在并生成自身的活动才是最为重要的。在庄子看来，存在的自由与自然并非刻意地持守一个内在性，而是一种习惯成自然的自由任适："忘足，屦之适也；忘要，带之适也；知忘是非，心之适也；不内变，不外从，事会之适也。始乎适而未尝不适者，忘适之适也"（《庄子·达生》）。在某种意义上，庄子忘内外而任适的诗性存在，绽放出了超越单纯谨守内在性的意境。

① 参见郭美华《古典儒学的生存论阐释》，第45—67页。

中 篇

第五章　无蔽之心与善的意蕴
——论张栻《癸巳孟子说》对孟子道德哲学的诠释

　　孟子的道德哲学有两个基本概念,即本心(良知)和善。在一定意义上,孟子的道德哲学可以说是围绕本心与善及其相互关系而展开的。"本心"出现在《孟子·告子上》"鱼与熊掌"章,以否定方式出现:"此之谓失其本心。"本心,就其字面意义而言,意指心的源初之在。不过,何谓心之源初,则颇难界说。在传统理解中,对本心或良知有两种基本的理解进路:其一,从生物主义立场出发,将本心理解为先天禀赋或天生本能①;其二,在不甚准确、抽象的"本体论"②视野下,本心被视为一种理智抽象的、超越的、一切具足的先天精神实体。"善"出现在《孟子·滕文公上》:"孟子道性善,言必称尧舜。"与对于本心的理解相应,所谓善,被理解为生物学天赋本性或先天实体本身的内在先天本性。本来,在孟子哲学中,有所谓"推扩"的说法,它原本指向的是本心和善之间的关系,但在本心和善都被先天地加以理解之后,二者之间的真实关系反而被湮没了。在先天的生物学禀赋或精神本体预设下,本

---

　　①　杨泽波最初从社会生活基础上的伦理心境来理解性善,不过,后来慢慢有一种生物学主义的理解,认为理解孟子性善论必须有一个生物学的基础。参见杨泽波《孟子性善论研究》(修订版),中国人民大学出版社,2010年,第77—85、294—295页。

　　②　俞宣孟认为,西方哲学的本体论是以"being"为中心的逻辑演绎体系,而不仅仅是一种单纯寻求始原的理智取向。参见俞宣孟《本体论研究》第一、二章,上海人民出版社,1999年。

心和善被视为自身内部一体而在的东西。如此理解本心和善的关系,就有一个如何跨越经验现实和具体行动的困境:毫无现实性的生物学天赋或先天本体如何实现自身于具体丰富的现实之中? 将本心理解为生物学的"生而固有的能力"的生物主义固然错讹,将本心理解为本体论上的"超越而先天的精神本体"也是错失孟子本意的。虽然在大多数情况下,张栻对孟子道德哲学的理解依然处于宋明理学窠臼之中,但在其《癸巳孟子说》中,就有某些合理而具有启发性的研究,主要展现在:第一,从无蔽立场将本心视为源初的自然绽放,是生命展开与其觉悟的源初统一,避免了生物学天赋论倾向或抽象理智的先天本体论取向;第二,如此源初的浑融一体需要从整体性视角来理解;第三,整体性具体展开为在心物、心身以及人我关系上的一体;第四,从动之端理解善,张栻强调"力行",以此为基础,他认为源初动态绽放、顺而无碍的自然展开以及展开过程中大体的自为持守与主宰是善的基本意旨所在。就以上几点而论,张栻的诠释无疑深化了对孟子道德哲学的理解。

一、本心:源初无蔽的自然绽放

在孟子哲学中,本心以否定言述的方式被给出:"此之谓失其本心"(《孟子·告子上》)。[①]如果将本心视为某种先天精神实体,其中显然就蕴涵着一个悖论:就本心之为"本"而言,本心之不失方可谓之本;但是,如果没有其丧失,则本心无以彰显其为本;如果因其丧失转而彰显本心之为本,那么,从丧失中转逆而能彰显本心者并非本心,而是本心之外的另一种精神力量;而如果本心显现自身需要本心之外的另一种力量,那么,本心就已经不是本心之所谓本了。由此而言,将本心理解为先天精神实体,不是一个合宜的进路。

---

① 这一说法出现在以"鱼与熊掌不可得兼"而论"生与义不可得兼"的讨论中,具体论述可参见郭美华《道德与生命之择——〈孟子·告子上〉"鱼与熊掌"章疏释》,《现代哲学》2013 年第 6 期。

因此,我们必须换一种视角来理解。

在孟子看来,本心也可以用良知来表达。所谓良知,他说:"人之所不学而能者,其良能也;所不虑而知者,其良知也"(《孟子·尽心上》)。表面上,良知是"不虑而知",良能是"不学而能",思虑与学习是经验性的、后天的精神活动,良知良能似乎就是非经验性的、先验的、先天的东西。一般抽象的理智由此进一步认为,良知良能是经验的学习、思虑所以可能的先天的精神本体,良知良能被视为脱离具体而活生生的生命的抽象之物。但是,如此抽象的理解忽略了孟子下文的说法:"孩提之童,无不知爱其亲者,及其长也,无不知敬其兄也。亲亲,仁也;敬长,义也。无他,达之天下"(《孟子·尽心上》)。孩提之童的亲亲、敬长,是一种已然的绽放。理解人自身的道德性存在,已然如此之亲亲敬长的绽放就是其基础,而别无其他基础。所谓良知良能,也就是此已然之绽放的一种自为肯定——亦即是说,此已然绽放自觉其绽放本身,它能如此绽放并觉悟其绽放,其绽放与觉悟是在最初绽放之际就浑融一体的,不能在此浑融一体之外去虚悬一个孤另的精神本体。这种已然的自觉的绽放,在一定意义上,就是自然而然。对此,在张栻的理解中,道德性良知良能与生物学本能欲望是同样的"自然而然":"人之良知良能,如饥而食、渴而饮,手执而足履,亦何莫非是乎?何孟子独以爱亲敬长为言也?盖如饥食渴饮、手持足履之类,固莫非性之自然,形乎气体者也。形乎气体,则有天理,有人欲;循其自然,则固莫非天理也。然毫厘之差,则为人欲乱之矣。若爱敬之所发,乃仁义之渊源。"①在张栻看来,一般常识能以饥食渴饮、手持足履为性之自然,但孟子特指出爱亲敬长,就是要突出良知良能的自然维度。所谓"四端之心"或"本心",在宋明理学中,一个重要的含义就是"自然",即在自私用智之先的绽放本身。程颢说:"人之情各有所蔽,故不能适道,大率患在于自私而用智。自私则不能以有为为用迹,用智则不能以明觉为自然。"②自然蕴涵着不可再以理智的抽象思辨更求其本源之意,因此,所谓明觉即自然,其基本的意蕴在于强调明觉与其内容的浑融一体,此一体之

---

① 张栻:《癸巳孟子说》,《张栻全集》,第 472 页。

② 程颢、程颐:《答横渠张子厚先生书》,《二程集》,第 460 页。

具体而现实的当下绽放就是明觉(也就是本心)的本质,没有一个所以能明觉的精神实体在其后作为支撑。张栻也以自然绽放来理解良知良能:"孩提之童,莫不知爱其亲,及其长也,莫不知敬其兄。此其知岂待于虑乎? 而其能也,又岂待于学乎? 此所谓良知良能也。"①撇开天理人欲之分的说法,张栻认为,所谓良知良能,就是不待于学、不待于虑而有的,在源初即浑融一体的觉悟与绽放的统一,亦即爱亲敬长的活生生的生命活动本身(内涵觉悟与道德情爱的活动本身)。知与能就统一在源初自身绽放的浑融一体的活生生的生命活动之中,"良"不过是对此一源初生存论事实的一种自为肯定。在此一浑融一体的整体之外,去抽象地玄思一个此一浑融一体之整体的"本体",这本身就是悖谬的:抽象玄思本身即是此一浑融整体的内生之物,却僭越地"离却"这一整体,反过来虚妄地构造一个实体。

　　良知良能之实际的内容就是爱亲敬长,它强调了道德行动与道德认知的源初统一。道德行动与道德认知的统一,在孟子看来,就是仁义与智的统一,也就是事亲活动、从兄活动与理智觉悟的统一。孟子说:"仁之实,事亲是也;义之实,从兄是也。智之实,知斯二者,弗去是也;礼之实,节文斯二者是也;乐之实,乐斯二者。乐则生矣,生则恶可已也。恶可已,则不知足之蹈之、手之舞之"(《孟子·离娄上》)。这里值得注意的是,仁的实质的真内容,就是"事亲"活动本身,义的实质的真内容就是"从兄"活动本身,所谓智,就是领悟这一活动而不离去。孟子由此强调仁义与智、礼、乐的统一,明确突出仁义作为源初、具体、活生生的生存活动,是与"智的明觉之知"浑融一体的,这一浑融一体通过义的自身限定,抵达乐的最高的自身肯定。张栻领会到这一点深意,特别解释说:"知必云'弗去'者,盖曰知之而有时乎去之,非真知者也,知之至则弗肯去之矣……盖仁义之道,人所固有,然必贵于知之而弗失。知之而弗失,则有以扩充,而礼乐之用兴焉,而其实特在事亲从兄而已。"知的自觉,不单是担保源初的事亲从兄活动真正实现自身,而且担保道德生存活动的绵延展开(扩充)。这种源初绽放的浑融一体,在其展开过程中,也就是知行的浑融一体,张栻称为"知行相发":

---

① 张栻:《张栻全集》,第 472 页。

"夫所谓终条理者,即终其始条理者也。此非先致其知而后为其终也,致知力行,盖互相发。"①知是知其行,行是行其知,或者说,知是觉其行,行是行其觉,由知而行更进,由行而知更精。知与行一体的互相促进升华,在具体的过程中浑融一体。

从源初绽放与觉悟统一的浑融一体到具体过程中知行交发的浑融一体,现实的觉悟着的本心总是与行动的内容不可分割。孩提之童亲亲敬长的良知良能,例示了个体生命展开历程的源初绽放,突出了与明觉一体的源初绽放活动自身的本源性;孟子"乍见孺子将入于井"的有名论述,则例示了个体在生命展开过程中的当下绽放,如此当下绽放,以绽放之先的展开实情为基础。张栻的如上诠释,无疑对于剥离具体内容而对本心加以玄思的生物主义或抽象本体论取向有着警戒意义。

二、存在的无蔽:整体性视野

将本心理解为绽放与觉悟的源初浑融一体,意味着看待人自身存在的一种不同视角。首先它排除生物主义的抽象,其次也扬弃理智主义的抽象,而将人理解为自身领悟了的"活生生的感性活动本身"。②离开这一浑融一体的绽放活动,生物主义或理智主义的理解都构成对生命存在活动及其内在本心的遮蔽。因此,对于心的无蔽的理解,须有一种整体性视野。对孟子塞于天地之间的浩然之气,张栻给予了一种本体论意义上天地万物一气同体的解释:"夫人与天地万物同体,其气本相与流通的而无间……盖浩然之气,

---

① 张栻:《张栻全集》,第 412 页。

② 参见马克思《关于费尔巴哈的提纲》:"从前的一切唯物主义——包括费尔巴哈的唯物主义——的主要缺点是:对事物、现实、感性,只是从客体的或者直观的形式去理解,而不是把它们当作人的感性活动,当作实践去理解,不是从主观方面去理解"(《马克思恩格斯选集》第一卷,人民出版社,1972 年,第 16 页)。

贯乎体用，一乎隐显而无间故也。"①人与天地万物本源上即一气流通为一个整体，人自身的存在、其道德修养成就不外乎是将此本源之一体自觉地呈现之。因有自觉的功夫与精神贯注，所以自在潜隐的一体，转而为明觉彰显的一体。自功夫而言，本源一体的气与浩然一体的气，即是体用一如的，即体即用的；不间断的集义活动，使气之隐显统一而无间断。这可以说是本体论意义上的"整体性"。对于孟子所谓"居天下之广居"（《孟子·滕文公下》）的大丈夫，张栻解释说："盖人受天地之中以生，与天地万物本无有间，惟其私意自为町畦，而失其广居……惟君子为能反躬而求之，故豁然大同，物我无蔽，所谓居广居也。"②本体论上，人与天地万物一体，但基于身体的私欲而自为町畦，失去此一整体，则需要修养以返回此无蔽之广居。严格意义上，就张栻脱离生命活动与觉悟的浑融一体而论万物本然一气而言，如此意义上的本体论显然也不乏思辨抽象虚构的特征。撇开这点，我们注重的是张栻从力行返回物我无蔽的整体性这一观念。

相应地，在功夫论上，个体的道德修养活动，不单是成就自身，而且是成己与成物的统一："孟子方论知言，而曰生于其心，害于其政；发于其政，害于其事。盖中之所存，莫掩乎外；见乎外者，是乃在中者也。诐淫邪遁生于心，则施于政者必有害，害于政则害于事矣。论知言而及于此，成己成物无二故也"。③"言不忍人之心，而遂及于不忍人之政，言四端之在人，不可自谓不能，而遂及于不可谓其君之不能。盖成己成物，一致也。"④成己与成物的统一，意味着道德活动之所成就是一个整体。孟子曾说"大舜有大焉，善与人同。舍己从人，乐取诸人以为善"（《孟子·公孙丑上》），张栻认为："夫善者天下之公，非有我之所得私也。必曰'舍己'者，盖有己则不能大同乎物故尔。乐取诸人以为善，盖通天下惟善之同，而无在己在人之异也。"⑤道德活动所成就的"善"，是天下之同，无分于在己在人。在解释孟子"以善服人"与"以善养人"（《孟子·离娄下》）

①　张栻：《张栻全集》，第 280—281 页。
②　同上书，第 331 页。
③　同上书，第 283 页。
④　同上书，第 291 页。
⑤　同上书，第 292 页。

的区别时,张栻说:"善道与人共之。"①这是功夫论上的整体性视野,它表明善关乎存在活动本身的整体性,而非原子式个体主义的孤立活动。

道德活动如果不以在整体中的实现为归,以私意为准,则根本不是德行甚而至于悖德而沦为譬如隔绝天地万物的蚯蚓一般的存在。陈仲子避兄离母居于于陵,时人多以仲子为廉,而孟子认为:"若仲子者,蚓而后充其操者也"(《孟子·滕文公下》)。张栻说:"今乃昧正大之见,为狭陋之思,以食粟受鹅为不义,而不知避兄离母之为非;徒欲洁身以为清,而不知废大伦之为恶。小廉妨大德,私意害公义。原仲子本心,亦岂不知母子之性重于其妻、兄之居为愈于于陵乎?惟其私意所蔽,乱夫伦类,至此极也。"②陈仲子脱离了亲亲敬长之整体,而独求一己之清廉,孟子贬之为蚯蚓;张栻认为这是小廉乱大德,失其本心而乱大伦。所谓大,就是在亲亲敬长的整体性中的道德实现;所谓小,则是离弃亲亲敬长的家伦整体而私意行事。

与陈仲子避兄离母、断绝亲亲敬兄之整体不同,一个充满爱的氛围的整体性环境对个体成长具有重要性。张栻解说孟子"中也养不中,才也养不才"(《孟子·离娄下》)时说:"教之之道,莫如养之也。养之云者,如天地涵养万物,其雨露之所濡,雷风之所振,和气之所熏陶,宁有间断乎哉?"③不间断的濡染是教养的本意。显然,这是道德修养中基于共在的自然感化。这从教育哲学上说,就是受教者与施教者在共同的生活境遇中实现教化。

本体与功夫上的整体性,只是一个言说上的简单分别。其实,二者是合二为一的,共同彰显道德生存论的整体性视野。张栻有一个值得注意的论点。孟子举伊尹自任"予,天民之先觉者也,予将以斯道觉斯民也。非予觉之,而谁也?"(《孟子·万章上》)张栻解释说:"圣人所以觉天下者则有其道矣,非惟教化之行,涵濡浃洽有以使之然,而其感通之妙,民由乎其中,固有不言而喻、未施而敬者。或谓语曰:'民可使由之,不可使知之,圣贤固不能

---

① 张栻:《张栻全集》,第 337 页。

② 同上书,第 344 页。

③ 同上书,第 372 页。

使天下之皆觉也。'然而天下有可觉之道,圣贤有觉之之理。其觉也虽存乎人,而圣贤使之由于斯道,虽曰未之或知,固在吾觉之之中矣。"①"仁者与亿兆同体"②,此作为整体之在,并非所有个体都能普遍而平等均匀地觉。圣贤之以理觉民,民亦非皆能有觉;但无论他者能觉与否,作为整体的人之存在的觉,存乎圣贤的"觉之"活动之中。圣贤自觉自身,并不论他者能觉与否而坚持不断去"觉之",此即是人作为整体之觉。从整体性的视野而言,这个说法无疑是对于存在责任的自觉的担当。

三、无蔽:心物、心身与人己关系的一体

从整体性出发,存在活动及其内在的本心,乃得以无蔽。如此无蔽的整体,就是心物、心身和人己关系多方面的一体。

《孟子·梁惠王上》有孟子与齐宣王有关"为何以羊易牛"的"仁术"讨论。张栻解释说:"见牛未见羊,爱心形于所见,是乃仁术也。"③强调心必须显现于所"见"。"见"具有一个根本性的意义,亦即只有在"无蔽"状态下仁心才能得以显现/实现:"盖亲亲而仁民,仁民而爱物,此人理之大同由一本,而其施有序也。岂有于一牛则能不忍,而不能以保民者?盖方见牛而不忍者,无以蔽之,而其爱物之端发见也。而不能加恩于民者,有以蔽之,而仁民之理不著也。"④作为"无蔽"的"见",强调的是心与物(对象)在具体生动的情境下的相融互通。离物以言心,离心以言物,皆是蔽而不见。见而不蔽,基于人的主体性作为之绵延;蔽而不见,则是离心而冥行或离行而妄虑。不过,对心物二者的关系的理解,常常易于陷入一种误区,即将心视为脱离于物的独立实在,以担保可由心以及于物。如此理解,实质上就是最大的

---

① 张栻:《张栻全集》,第 407 页。

② 同上。

③ 同上书,第 250 页。

④ 同上。

蔽——心以某种画地为牢的方式封闭自身而无与于物和事,此封闭与割裂,使心自蔽而无见。

对于孟子所谓"举斯心加诸彼"与"善推其所为"的两个层面,张栻解释说:"老吾老以及人之老,幼吾幼以及人之幼,所谓由一本而推之者也。治天下可运于掌者,言其易也。文王之刑于寡妻,至于兄弟,以御于家邦,言举斯心加诸彼而已,盖无非是心之所存也。圣人虽无事乎推,然其自身以及家,自家以及国,亦固有序矣。推恩足以保四海者,爱无所不被也;不推恩无以保妻子者,息其所为爱之理也。故古之人所以大过人者,无他焉,在于善推其所为而已矣。"①所谓推,所谓"一本",可以有两种不同的理解进路:一是指行事活动自身的延展,即从近在咫尺的行事展开而及远在天涯之事,这基于行事活动自身的不绝绵延,而从起始处就是老吾老、幼吾幼的具体行事活动,推扩在此意义上就是由事以及事,由此以及彼;二是悬设一孤另的、离事的精神本体,将所谓推扩理解为由无事之虚悬本体应用于事情,即由心而及事情,由内以及外。因此,这里的"无非是心之所存",如果放在第一种进路上来理解,其意则是:在行事活动的推扩过程中,心能逐渐"集义",使精神的自觉与道德的规则获得相对独立性,从而使行事活动能更为有效便捷地继续展开,在逐渐生成的精神的本体性地位中,精神与行事活动彼此更为良性地互动、彼此促进。而在第二种进路上,"心之所存"则可能是一种本体论设定意义上的完善具足,它只是展现在具体行事活动中,而并不由具体行事活动生成。第一种进路,需要我们换一种对于人的实存的理解,将人从一起始处就视为一种能动的活动本身;第二种进路,往往会陷于一种动力困境,即精神本体实现自身于具体行事活动的动力缺乏。从张栻的理解而论,无蔽的心,显然更多地从第一种进路才可能。然而,在其语焉不详中,第二种理解进路的影子依稀可见。

不过,在张栻理解推扩的模糊性与不彻底性中,仍有着积极的因素。张栻在解释孟子与告子"不动心"的差异时,提出了"内外一本"的说法:"孟子

① 张栻:《张栻全集》,第250页。

则以谓不得于心,勿求于气,斯言可也;至于不得于言,勿求于心,则不可耳。盖其不得于言,是其心有所未得者也。心之识之也未亲,则言之有不得固宜。正当反求于心也,若强欲择言,而不务求于心,是以义为外,而不知内外之一本也。"①在心与言、心与气(物)的关系上,张栻内外一本的说法,无疑倾向于舍弃心灵本体的虚设。

心物的一般关系,很重要的一点是心身(心与自身之气)关系。对心身/心气关系,孟子提出"以志帅气"与"持其志无暴其气"相统一。所谓志,是有内容和动力指向的心(精神),气则是物质性的身体本身。张栻以"气志贵于交相养"来解释孟子:"气志贵于交相养。持其志无暴其气者,所以交相养也;持其志所以御气,而无暴其气者,又所以宁其志也。"②心身关系以志气关系来表达,已经是富于内容的理解了,就孟子本身而言,有内容的身心关系,摈除了抽象玄虚的心身关系讨论。张栻以气志交养进一步深化孟子哲学的心身关系讨论:一方面,没有纯粹的脱离物质性身体的虚悬的心,也没有独立于心的单纯的物质性身体;另一方面,志以御气、气以宁志,心身关系处于一种动态的相互作用中。

心之无蔽,在本体论意义上,不单牵涉心物、心事关系,也关涉人己关系。《孟子·梁惠王下》讨论"独乐乐"与"众乐乐"的关系,张栻解释说:"若鼓乐于此,田猎于此,而使百姓疾首蹙额,是君不恤民,而民亦视之如疾也,然则何乐之有?若闻钟鼓之声,管籥、车马之音,见羽毛之美,而欣欣然有喜色以相告,乐王之无疾病,是君以民为一体,而民亦以君为心也。然则其乐为何如哉?由是观之,则与民同其乐者,固乐之本也。诚能存是心,扩而充之,则人将被其泽,归往之唯恐后,而有不王者乎?或曰:如孟子之说,与民同乐,则世俗之乐,好之果无伤乎?曰:好世俗之乐者私欲,而与民同乐者公心也。能扩充是心,则必能行先王之政,以追先王之治,世俗之乐且将消靡而胥变也。"③独乐(yuè)而乐(lè),乃是隔绝于他者(百姓)的狭隘私

———————————

① 张栻:《张栻全集》,第 278—279 页。

② 同上。

③ 同上书,第 255—256 页。

欲；众乐（yuè）而乐（lè），则是与民共在同乐的普遍之理。在张栻看来，音乐在其本源上，就是群体性的共在同乐："与民同其乐者，固乐之本也。"音乐就其原始本质而言，就是一种浑融共存，无主客、无人我区别的沉醉状态。尼采在论及音乐的起源时，归之于酒神精神，其主要意义即在于："酒神悲剧最直接的效果在于，城邦、社会以及一般来说人与人之间的裂痕向一种极强烈的统一感让步了，这种统一感引导人复归大自然的怀抱。"①音乐引导人回到音乐自身的原始自然状态，即没有彼此利益分裂及其界限的浑融一体。

音乐的本质，就是"与民同乐"。"与民同乐"的意思，在另一层意义上，就是与民同好货、同好色。《孟子·梁惠王下》孟子以王政语齐宣王，齐宣王承认自己有好货好色之病，无法行王政，孟子举公刘好货与大王好色来说明，王政就是与民同好货同好色而已。张栻认为孟子所举公刘好货是突出"欲己与百姓俱无不足之患"，举大王好色是为了突出"欲己与百姓皆安于室家之常"。②国君一人有其好货之欲，须得使自己与百姓皆足于货；国君一人有其好色之欲，须得使自己与百姓皆安于室家之常。如何由一己好货好色之欲而推及于百姓好货好色之欲？这个问题也就是在《孟子·梁惠王上》，孟子诘问齐宣王的问题："今恩足以及禽兽，而功不至于百姓者，独何与？"孟子的回答是"见牛未见羊"，张栻解释为"蔽而未见"。意思是：齐宣王能亲见牛而不忍，不能亲见羊而忍之；同样地，之所以使百姓疾苦而能忍，也是未见百姓之故。在孟子看来，事情似乎很简单：只要王者能保持其与百姓一体共在而亲见百姓之疾苦，自然能恩及百姓而行王政于天下。因此，所谓与百姓同好货同好色，就是置身于百姓之中而好其货好其色，从而也就能从己之好货好色推及百姓之好货好色，以实现与百姓货同足、色同安。在某种意义上，私欲往往是一种割裂阻绝的力量，它使个体（尤其掌权者个体）自绝于百姓（他者）。隔绝于百姓他者之外，孤立自存于画地为牢

---

① ［德］尼采：《悲剧的诞生：尼采美学文选》，周国平译，生活·读书·新知三联书店，1986 年，第 29 页。

② 张栻：《张栻全集》，第 263 页。

的"宫墙之中",就易于纵一己之欲而漠视民间疾苦。乐(yuè)本源上的与民共在,那种生存论上的"共处同在"是仁心、王政、恩及百姓的本体论前提。

从道德完善而言,他者的一体共在也是不可或缺的。孟子说"子路,人告之以有过则喜"(《孟子·公孙丑上》),张栻解释说:"盖人之质不能无偏,偏则为过,过而不知省,省而不知改焉,则其偏滋甚,而过亦不可胜言矣。故君子贵于强矫,贵于勿惮改。然而犹患在己有所蔽而不能以尽察,故乐闻他人之箴己过。在己而得他人指之,是助吾之所未及也。"①所以,自我完善的道德性活动,就是在与人共在中不断反求于己而力行于身。这有积极与消极两种情形,如子路与舜所为,侧重于他者在道德上对自身的积极性助益。就反求诸己而言,积极性助益之外,在与人共在中,他者的消极性回馈反过来促进了主体回归自身而切己力行。对"行有不得者,皆反求诸己"(《孟子·离娄上》),张栻解释说:"爱人而人不亲,是吾仁有所未至也;治人而人不治,是吾知有所未明也;礼人而人不答,是吾敬有所未笃也。行有不得,不责诸人,而反求诸己,岂不至要乎?"②无论积极还是消极,个体自身的道德完善,都不能脱离人己一体的整体共在。

不过,张栻似乎对这个"共处同在"并不是十分自觉,而强调某种对好货好色之欲的超越。孟子举公刘好货与大王好色,似乎转而意指王者之不好货、不好色了:"夫与百姓同之,则何有于己哉?人之于货色也,惟其有于己也,是故崇欲而莫知纪极。夫其所自为者,不过于六尺之躯而已,岂不殆哉?苟惟推与百姓同之心,则廓然大公,循夫故常,天理著而人欲灭矣。"③孟子本意中的因其回归"同处共在"而"货色同好而安足",被张栻转化为灭欲而存理,陷于宋明理学主流之窠臼。当然,将天下之公理理解为百姓普遍地得遂其欲、得其生而非在上者独遂其欲、独得其生,这得等到戴震以后才能得以阐明。

---

① 张栻:《张栻全集》,第 292 页。
② 同上书,第 349 页。
③ 同上书,第 263 页。

四、性善：基于个体性力行的展开

从人作为类存在的整体及其展开过程来理解善，性善论所说就不是某种抽象的普遍本质。换言之，孟子所谓性善，所谓人皆可以为尧舜，并非意味着万般皆一律，孟子借颜渊的话说："舜何人也？予何人也？有为者亦若是"（《孟子·滕文公上》）。详孟子之意，显然不是指颜渊、舜、禹、周公、孔子等，具有同样的某种抽象理智的普遍规定性，而是强调"有为者"之"有为"乃是同样的"切己而行"。《孟子·公孙丑上》论"行五者而王"，张栻强调说："其要在夫力行之而已。"①就道德性存在而言，"要在力行"之说无疑最为切中肯綮。生存活动的源初绽放，如果不用力而行，则绽放就可能被阻塞扼绝："学者初闻善道，其心不无欣慕而开明，犹山径之有蹊间介然也，由是而体认扩充，朝夕于斯，则德进而业广矣，犹用之而成路也。苟惟若有若无，而不用其力，则内为气息所蔽，外为物欲所诱，向之开明者，几何不至复窒塞邪？"②在此，张栻强调力行才能去蔽而保证源初绽放之明。对于力行的强调，通常突出行动必须有所成就。但张栻在论及力行须有所成就时，有一层更深的旨趣，突出了力行活动的纯粹展开本身："学者为仁，贵于有成也……熟之奈何？其犹善种者乎？勿舍也，亦勿助长也，深耕易耨，而不志于获也。"③力行之展开往往有着相应的期待或目标，行动总有其成（所获），但力行过程中则不可期其必有结果，而纯粹地投入力行展开。这种自身投入的纯粹力行活动，才是一个道德生存者成为自身的真正显现，他指向个体性。舜力行而为舜，从而天与之天下；孔子力行而为孔子自身，所以成其"学不倦诲不怨"的出类拔萃之存在；孟子所说"乃所愿则学孔子也"，也不是说自己

---

① 张栻：《张栻全集》，第289页。
② 同上书，第504页。
③ 同上书，第444—445页。

要成为孔子一样的人，而是如孔子经由切己的学诲活动成其为孔子自身一样，反求诸己而力行以成孟子之自身。所以，张栻认为："故颜子以谓'舜何人也？予何人也？有为者亦若是'，此诚万世之准则也。"①不同历史时代的人有不同的存在样式；然而，就道德性存在的实质而言，不论何种时代，每一个人都切己力行而在觉悟与绽放统一的浑融一体中实现自身，则是"万世不易"的。行动及其觉悟的展开，是道德生存的实情。行动与觉悟相统一，而充盈着内容的浑融一体，是真实的具体个体。就道德生存而言，真实的具体个体各有其多样性的内容，孟子叫作"自得"："君子深造之以道，欲其自得之也"(《孟子·离娄下》)。张栻解释说："学贵乎自得。不自得则无以有诸己，自得而后为己物也。"②张栻注意到了行动的重要性，也能理解道德存在的个体性，但并未自觉而深刻地突出基于行动的具体性与个体性。

力行展开为一个过程，在展开过程中，作为起始的本心及其内容，有一个不断充实以至于完全实现自身的过程："充夫恻隐之端，而至于仁不可胜用；充夫羞恶之端，而至于义不可胜用；充夫辞让之端，而至于礼无所不备；充夫是非之端，而至于知无所不知。"③所谓充而至于不可胜用、无所不备、无所不知，即是由仁义礼智之不充足的绽放，力行而至于其充足的绽放。

就本心基于力行如其本质的展开过程而言，则关涉对善的更为合理的理解。以力行及其过程为基础，张栻对于孟子所谓"善"有几点重要的阐发。其一，由动之端以见善。孟子有所谓"可欲之谓善"(《孟子·尽心下》)，张栻解释说："可欲者，动之端也。盖人具天地之性，仁义礼智之所存，其发现则为恻隐、羞恶、辞让、是非，所谓可欲也，以其渊源纯粹，故谓之善，盖于此无恶之可萌也。"④将仁义礼智涵摄于"动之端"，由其自为肯定的绽放与展现来理解善，此善就不是抽象的理智规定性，而是一开始就基于道德生存活动自身展开的内在规定性——生存活动原始地以肯定自身的方式展开自身，即是善的基本意蕴。就一物之开启其存在而言，任何一物之源初绽放，在本体

---

① 张栻:《张栻全集》，第 312 页。

② 同上书，第 376 页。

③ 同上书，第 290—291 页。

④ 同上书，第 507 页。

论意义上,似乎都具有善的意义。不过,本质意义上的善,首先要求存在的开启处在自身的澄明之中,亦即自身领悟自身的绽放状态之中。因此,所谓善,只能是人开启自身存在活动的自为肯定状态,人之外的一切他物则无所谓善与不善。其二,存在活动顺其自然而无碍的展开即是善。张栻认为:"告子以水可决而东西,譬性之可以为善、可以为不善,而不知水之可决而东西者,有以使之也。性之本然,孰使之邪? 故水之就下,非有以使之也,水之所以为水,固有就下之理也。若有以使之,则非独可决而东西也,搏之使过颡,激之使在山,亦可也。此岂水之性哉? 搏激之势然也。然搏激之势尽,则水仍就下也,可见其性之本然而不可乱矣。故夫无所为而然者性情之正,乃所谓善也;若有以使之,则为不善。故曰:人之可使为不善。"①水之流动,无碍而自然流淌必就下;即便为搏激所碍,也恰好在双重意义上证成水之必然就下——搏激恰好以相反的方向发挥其力而反衬水之就下。同时,搏激之势消,水依然就下,尤其搏激使水向上通常即为了使水实现其向下。人之性,也恰好在于无所为而顺其自然生成即善,若有外在否定性障碍则生成恶。善就是"自为肯定"的"顺"而展开自身:"孟子谓'乃若其情则可以为善矣,乃所谓善也',若训顺。《书》曰:'弗克若天。'自性之有动者谓之情,顺其情则何莫非善。"②所谓情,虽然张栻语含歧义,但基本上可以看出其中含着以动之展开为情的意涵,因此其所谓顺而为善,即是顺其源初绽放而绵延展开。这种顺其本然的展开,尽管张栻还有"性之本然"的说法,但更多地展现了如此意蕴:生存活动自身的自为肯定展开即善。倘若外力有所妨碍而阻断了自身自然而自为肯定的进程,此一妨碍或阻断在双重意义上反衬了善:一方面,外力的妨阻作为否定性力量逆于自身自然进程,表明这一妨阻外力的消除,相应于其返回自身的自为肯定的展开;另一方面,外力妨阻所带来之恶,作为善的缺乏,使善更能显明自身。其三,善与不善的区别在于行动者自为肯定的选择(取舍)。孟子有关于大体、小体区分与关系的讨论,认为在二者的关系上,善与不善的区分在于主体的取舍:"所以考其善不善者,岂

---

① 张栻:《张栻全集》,第426—427页。

② 同上书,第432页。

有他哉？于己取之而已矣"（《孟子·告子上》）。张栻引申说："言欲考察其善不善之分，则在吾身所取者如何耳。所取有二端焉，体有贵贱、有小大是也。以小害大，以贱害贵，则是养其小者，所谓不善也。不以小害大，不以贱害贵，则是养其大者，所谓善也。何以为大且贵？人心是也。小且贱者，血气是也。"①大体即心思，大且贵；小体即耳目感官，小且贱。人之有心思与感官，这是"天生既有者"。在生命存在源初的绽放里，二者一体呈现。但生命的能动展开，基于主体的能动选择与力行，而能选择、取舍者则是心思之官。人实现自身的过程，自然是对丰富性潜能的充分实现。但此一实现过程，基于丰富性中大体与小体关系的辩证。感官之体不能自明其自身而实现，须赖心思以明之。因此，有能动选择的力行活动，心思的选择并保持自身对于活动过程及其伴随物的主宰作用，就是生存活动自为肯定地展开自身的本质所在。如此，心思保持其明觉的选择与主宰作用而展开的生命活动，即是善。在此善的活动中，有着小大之辩，意味着人自身在丰富多样性的展开过程中，有着对小者的否定，而恰好通过大者对小者的否定，作为整体的生存活动过程才实现其自为肯定的展开。因此，所谓善，并非单线性的一马平川式的一味肯定，而是经由自身否定而实现的更好的自我肯定。

由此而言，虽然张栻对孟子本心的解释常有着不彻底性和模糊性，但其以无蔽论本心，从源初自然绽放到强调本心实现自身的整体性与过程性，从以心物、心身以及人己关系的统一论本心的实现，到强调善是基于个体力行而自为肯定的实现，彰显了一条拒斥抽象思辨及虚构精神本体而强调力行的理解道路。

---

① 张栻：《张栻全集》，第 441 页。

第六章 道德存在的普遍性维度及其界限

——朱熹对孟子道德哲学的"转戾"与"曲通"

以《孟子集注》为中心,朱熹解孟子,有一个鲜明的强认知倾向,从认知立场为孟子道德哲学的主题做了深入的廓清与强化;同时,基于认知立场,他将性的普遍确定性加以凸显,认为人之为人的本质有一个客观、普遍、超越的性质,而非个体任性;由此,对于善的理解,也就主要显现为某种超离于现实的抽象规定性。朱熹认知主义立场上的普遍与超越取向,就孟子哲学的心学色彩而言,无疑有许多不合之处,与性和善的动态生成义也不吻合。但是,朱熹如此解释的背后,也敞露了个体成就自身的一个基石问题,即个体性的生成本身必须有一个普遍主义的基础,悖于此,根本就不可能有属于人之本质的善,或者说,根本就没有人的本质可言。在朱熹看来,没有普遍之理的确定性,个体之心就无以在道德上断定是非:"非心通于道,而无疑于天下之理,其孰能之?"[1]在某种意义上,理性普遍性与超越本质的证成与呵护,作为个体道德存在的责任,意味着普遍性的担当和个体任性的牺牲。不过,朱熹或许忽略了普遍性与超越性的本质与善并非最终的目的,也非最高的存在,最高、最终极与最真实的存在,还是鲜活的具体个体的自身成就。在儒学系统内部,对个体的自我完善与普遍秩序及共同本质之相互关联的

---

① 　朱熹:《四书章句集注》,第 233 页。

合理阐释,迄今仍然在路上;而真实地在切己生存活动中融合二者,则更是不断地召唤着新的更为坚韧与自觉的践行。

一、性的"理化"——性作为确切无疑的理智普遍性及其问题

在《孟子·告子上》中,孟子与告子有"杞柳与杯棬之辩""湍水之辩""生之谓性辩"等几个争论,这是孟子关于"性"概念的集中讨论。朱熹以"生之谓性辩"为告子、孟子争论的中心①,并对此做了一个总结性的诠释:

> 性者,人之所得于天之理也;生者,人之所得于天之气也。性,形而上者也;气,形而下者也。人物之生,莫不有是性,亦莫不有是气。然以气言之,则知觉运动,人与物若不异也;以理言之,则仁义礼智之禀,岂物之所得而全哉? 此人之性所以无不善,而为万物之灵也。告子不知性之为理,而以所谓气者当之,是以杞柳湍水之喻,食色无善无不善之说,纵横缪戾,纷纭舛错,而此章之误乃其本根。所以然者,盖徒知知觉运动之蠢然者,人与物同;而不知仁义礼智之粹然者,人与物异也。②

这段话是朱熹诠释孟子道德哲学的纲领,其基本的理路就是理气二分架构。就人的实然存在而言,无所谓理气二分,理气二分仅是对于活生生的

---

① 冯契认为孟子对"性"的讨论,大约相当于"本质"概念,他用类、故、理三个范畴来概括《孟子·告子上》前三章的内容,以为"生之谓性辩"讨论的是人存在的本质(类),"杞柳与杯棬之辩"讨论的是人之道德存在的根据(故),而"湍水之辩"讨论的是人存在的必然性(理)。这也是以"生之谓性辩"为基础(冯契:《中国古代哲学的逻辑发展》上册,第184—189页)。徐复观也说:"告子的人性论,是以'生之谓性'为出发点"(徐复观:《中国人性论史·先秦篇》,第163页)。值得注意的是,有论者看到了第六章的重要意义,见信广来《〈孟子·告子上〉第六章疏解》,载李明辉主编《孟子思想的哲学探讨》,第97—114页。

② 朱熹:《四书章句集注》,第326页。

人之存在活动的静态、逻辑、理智的抽象理解。将人之性归为形而上之天理，将人之生归为形而下之气化，凸显着摈除纷繁杂多之牵扯、以在理智上准确地界划人之存在的目的。人自身作为合群性存在物或类存在物，在每一个体自我确证之先，必须先行确证自身归属于一个"类本质"——一个普遍的规定性。朱熹道德哲学的突出之点就在于：在每一个体得以自为成就之先，先行确定清晰无误的、作为所有个体或整体的人之类（乃至于所有物）的确切无疑的"本质规定性"。通过区分形上之理与形下之气，朱熹将人的本质与人的生命区分开来。生命整体存在的精神规定性以"天理"作为根据，意味着其超越性，此超越性强化了其普遍有效性——此一普遍有效的本质规定性具有理性主义色彩，它排除个体性神秘主义的自圣化顿悟，只要运用理性之思，每一个体都能抵达对此一普遍之理的领悟，亦即领悟"性者，人生所禀之天理也"。①

天理在本质上意味着生命进程的某种悬置，即在纯粹理智思考以自我确定自身之际的"止"：获得对于确切无疑的本质、秩序的领受（领悟与接受），以此为基，人生再行启程。如此悬置之"止"，是理智认知对于生命存在加以反思的必然环节，是心的明觉之思对于生命整体取得相对独立的形态。

在总体上，孟子道德哲学作为心学肇端，所谓仁义礼智、良知、良能以及善等，在明暗之喻与机巧之辩的相互纠结中，不乏神秘与晦涩不清之处。孟子对于理智之凿的反对②，以及强调思乃内在于生命活动之觉悟③，使作为

---

①　朱熹：《四书章句集注》，第 325 页。

②　孟子曰："天下之言性也，则故而已矣，故者以利为本。所恶于智者，为其凿也。如智者若禹之行水也，则无恶于智矣。禹之行水也，行其所无事也。如智者亦行其所无事，则智亦大矣。天之高也，星辰之远也，苟求其故，千岁之日至，可坐而致也"（《孟子·离娄下》）。智者之凿，如鲧之治水，在真实流动的水之外，用理智抽象地构造水的本质，结果与水的实情全不相侔；大禹之治水，即以真实之水的流动本身为本，而不在其外思辨地悬设一个第三者作为水的本质，如此则顺水而治。如此说法，具有一种文学或诗学的表达魅力，但并不具有理智思辨的清晰性。

③　《孟子·离娄上》："是故诚者，天之道也；思诚者，人之道也。"最基本的含义就是思以天道之诚为真实的内容，而非无内容的纯粹理智思辨。在《孟子·告子上》中，孟子为了表达内容对于思的先在性，频繁使用了否定性的语句（"弗思"）来表达（如"仁义礼智，非由外铄我也，我固有之也，弗思耳矣。""拱把之桐梓，人苟欲生之，皆知所以养之者。至于身，而不知所以养之者，岂爱身（转下页）

普遍道德规定性的人之本质晦暗不明。孟子突出"思"是具有内容的内在领悟，而内容往往就是个体性的道德活动。如此而言，尽管孟子已经对普遍性有所关注①，但孟子的"思"因其内容的个体性，无法完全给出一个对所有人有效的普遍性。②

同时，当活生生的生命存在被理智静观地加以剖析之际，精神规定性归之于天理，而人的物质规定性便归之于气化。天理是理智思辨的形式本质，气化则是理智思辨的质料本质。表面上，理才是对于人的普遍本质的界定。但实质上，气和理是理智对人自身加以普遍化的同一进程中相伴相生的两个方面。气本身作为理解人之生命的质料本质，也是普遍性的。在此值得注意的是：孟子之具有内容的普遍性必须以气为基底，因此其普遍性无法抵达确切无疑的理智确定性；朱熹以气为普遍性的质料则剔除了其具体性内容，而使理的确切无疑的理智确定性得以可能。而在朱熹看来，理的确切无疑性，则是具有实质性而非具体性的内容（仁义礼智）。

因此，理气二分以及个体性内容的剔除，使朱熹能通过理智抽象，在确切无疑的普遍性意义上确定人的本质，并归之于天理。在如此理智的抽象剖析的理气逻辑架构中，活生生的人本身是暂时被悬置而隐匿的。

"生之谓性辩"要显明的主题是生命自身与生命本质之间的内在关联。朱熹通过将性理化，从而使之与生命本身脱离。由此，他所理解的生命活动本身，就成为没有本质的纯粹动物般的本能性活动："生，指人物之所以知觉运动者而言。告子论性，前后四章，语虽不同，然其大指不外乎此，与近世佛氏所谓作用是性者略相似。"③朱熹反对心学乃至以陆九渊为告子，都是基于

（接上页）不若桐梓哉？弗思甚也。""耳目之官不思，而蔽于物，物交物，则引之而已矣。心之官则思，思则得之，不思则不得也。此天之所与我者，先立乎其大者，则其小者弗能夺也。此为大人而已矣。""欲贵者，人之同心也。人人有贵于己者，弗思耳。"），以达到在突出思的同时又不穿凿而自私用智，本质上就是强调思是一种生存活动的内在觉悟。

① 《孟子·告子上》孟子就强调"理义为心之所同然者"，力图突出道德普遍性。

② 参见郭美华《"一本"与"性善"——论戴震对孟子道德本体论的圆融与展开》，《哲学研究》2013 年第 12 期（也可参见本书第十二章）。

③ 朱熹：《四书章句集注》，第 326 页。

"作用是性"的看法。所谓"作用"，即是日用常行之举手投足的活动本身，亦即所谓知觉运动。朱熹认为，人和动物在举手投足的身体性知觉运动上本没有什么差别，这些活动不等于性的直接实现。①心的活动，即使是"思"，也

① 朱熹以理气二分来解释人的道德存在，对于儒学传统人禽之辨问题，引出了一些困境。人与物的区别，从孟子开始就是儒家道德哲学的一个前提性问题。朱熹对这个问题的解释，一方面是本体论上的同异之辨（二者的根据同异问题，可以说是体上的同异问题），另一方面是道德/价值-工夫论上的同异之辨（在人的行动中如何差别对待的问题，这可以说是用上的同异问题）。人与禽兽乃至草木等，本体论上的根据都是相同的"理"与"气"，本体论上根本无以区别。但是，人与包括禽兽在内的万物，在事实上又存在着无法抹灭的区别，不能不加以理论的解释。对此，朱熹以为人与动物在"气"上相近（知觉运动相似），而在"理"上不同（人有仁义礼智，禽兽则无）。在《答黄商伯》中，朱熹有一个说法，更可以见其矛盾性："论万物之一原，则理同而气异；观万物之异体，则气犹相近而理绝不同。气之异者，粹驳之不齐；理之异者，偏全之或异"（朱熹：《晦庵先生朱文公文集》卷四十六，《朱子全书》第22册，上海古籍出版社、安徽文艺出版社，2002年，第2130页）。《孟子集注》里面的许多其他说法，也可以显示朱熹在此问题上的搅扰："盖人之于禽兽，同生而异类。故用之以礼，而不忍之心施于见闻之所及"（朱熹：《四书章句集注》，第208页）。"盖天地之性，人为贵。故人之与人，又为同类而相亲。是以恻隐之发，则于民切而于物缓；推广仁术，则仁民易而爱物难。今王此心能及物矣，而其保民而王，非不能也，但自不肯为耳"（朱熹：《四书章句集注》，第209页）。"盖骨肉之亲，本同一气，又非但若人之同类而已。故古人必由亲亲推之，然后及于仁民；又推其余，然后及于爱物，皆由近以及远，自易以及难"（朱熹：《四书章句集注》，第209—210页）。实质上，朱熹忽略了孟子哲学中真正的本体论基石（即具体行事活动的本体论意义），从而没有看到孟子认为，人性本身基于一个能动的自觉选择及其行动而得以区别人与禽兽、人与人。比如，其一，孟子认为，人之能自觉地选择其性是人之本质的更为关键之处。孟子说："口之于味也，目之于色也，耳之于声也，鼻之于臭也，四肢之于安佚也，性也，有命焉，君子不谓性也。仁之于父子也，义之于君臣也，礼之于宾主也，知之于贤者也，圣人之于天道也，命也，有性焉，君子不谓命也"（《孟子·尽心下》）。朱熹没有看到其中蕴涵的自觉能动的选择本身是人之更为本质之处，反而以天赋气禀为说，说明他未曾自觉理智的抽象不能解释人与禽兽、人与人之间相区别的困境。其二，人之性基于人自觉自主的行为，并自主选择其自身的内容，并以此内容而与禽兽和他人相区别。孟子说："君子所以异于人者，以其存心也。君子以仁存心，以礼存心。仁者爱人，有礼者敬人。爱人者人恒爱之，敬人者人恒敬之。有人于此，其待我以横逆，则君子必自反也：我必不仁也，必无礼也，此物奚宜至哉？其自反而仁矣，自反而有礼矣，其横逆由是也，君子必自反也：我必不忠。自反而忠矣，其横逆由是也，君子曰：'此亦妄人也已矣。如此则与禽兽奚择哉？于禽兽又何难焉？'是故君子有终身之忧，无一朝之患也。乃若所忧则有之：舜人也，我亦人也，舜为法于天下，可传于后世，我由未免为乡人也，是则可忧也。忧之如何？如舜而已矣。若夫君子所患则亡矣。非仁无为也，非礼无行也。如有一朝之患，则君子不患矣"（《孟子·离娄下》）。这一章，朱熹的《孟子集注》几乎忽略了。人的本质以及相应的人与动物、人与他人之间的区别，只有根据行动与觉悟相统一的具体行事活动及其展开，才能得以说明。朱熹从抽象理（转下页）

是一种气化性身体活动,它不能就是人的本质。心、性、理的关系上,朱熹强调"性即理",而反对"心即理"。在道德哲学领域,从逻辑上说,他要突出的是:认识活动本身与其所确认的确切无疑的普遍性本质是相互区别的,在"存在"或"实存"的意义上是区别的——认识活动总是个体性的,羼杂各种偶然性、不确定杂质的现象性事物,而"理"则是纯净无染的、剔除了各种个体性杂质的、超越的普遍性精神。简言之,在道德认识之域,能觉与所觉具有本质的不同。能觉是个体性的活动,所觉是超越的普遍性本质,二者并不是同一个东西,而是具有彼此外在性:"被思考的内容之相对于思考它的思维的外在性,为思维所接受。"①个体的本质只有以"理"为源才能得到确定,而不能以自身杂乱的知觉运动为据,此即"性即理"而非"心即理"。唯有如此,"理"才能持存其确切无疑的普遍性。

当心学的极端以为良心、良知或本心就是当下活动,而易于陷入以"作用为性"时,朱熹对"作用即性"的批评是有道理的。尤其当有些自我珍视者进而自圣化,以一己之心为天地之心,朱熹的批评尤为值得重视。但是,朱

(接上页)智虚构的理-气世界来解释现实人性,不但不能合理地诠释其差异,而且抹灭了真正个体性差异的可能性。实质上,朱熹这个说法,根本无法解释人为什么会有仁义礼智的道德,而动物则没有道德。而且,在人与动物区分的意义上,还得进一步对人与人加以区分。在某种意义上,朱熹在本体论对人与物的无以区分,与道德/价值-工夫论上的截然划分,蕴涵着更为曲折的隐义。孟子本来有一个说法:"人之异于禽兽者几希,庶民去之,君子存之"《孟子·离娄下》。孟子将禽兽、庶民与君子放在一起来加以区分、比较,其间蕴涵着很多复杂的义理分疏。朱熹的解释,可以说就是一个对此加以清晰化的尝试:"人物之生,同得天地之理以为性,同得天地之气以为形;其不同者,独人于其间得形气之正,而能有以全其性,为少异耳。虽曰少异,然人物之所以分,实在于此。众人不知此而去之,则名虽为人,而实无以异于禽兽。君子知此而存之,是以兢兢惕厉,而卒能有以全其所受之理也"(朱熹:《四书章句集注》,第293—294页)。理智抽象所得的理、气,本来是祛除了现实多样性的普遍之物,指向"万物之所同";但是,普遍而同的抽象规定性又要解释万物的现实差异性。所以,在人性问题上,朱熹的理气架构就是以牺牲现实差异性、多样性为代价,而追求普遍确定性和理智纯粹性。归根结底,朱熹理气架构的人类生存解释,无疑是一种"精致化的天命论":一方面,无论现实具体之物多么纷繁复杂、五彩缤纷,不管知与不知,它们的最终本质都是同一个超越而普遍之"理";另一方面,现实的一切差异与多样性,都是气化而成,而且气化还是依理而行——只有对理的知与否的区别,没有有理与无理的区别。本质上,朱熹所谓气化,不过是"理化世界"的反面表述而已。如此,人与动物的区别,是"天理如此",人与人的区别,也是"天理如此"。

　　① [法]伊曼纽尔·列维纳斯:《总体与无限:论外在性》,第78页。

熹批评一切作用、脱离一切现实活动而彰显天理本质的做法,在逻辑上亦陷入自相矛盾:没有心的灵明觉知的认识,普遍超越的天理如何显现自身?因为,心的灵明觉知,是超越而普遍的天理作为本质得以显现的前提(天理并不自行显现,并不自行实现自身)。朱熹所谓"性即理",简单而片面地排斥一切个体性"作用",可以说是转化了的、更为强意义上的隐秘的"心即理"。实质上,心学的较为平实的说法,是"作用见性"而非"作用即性"。朱熹以告子为"作用即性",摈弃了一切现实的活动,走向理智抽象的超越精神规定,反而以不同通道走向了与告子相同的立场——脱离现实生存活动而虚构人的本性(尽管告子虚构的是自然本性,朱熹虚构的是逻辑或理智本性)。

要言之,孟子与告子关于"生之谓性"的辩论,不是要与告子一样"离生言性",而是坚持"即生言性"——只是,孟子所理解的人之生,不同于犬牛羊之生。人与动物的不同,不是理智抽象的本质性不同,而是现实的生存活动、生命活动不同。人的性,恰好就要在人之生命活动不同于犬牛羊的动物活动不同之处显现、实现出来,此即"作用见性"。

朱熹以理释性,突出性之理性普遍性与确定性,有见于自任心性之流弊,但蕴涵着忽略个体性现实生存活动的片面性。

二、道德原则的普遍有效性及超越性走向

在一定意义上,将人性抽象地加以"理化",与将仁义抽象地"天理化",是朱熹注重同一普遍规定性的两个方面。朱熹说:"天,理而已矣。"[①]这就是将人性的"理化"与仁义的"理化"统一起来。朱熹强调义作为道德原则是天理的表现,而与人欲对立起来,突出了义的超越性:"义者,天理之所宜;利

---

① 朱熹:《四书章句集注》,第 215 页。

者,人情之所致。"①并且,他将仁义视为天生固有的"公",而利则是基于形体的人欲之"私"。朱熹注释孟子回答梁惠王"何必曰利"章有个概括性的说法:"此章言仁义根于人心之固有,天理之公也。利心生于物我之相形,人欲之私也。循天理,则不求利而自然无不利;殉人欲,则求利未得而害已随之。所谓毫厘之差,千里之缪。此《孟子》之书所以造端托始之深意,学者所宜精察而明辨也。"②将人欲归结为"物我相形",实质上即是说人欲属于现实生存之需;而将心所固有的仁义抽象为天理之公与将人之性"理化",二者是完全一致的。如此,朱熹通过将人性"理化"与将仁义"天理化",以抽象普遍的人性与抽象普遍的理二者"本质一致"的方式,解决了普遍道德原则与个体道德主体之间的合一问题。

在朱熹看来,善就是一种天下普遍之物。他解释孟子"大舜有大焉,善与人同"说:"善与人同,公天下之善而不为私也。"③善的本质含义根基于具体行事活动的自为肯定与自为实现,蕴涵着个体性自我成就之意。朱熹以"公天下而不为私"抑制了善的个体性实现一面,而特别地突出了善的普遍有效性一面。而且,在朱熹将孟子的人性与仁义普遍"理化"的过程中,突出天理与人欲的对峙,也将孟子政治哲学中对于一般人(庶民)的物质财富保障与对治国者的仁义要求混而为一,将"存天理、灭人欲"当作对所有人的普遍要求:"盖钟鼓、苑囿、游观之乐,与夫好勇、好货、好色之心,皆天理之所有,而人情之所不能无者。然天理人欲,同行异情。循理而公于天下者,圣贤之所以尽其性也;纵欲而私于一己者,众人之所以灭其天也。二者之间,不能以发,而其是非得失之归,相去远矣。故孟子因时君之问,而剖析于几微之际,皆所以遏人欲而存天理。"④孟子突出的是好货、好色"与民同之",要求国君(齐宣王)能使民众得到物质财富的保障("养生丧死无憾"),而政治上的仁义,就是民得财色而自遂其生。朱熹则将遏制物质欲望的满足作为

---

① 朱熹:《四书章句集注》,第73页。
② 同上书,第202页。
③ 同上书,第239页。
④ 同上书,第219页。

一种普遍性的要求,不单是对国君、士,而且指向所有人,包括民众,并以天理作为超越的根据。如此指向,强调"善与利,公私而已矣"①,就其实际的效果而言,无疑使得在上者"以理杀人"(戴震语)——表面上以天理作为普遍准则制约民众的合理生活要求,自身却不受监督地满足自己的私欲。

　　义作为道德原则或道德规范,朱熹强调:"义者,人心之裁制。"②但是,人心裁制的能力实现于具体情境或具体行动之中时,往往受具体性因素的影响,使得具体行事活动表现出灵活性。灵活性本身也是"义"的一种表现,不过在朱熹看来,作为人心裁制的义,具有对于任何具体行事的先验性,他以此先验性来担保义的普遍性。朱熹解释孟子的"集义"时说:"集义,犹言积善,盖欲事事皆合于义也。"③使得具体的每一事、每一行动合于"义",表明义是在任何具体行动、做事之先的规范,从而是先验之物。就此而言,朱熹所谓"人心之裁制"并非现实活动,而是一种抽象的理智设定。朱熹在解释"知言"时说:"人之有言,皆本于心。其心明乎正理而无蔽,然后其言平正通达而无病……非心通于道,而无疑于天下之理,其孰能之?"④"道者,天理之自然。"⑤可以看出,心、义、道、理都被理解为脱离了具体行事的抽象之物:"义者,宜也,乃天理之当行,无人欲之邪曲,故曰正路。"⑥在此,朱熹又将义理解为敬:"义主于敬。"⑦敬是富于情感的精神觉悟状态,朱熹将敬与天理合起来理解"义",则作为道德规范的义便脱离了孟子"事亲从兄"的具体生存活动,而越发走向超越性了。进而,孟子哲学中与"动"一体的"诚""善"⑧,也被朱熹引向了超越性:"诚者,理之在我者皆实而无伪,天道之本然也;思诚者,欲

---

①　朱熹:《四书章句集注》,第 356 页。
②　同上书,第 231 页。
③　同上书,第 232 页。
④　同上书,第 233 页。
⑤　同上书,第 231 页。
⑥　同上书,第 281 页。
⑦　同上书,第 287 页。
⑧　《孟子·离娄上》中,孟子强调的是明善诚身而动,明、善、诚、动四者一体不分:"诚身有道:不明乎善,不诚其身矣。是故诚者,天之道也;思诚者,人之道也。至诚而不动者,未之有也;不诚,未有能动者也。"

此理之在我者皆实而无伪,人道之当然也。"①本来,"思"在孟子哲学里是"明"之得以实现的活动,"诚""思""明"与"善""动"是浑然一体的,但朱熹通过将"诚"与"思"加以"理化",而实现了"人道之当然"(义)与"天道之本然"(理)的一体而走向超越性和确定性。

如此,朱熹通过义与理(人和道)的思辨统一,突出道德主体、道德法则的纯粹性与确定性。哲学家对纯粹性和确定性的追求,一个基本的倾向就是尽量清除肉体对于理智思考的掺杂和妨碍:"一个人观察事物的时候,尽量单凭理智,思想里不掺和任何感觉,只运用单纯的、绝对的理智,从每件事物寻找单纯、绝对的实质,尽量撇开视觉、听觉——一句话,撇开整体肉体,因为他觉得灵魂有肉体陪伴,肉体就扰乱了灵魂,阻碍灵魂去寻求真实的智慧了。"②在一定意义上,单纯思辨地理解肉体和灵魂而二元对立,这本身就是理智的抽象了,因为肉体和灵魂统一的真正根基是"必有事焉"。脱离具体行事活动而追求纯粹性与确定性,就会把肉体与理智分开:"我们追求的既是真理,那么,我们有这个肉体的时候,灵魂和这一堆恶劣的东西掺和一起,我们的要求是永远得不到的。因为这个肉体,仅仅为了需要营养,就产生没完没了的烦恼。肉体还会生病,这就阻碍我们寻求真理。再加上肉体使我们充满了热情、欲望、惧怕、各种胡思乱想和愚昧,就像人家说,叫我们连思想的功夫都没有了。"③朱熹以欲望归之于肉体,以天理归之于心灵,体现了理智抽象以求道德规则纯粹性与超越性的特征。

孟子所谓"不忍人之心"的真实含义与"乍见孺子将入于井"的具体情境浑然不可分离。朱熹为了突出其超越性,就赋予了"不忍人之心"一个"宇宙论"的基础:"天地以生物为心,而所生之物因各得夫天地生物之心以为心,所以人皆有不忍人之心。"④脱离了具体行动情境的"不忍人之心",一方面避开偶然性因素而获得确定性,另一方面却蕴涵着从抽象跨入具体的困境。

---

① 朱熹:《四书章句集注》,第 282 页。

② [古希腊]柏拉图:《斐多》,杨绛译,辽宁人民出版社,1999 年,第 16 页。

③ 同上书,第 16—17 页。

④ 朱熹:《四书章句集注》,第 237 页。

在孟子看来,仁就是一种具体生存处境及其内在的生动选择,"孔子曰:'里仁为美,择不处仁,焉得智?'夫仁,天之尊爵也,人之安宅也。莫之御而不仁,是不智也"(《孟子·公孙丑上》)。朱熹为了突出仁自身的理性确定性,便引向超越而抽象的理解:"仁、义、礼、智,皆天所与之良贵。而仁者天地生物之心,得之最先,而兼统四者,所谓元者善之长也,故曰尊爵。在人则为本心全体之德,有天理自然之安,无人欲陷溺之危。人当常在其中,而不可须臾离者也,故曰安宅。"①相对于孟子模糊而具体的仁义之缺乏真实的普遍性而言,脱离具体存在之境的理智抽象物具有某种超越性,也由此而有其普遍有效性。但是,这种普遍有效性是纯形式意义的确定,就其实质而言,反而毫无实在性。

　　因为与具体情境浑然不可分,所以在孟子道德哲学中,作为普遍性之表达的是"规矩":"规矩,方员之至也;圣人,人伦之至也"(《孟子·离娄上》)。规矩本身是一种具体性器具,因为它以人的行事活动为基,所以规矩可以说是器具普遍性或具体普遍性。圣人也是因为其"行事"之切己而昭示每一个体的反求诸己,而不是圣人成为千篇一律的模子。但在朱熹的解释中,规矩成为方圆之理的载具,圣人成为人道的载具,由此湮没了具体性的规矩与圣人,只突出了超越而普遍的道或理:"规矩尽所以为方员之理,犹圣人尽所以为人之道。"②每一个体的具体生存活动,并非普遍性所能囊括,但朱熹为消解个体任性而追求普遍确定性的认知努力,走向了另一个极端,即消解了活生生的具体生存活动本身。

三、善的先天性及推扩困境

　　对孟子关于人性善的通常诠释,就是点出孟子强调人有先天或天生的

---

① 朱熹:《四书章句集注》,第 239 页。
② 同上书,第 277 页。

"四端之心",而此四心的实质内容都是道德上的善;因此,将天生或先天的善端在后天的实际人生活动中实现出来,就是人的善。这种理解,实质上是以理智抽象的先天之善,作为后天经验活动的规定性和标准。其间的难题在于:如何从先天精神性过渡为经验性现实活动?这里面无疑有一个理论上的鸿沟难以跨越。这种困境也就是朱熹以认知取向及其抽象普遍性诠释孟子哲学的困境。

实质上,基于具体行事活动而理解孟子道德哲学,其核心概念之性和善都具有"动词性意义",从而孟子哲学中的推扩问题就能得到自然而然的理解,即从现实性的展开与实现来理解。但朱熹理解性善,突出认知的超越性与普遍性,由此推扩就成为一个大问题,即其中蕴涵着一个先天之性、抽象之善到现实之性、具体之善的跨越鸿沟:抽象的普遍人性与抽象的普遍之理,如何具体而现实地实现在个体性现实行动之中?基于形体的现实存在与抽象的理世界之间,如何在实践之中彼此融合?换言之,具体现实之人在其切己行动中如何引用普遍原则又何以可能?

在心学系统中,"善"被理解为一种"动态"的东西。但在朱熹这里,"性"明显被理解为一种理智抽象物,相应地,"善"就成了一种形容词性质的东西。亦即,"善"被理解为理智抽象的超越精神实体(性)的性质。

如上所述,朱熹将"性"理化,指向超越之物,相应地,也就将"善"理解为超越物的性质:"性者,人所禀于天以生之理也,浑然至善,未尝有恶。"①"性即天理,未有不善也。"②"人有是性,则有是才,性既善则才亦善。人之为不善,乃物欲陷溺而然,非其才之罪也。"③"盖气质所禀虽有不善,而不害性之本善;性虽本善,而不可以无省察矫揉之功,学者所当深玩也。"④善作为抽象之天理的"性质",完全脱离于人的具体行事活动,但又要实现于人的具体行事活动之中。纯善无恶的天理或天理的纯善无恶,如何实现在具体行事活动之中?这是朱熹性善论,乃至一切抽象人性论理解中一个很大的困境。

①　朱熹:《四书章句集注》,第 251 页。
②　同上书,第 325 页。
③　同上书,第 328 页。
④　同上书,第 329 页。

对"湍水之辩",朱熹解释说:"此章言性本善,故顺之而无不善;本无恶,故反之而后为恶,非本无定体,而可以无不为也。"①表面上看,性本善,顺之而为善,很简单、容易的样子。但问题在于:为什么人不能顺性呢? 顺性与逆性的根据,不在那个被抽象为先天之善的性里,即活生生的现实生存活动本身并不囿限在抽象理智的先天性理世界之中。

实际上,关于推扩,《孟子·梁惠王上》有一个经典的讨论:

> 老吾老,以及人之老;幼吾幼,以及人之幼。天下可运于掌。《诗》云:"刑于寡妻,至于兄弟,以御于家邦。"言举斯心加诸彼而已。故推恩足以保四海,不推恩无以保妻子。古之人所以大过人者,无他焉,善推其所为而已矣。今恩足以及禽兽,而功不至于百姓者,独何与? 权,然后知轻重;度,然后知长短。物皆然,心为甚。王请度之!(《孟子·梁惠王上》)

齐宣王不忍见牛之觳觫而以羊易之,这个"以羊易牛"的行为本身究竟具有什么意义? 齐宣王只是舍不得杀牛,但何以舍得杀羊呢? 齐宣王本人不知道其中的道理,百姓只是见牛大而羊小,所以觉得齐宣王是吝啬。孟子却觉得齐宣王这不是吝啬,而是"仁心"或"不忍人之心"。孟子解释说:"是乃仁术也,见牛未见羊也。君子之于禽兽也,见其生,不忍见其死;闻其声,不忍食其肉。是以君子远庖厨也"(《孟子·梁惠王上》)。就根本义理而言,孟子的意思就是要引出一个仁心或不忍人之心的真实存在状态,即"仁心"或"不忍人之心"只有在"见在"——与他物共在的具体情境之中,才能自然而然地实现在他物身上。具体的共在情境,是"仁心"或"不忍人之心"的本体论前提。如此"见在"具有根本性的伦理性意义:"面对面始终保持为终极处境。"②

面对如此具体性情境,朱熹简单地抽象为:"王见牛之觳觫而不忍杀,即

---

① 朱熹:《四书章句集注》,第326页。

② 〔法〕伊曼纽尔·列维纳斯:《总体与无限:论外在性》,第57页。

所谓恻隐之心,仁之端也。扩而充之,则可以保四海矣。故孟子指而言之,欲王察识于此而扩充之也。"[1]将具体性情境抽象化为单一的精神规定性,这是普遍主义认知进路的基本手法之一。而在真正的道德生存论中,如此具体性情境是不能化约的。朱熹将"见在"的具体性情境化约为"单一的精神性之端",这在他解释孟子的四端之心时,将善理解为先天性的存在物(抽象的超越规定性)表现得更为明显:"端,绪也。因其情之发,而性之本然可得而见,犹有物在中而绪见于外也。"[2]"端"本来就是已有所萌发之状(是已然现实的存在状态),朱熹理解为"绪",也是可以的。但是,恻隐、羞恶、辞让、是非等被视为"绪",是"已发之情"或"情之已发",是现实性的"作用表现",朱熹由此逆推了一个"端绪"后面的本善之物。也就是说,孟子讨论人的善,是从人的萌芽生发状态开始,而朱熹从萌芽之现实生存状态,回溯逆推了一个"种子"作为善之本体。种子之善是一种从萌芽"逆推"而有的善,但种子之善被视为萌芽之善的本体。在此意义上,种子之善就是先天之善,朱熹即以此先天种子抽象之善取代孟子后天现实之善。

实际上,由于羊不"见在"而牛"见在",所以齐宣王就"以羊易牛"了。当孟子诘问"今恩足以及禽兽,而功不至于百姓者,独何与?",恰好突出的是齐宣王自身没有处在与百姓一体而在的具体性情境中。因此,所谓"善推其所为",明明是"推所为",而非推行其心。也就是说,"善推其所为",不是从内在或先天精神性推到外在或后天经验性,而是具体见在活动中的"由此及彼""由浅及深",是具体活动内容随具体性情境的变化而变化。在孟子,"能而不为"的道德困境恰好在于心离其境,即面对面而共存的具体性情境。朱熹不能看到孟子所说的"见在之境"对于道德行动的本质性意义,从而陷入了从内在精神规定性推扩到外在经验行动的动力难题。

朱熹对推扩问题总结说:"此章言人君当黜霸功,行王道。而王道之要,不过推其不忍之心,以行不忍之政而已。"[3]其解释明显就是"推心"而非"推

---

[1]　朱熹:《四书章句集注》,第208页。
[2]　同上书,第238页。
[3]　同上书,第212页。

行"。孟子说"举斯心加诸彼",不是孤立无内容的心,而是老吾老之心用于老人之老、幼吾幼之心用于幼人之幼,是亲亲之心行于众人以及邦国,即"善推其所为"。朱熹引杨氏之语,只是片面地突出"举斯心加诸彼",便把心视为抽象、超越于具体行事内容的存在物了。朱熹这个解释,以君王领悟其自身仁心为仁政之本,不但昧于孟子以性善作为现实政治之批判的意义,而且陷于政治上幼稚的道德理想主义而不自知,甚至引出荒谬之论:"盖杀牛既所不忍,衅钟又不可废。于此无以处之,则此心虽发而终不得施也。然见牛则此心已发而不可遏,未见羊则其理未形而无所妨。"①在此,如果未见羊杀羊无妨,那么,未见人杀人岂非也无妨?朱熹将人与禽兽的区别理解为抽象的理智规定,再将人自身理解为理智抽象的本质,在纯粹抽象的理智规定性世界里打转,如此简单的问题反而错谬百出。

《论语·学而》记载有若说:"孝悌也者,其为仁之本与!"明确以孝悌之行是"仁"之基础和内容,朱熹的解释强分"行仁之本"和"仁之本",这从孟子"一本"的立场来看,显然是错谬了。孟子将仁义理解为"事亲从兄"之具体行事活动,其意在于突出"善性发见,始于事亲,是之谓孝,而推之为百行"。②黄震之言,就注意到了孟子之性善论不是精神到行为的推扩,而是行为到行为的推扩。

对个体自身的道德生成以至其最终抵达的境界,孟子有一个经典表述:"可欲之谓善,有诸己之谓信。充实之谓美,充实而有光辉之谓大,大而化之之谓圣,圣而不可知之之谓神"(《孟子·尽心下》)。朱熹以"理"的普遍贯通性来消解这个内蕴丰富的过程:"天下之理,其善者必可欲,其恶者必可恶。其为人也,可欲而不可恶,则可谓善人矣。"并引尹氏的话说:"自可欲之善,至于圣而不可知之神,上下一理。"③以普遍之理在抽象理智世界的"融贯",来勾销先天之性善与现实经验生存活动之间的鸿沟,这是朱熹以认知进路理解孟子的逻辑终点。

---

① 朱熹:《四书章句集注》,第 208 页。

② 程树德:《论语集释》第一册,第 28 页。

③ 朱熹:《四书章句集注》,第 370—371 页。

四、认知在道德哲学中的相对独立性意义及局限

朱熹从认知角度理解孟子哲学之推扩的错失在于,使得具体道德行动产生巨大的困境。但是,在人的整体存在中,无论对于类还是个体,认知都具有极端重要性,乃至于在一定意义上说,认知本身的深刻程度决定着人(类与个体)存在的深度。朱熹基于强调知,引入"理"以诠释孟子哲学,有多重积极性意义。

最为醒目之处在于,朱熹突出认知方式、通过引入"理"诠释孟子,一方面使孟子的诸多重要概念得以清晰化、明确化,另一方面使得孟子哲学的模糊之处条理化、有序化。《孟子·尽心上》第一章有一段经典的表述:"尽其心者,知其性也。知其性,则知天矣。存其心,养其性,所以事天也。夭寿不贰,修身以俟之,所以立命也。"孟子之意有混沌模糊之处,易于走向神秘之途。朱熹解释说:"心者,人之神明,所以具众理而应万事者也。性则心之所具之理,而天又理之所从以出者也。人有是心,莫非全体,然不穷理,则有所蔽而无以尽乎此心之量。故能极其心之全体而无不尽者,必其能穷夫理而无不知者也。既知其理,则其所从出,亦不外是矣。以《大学》之序言之,知性则物格之谓,尽心则知至之谓也。""尽心知性而知天,所以造其理也;存心养性以事天,所以履其事也。不知其理,固不能履其事;然徒造其理而不履其事,则亦无以有诸己矣。知天而不以夭寿贰其心,智之尽也;事天而能修身以俟死,仁之至也。智有不尽,固不知所以为仁;然智而不仁,则亦将流荡不法,而不足以为智矣。"①可以看出:其一,朱熹以《大学》"格物致知"的认知顺序来诠释孟子的"尽心知性知天",使其更具清晰性与可理解性;其二,"尽心"的主体是心之自身,朱熹以"神明"(认识或明觉)为心之能力,区分于性或理,并将理的根源归之于天,在"心具理"与"理源自天"之间,进行了明确

---

①　朱熹:《四书章句集注》,第 349 页。

的界分(实质上就是对二者的认识论含义与本体论含义的划分),使心、性、天概念经过理的引入而获得条分缕析;其三,朱熹以知行关系来理解"尽心"章,并以知为先,行为后,"'尽心知性知天',此是致知;'存心养性事天',此是力行"。①"'尽其心者,知其性也。'所以能尽其心者,由先能知其性,知性则知天矣。知性知天,则能尽其心矣。不知性,不能以尽其心。'物格而后知至'"②;"知性,然后能尽心。先知,然后能尽;未有先尽而后方能知者,盖先知得,然后见得尽"。③这是以认知的明确性与清晰性来担保行动(践履)的确定性与真实性。通过引入"知",朱熹突出了道德生存展开的有序性与层次性。④

具体道德行动有序的展开,一方面有类的历史,另一方面有个体的时间性绵延,两者作为变化流迁,都要求着行动自身确定性内容的不断升华与凝结。孟子说:"权,然后知轻重;度,然后知长短。物皆然,心为甚。王请度之!"(《孟子·梁惠王上》)他本身是将权度之思与具体内容融为一体而言,

---

① 朱熹:《朱子语类》第四册,第1427页。

② 同上书,第1422页。

③ 同上书,第1423页。

④ 王夫之对朱熹以《大学》"格物致知"来解释尽心知性,有一个很大的肯定。他说:"朱子以'物格'言知性,语甚奇特,非实有得于中而洞然见性,不能作此语也。孟子曰'万物皆备于我矣',此孟子知性之验也。若不从此做去,则性更无从知。其或舍此而别求知焉,则只是胡乱推测卜度去,到山穷水尽时,更没下落,则只是以此神明为性。故释氏用尽九年面壁之功,也只守定此神明作主,反将天所与我之理看作虚妄。是所谓'放其心而不知求',不亦哀乎!"(王夫之:《船山全书》第六册,第1105页)王夫之认可朱熹将能灵明觉知的心与作为其本质的理相区别。单纯的灵明觉知或领悟,不能成为人的本质,人的本质是富有内容的;内容才是本质,心只能灵明觉知,灵明觉知总是有所觉知,其所觉知才是其内容;此所觉知就是理。如果抛掉具体内容,纯粹地把捉一个单纯的"灵明觉知"之心,保持一种毫无内容的"空灵之知",这就是以"作用"当作了"性"(人之本质)。同时,王夫之也有一个批评,认为心作为"神明"与"神明之舍",是朱熹自己也有没有搞清楚的:"新安意,以心既是神明,则不当复能具夫众理,唯其虚而为舍,故可具理。此与老子'当其无,有车、器之用'一种亿测无实之说同。夫神明者,岂实为一物,坚凝窒塞而不容理之得入者哉!以心与理相拟而言,则理又为实,心又为虚,故虽有体而自能涵理也。者个将作一物比拟不得。故不可与不知者言,须反求始得"(王夫之:《船山全书》第六册,第1104页)。王夫之的这个理解,指出心的神明(灵明觉知)与理,都不能当作"如有一物焉"之物。朱熹的混杂在于,灵明觉知(心)对于理的领悟,与身体对于物的感觉,在根底尚未完全分析清楚。

但对此也可以在"方法论"上相对抽象地理解为"凡物皆以心思之权度以得其性质,而心通过权度物之性质而实现其性质"。朱熹便于此进一步说"本然之权度",这就是一个普遍而共同的规定性。理智之思在此意义上具有的相对独立性便呈现出根本性的意义:"物之轻重长短,人所难齐,必以权度度之而后可见。若心之应物,则其轻重长短之难齐,而不可不度以本然之权度。"①物和事都是千变万化的,没有确定性可言,只有经过心思的权度然后才能得以确定。心思的权度,就要撇开事物自身的轻重长短和多样性与差异性,而把握其确定不移的尺度(本然之权度)。

心思的具体活动当然包含无法完全概念化、理性化、秩序化的纷繁复杂的内容(诸如情感、意志、体验、直觉、本能、欲望、潜意识、喜好、偏向等等),但是相对而言,"思"总是能够概括出与具体丰富性相区别的某些普遍性与共同性的东西。如此,心思就与明察相应。孟子说:"舜明于庶物,察于人伦,由仁义行,非行仁义也"(《孟子·离娄下》)。朱熹就直接将明察之"思",在认识论意义上引向对于理的把握:"明,则有以识其理也;察,则有以尽其理之详也。"②道德行动经过"思"之明察,注重对于确定不移之理的认识和把握,这是道德活动过程中的必经环节。

察识或认识人自身的本性,有一个从人自身的"既有过程"来推溯的认知过程。朱熹解释"天下之言性也,则故而已矣,故者以利为本"(《孟子·离娄下》)说:"性者,人物所得以生之理也。故者,其已然之迹,若所谓天下之故者也。利,犹顺也,语其自然之势也。言事物之理,虽若无形而难知;然其发见之已然,则必有迹而易见。故天下之言性者,但言其故而理自明,犹所谓善言天者必有验于人也。然其所谓故者,又必本其自然之势;如人之善、水之下,非有所矫揉造作而然者也。若人之为恶、水之在山,则非自然之故矣。"③"故"作为已然之迹,不单指个体自身已经存在过程的已然展开,而且指向类的历史展开。人对自身本质之性的认识,就基于个体与类的双重经

---

① 朱熹:《四书章句集注》,第210页。
② 同上书,第294页。
③ 同上书,第297页。

验之"故",由此进行理智的思考、探溯,抽象出确定之理。就道德认识论而言,朱熹基于类和个体的双重"生命经验"而认知"人性",如此获得的自觉性认识对于后续生存活动具有引导意义,这是人自身道德生存活动过程中认知相对独立性的表现。朱熹对于孟子作为道德之本体的"端",如上已述,有一个认知过程的回溯:"端,绪也。因其情之发,而性之本然可得而见,犹有物在中而绪见于外也。"①黄勇说:"它从观察人的两个经验事实开始:(1)人生而具有恻隐、羞恶、辞让、是非之心,它们在其他传统中可能有另外的叫法;(2)凡是人,无论他有多坏,都能成为有德之人;而动物无论表现得多么好,都不可能成为有德的动物。为了解释这两个经验事实,朱熹提出了儒家的人性形上学。"②这是朱熹对于孟子道德本体论的认识论理解,它无疑使笼罩在孟子道德本体论上的疑云散去不少。

　　人性基于成长过程的既有展开而被认识,这也意味着道德本身是一种成长。在一定意义上,道德与学问的展开过程是一个逐渐凝结恒定精神规定性的过程。朱熹如此解释孟子的"恒心":"恒心,人所常有之善心也。士尝学问,知义理,故虽无常产而有常心,民则不能然矣。"③求学问、知义理以获得心的独立性,这是道德性提升的基本步骤。如果依然陷于物质之欲的缠缚之中,则道德水准处于相对低下的状态。对以认知和思辨来立定主体的道德之心,朱熹予以其本体-宇宙论的根基:"天地以生物为心,而所生之物因各得夫天地生物之心以为心,所以人皆有不忍人之心也。"④道德总是处理人与人之间的关系,"不忍人之心"是对他人的同情(怵惕恻隐),单纯在一个孤立的道德个体那里,无法合理说明同情心何以牵涉他者的问题。而以天地整体的生物之心内化为个体之心,一方面为人与天地整体之间的合一奠定了本体论基础,另一方面也为人与人之间的道德关联奠定了本体论基础。"天地生物之心"的说法,是仁的内容的一个突出方面,这是道德本体论

---

① 朱熹:《四书章句集注》,第 238 页。

② 黄勇:《朱熹的形而上学:解释性的而非基础主义的》,《社会科学》2015 年第 1 期。

③ 朱熹:《四书章句集注》,第 211 页。

④ 同上书,第 237 页。

与宇宙本体论粘合融合的重要方面。①

　　道德行动的主体是心，心的实际展开是浑融整体，但理智地分析，则包括诸多可以相对分别的方面。孟子所谓"四端之心"，朱熹用了心、性、情三个彼此分别的概念来加以解释："恻隐、羞恶、辞让、是非，情也。仁、义、礼、智，性也。心，统性情者也。"②对一个具体的道德行动而言，情是所以能动者，性是所以能如此者，心则是二者的统一。"统"有统合与统帅的双重含义。在人充满情感/情绪的道德行动中，一方面分离出相对独立的性作为普遍确定性的因素，另一方面抽象出确定的道德规范或道德原则，这是认知在道德哲学中的重要表现。尤其重要的是作为能动主体的心之确立。这个确立不同于心学式的情感、认知、规范一体浑然不分，而是三者厘然相分的分别确立："白马白人不异，而长马长人不同，是乃所谓义也。义不在彼之长，而在我长之之心，则义之非外明矣。""长之耆之，皆出于心也。"③表面上看，朱熹强调义在心之明觉领悟中，与心学极为接近。实质上，正是在此，一般对心学与理学理解的错谬得以呈现。在王阳明那里，所谓内在，是内在于"必有事焉"的具体活动；所谓良知良能，并非孤立的抽象存在。朱熹在与认识对象、情感、规则相区别的意义上，突出心之独立的灵明觉知，这是纯粹认知主义的进路，也是其坚持"性即理"而非"心即理"的根源。

　　将心、性、理区别开来，相应地，确定一个与对象、情感和规范、原则相分别的认识主体之心，是朱熹理解孟子哲学的一个重要之点。在对"不动心"的解释中，朱熹引用程子的话说："心有主，则能不动矣。"④心之有主就是守理勿失："孟施舍虽似曾子，然其所守乃一身之气，又不如曾子之反身循理，所守尤得其要也。孟子之不动心，其原盖出于此。"⑤"不动心"作为一种境界，往往具有一些神秘体验的意味，朱熹以理来加以规定，无疑是其追求理性确定性的一贯之旨。将浑沦区别开来，以心、理、气相分，彼此在各具确定

---

① 　参见陈来《仁学本体论》，第 29—99 页。
② 　朱熹：《四书章句集注》，第 238 页。
③ 　同上书，第 327 页。
④ 　同上书，第 229 页。
⑤ 　同上书，第 230 页。

性的基础上,心对气依理而主宰之,性对理的依理而认识之,这是力图经过认知的条分缕析而获得道德确定性。在解释"义内"时,朱熹之条分缕析十分明显:"所敬之人虽在外,然知其当敬而行吾心之敬以敬之,则不在外也。"①敬的对象、敬的认知、敬之理(当敬之理),三者的厘然相别,使道德行动的内在构成清晰化。在道德上,这种良心的自我确定,尤其需要排除一般欲恶之情:"欲生恶死者,虽众人利害之常情;而欲恶有甚于生死者,乃秉彝义理之良心。"②"羞恶之本心,欲恶有甚于生死者,人皆有之也。"③将道德之心与一般欲恶之情区别开来,使之得以清晰化,这是朱熹以认知取向诠释孟子道德哲学的突出点。孟子在界定仁、义与人心之际,有些模糊不清之处,比如他说:"仁,人心也;义,人路也"(《孟子·告子上》)。朱熹的解释就清晰化了,使得作为道德主体的心与道德原则分别显露出来:"仁者心之德,程子所谓心如谷种,仁则其生之性,是也。然但谓之仁,则人不知其切于己,故反而名之曰人心,则可以见其为此身酬酢万变之主,而不可须臾失矣。义者行事之宜,谓之人路,则可以见其为出入往来必由之道,而不可须臾舍矣。"④仁是心之德、生之性或理,而不就是心,孟子说"仁为人心"是为了突出道德主体之心——强调仁义与心在道德践履中的切近相融。朱熹在解释孟子"大体与小体之分"时,引入心、物、理三者的区分,使得心作为道德主体而被真正建立起来:"心则能思,而以思为职。凡事物之来,心得其职,则得其理,而物不能蔽……此三者,皆天之所以与我者,而心为大。"⑤朱熹通过心与理(性)的分离,并以理作为心之灵明觉知的对象,在确立理的同时,也就确立了心本身。

心作为认知主体,其认知能力的一个突出之处是其能"反求自省"以获得自身确定性。孟子已在多处强调"反求诸己",但具体含义在孟子那里还是含混的,朱熹则明确将反求自省理解为,在理智自身之内精神自身确定自

---

① 朱熹:《四书章句集注》,第 327 页。
② 同上书,第 332 页。
③ 同上书,第 333 页。
④ 同上。
⑤ 同上书,第 335 页。

身:"人之性情,心之体用,本然全具,而各有条理如此。学者于此,反求默识而扩充之,则天之所与者,可以无不尽也。"①道德行动若依赖外在情境的多样性,便有其不确定性,如果反求默识而得其本然全具,则消除了外在情境的多样性影响,而在精神自身范围内获得了确定性(将自身的道德规定性视为天之所与的完满之物),如此也就使得行动可以保持其一贯规定性。而就人自身而言,也具有内在多样性,比如身心二者之不同以及由此滋生的多样性欲望和爱,这些也需要反省之"思"以确定不同欲望的轻重、善否之本质:"人于一身,固当兼养,然欲考其所养之善否者,惟在反之于身,以审其轻重而已矣。"②反求诸身的具体含义实质上就是获得关于理的认识。朱熹如此解释"万物皆备于我":"大则君臣父子,小则事物细微,其当然之理,无一不具于性分之内也","反诸身,而所备之理,皆如恶恶臭、好好色之实然","万物之理具于吾身,体之而实,则道在我而乐有余;行之以恕,则私不容而仁可得"。③以反求诸己为获得理的确定性,这是认知取向的要求。在此意义上,认知的相对独立性是心作为道德主体自我建立的本质性环节——正是在认知的相对独立性中,心经过自身并由自身确立了自身。

不过,朱熹将认知的相对独立意义夸大为绝对的独立意义。因此,他对孟子所反对的"自私用智之凿"作出了恰好相反的解释。孟子说:"所恶于智者,为其凿也。如智者若禹之行水也,则无恶于智矣。禹之行水也,行其所无事也。如智者亦行其所无事,则智亦大矣"(《孟子·离娄下》)。智之不凿的意思是智不能脱离人自身的具体行事活动去虚构一个理智世界,也就是"必有事焉而勿正"(《孟子·公孙丑上》),也就是"智之实,知斯二者,弗去是也"(《孟子·离娄上》)——所谓二者,就是"事亲从兄"之活生生的仁义活动。对此,朱熹却说:"事物之理,莫非自然。顺而循之,则为大智。若用小智而凿以自私,则害于性而反为不智。"④朱熹以理智对已然之故进行抽象而认识的"理"作为"性",强调的不是不能用此抽象的性-理引导、束缚具体行

① 朱熹:《四书章句集注》,第238页。
② 同上书,第334页。
③ 同上书,第350页。
④ 同上书,第297页。

事活动,而是说不能有害于这个抽象的性-理。这就将认识论上的相对独立性之物夸大为本体论上的绝对独立之物,并疏离了生命本身。

如上所说,孟子哲学中有所谓"扩充"之意,而其扩充是"知皆扩而充之",已经蕴涵着对知的强调——道德展开的扩充活动是一个自知自识的"自觉"过程。道德的生存或者说生存论的道德,是道德主体的自觉与道德教化相得益彰的统一体。就道德教化而言,教化所以可能的基础不能单单诉诸某种神秘的自我领悟,而必须诉诸历史典籍的阅读与基于语言的道理传教。基于语言的教化必具有某种确定性,如此,它才能由过去传承至现在,由现在传承至于将来。而且,就道德生存总是牵涉人-我之际或共在而言,也必有着超越于单纯个体的某种普遍性与确定性意义。如此,才能由他者或社会而传达至于我,由我而传达至于他者或社会。历史的维度与共在的维度,使道德生存在其根基上就必须具有认知的普遍性与确定性。当然,其问题在于,如此普遍性与确定性不能湮没、扼杀道德生存本身的个体深刻性与具体灵活性。

认知的确定性总是伴随着某种窄化,即认知确定性的代价在于它将被认知之物限制于此确定性之域①,从而抹杀了物的多样性与生成性。而且,经由认知赋予一个事物以确定性,也遮蔽了此物基于人之有所劳作于其上而有的整体性。②如此整体性蕴涵着存在的丰富可能性③;而一般的认知主义进路关注普遍确定性,就将一切理解为现成既有之物,而抹杀了存在的多样可能性。在一定意义上,朱熹对认知普遍性的关注,严重削弱了存在的丰富可能性并碍阻了个体多样性。而且,就道德哲学的根底而言,纯粹概念的理性思辨并无绝对独立性,而总是与践履行动或修行以及内在的领悟与体验浑然一体④;而朱

---

① 关于认知确定性对于物之显现的窄化,可以参见 Martin Heidegger, *Being and Time*, pp. 196—197。

② 从 ready-to-hand 的整体性到 present-at-hand 的遮蔽,可参见 Martin Heidegger, *Being and Time*, pp.200—201。

③ Martin Heidegger, *Being and Time*, p.203.

④ 卢国龙认为抽象理性思维与修养体验的相涵关系主要是道家特色,参见卢国龙《宋儒微言:多元政治学的批判与重建》,华夏出版社,2001 年,第 156—157 页。

熹对孟子哲学的诠释较为突出地彰显了理性思辨的纯粹性与独立性,他对于心作为主体的确立,无疑以理智的冷酷剖分了人自身的整体性存在。"'我'这个字只能被理解为一种非实质性的形式符号(a non-committal formal indicator),标示在存在的特定现象性情境中,某物能揭示自身为其相反之物。如此情形,决不是说'非-我'(not-I)等于根本上丧失'我-性'(I-hood)的一个实体,而毋宁是存在的确定样式,在此样式中,'我'自身拥有着对自身的丧失。"①在生存论视野中,我以与自身相反对、自我丧失自身的方式绽露自身,这并没有某种知性的确定基础。"人的'实体'不是作为灵魂(soul)与肉体(body)之合成的精神(spirit),而毋宁是生存(existence)。"②在此意义上,用认知方式条分缕析的人,并非一个存在着的存在者,或存在者的存在活动,而仅仅是一些符号(尽管它们具有一些确定的含义)。但是,对于人之本质及其善的理解,如果最后不再回置于具体个体的活生生的生存活动,那么,相对独立与确定的普遍规定性就会走向人自身存在的反面。

　　朱熹对孟子道德哲学的诠释,忽略了一个根本的存在论实情,即人之先行存在与先行理解的源初浑一:"我们总处于对存在的某种领会中展开自身的活动。由此领会,产生出对存在之意义的明确追问和引领我们朝向存在之概念的倾向。"③作为道德主体的人,不能简单还原为逻辑抽象的生物性存在(气)与精神性存在(理)的"牵合",真正的起点,是人的有着觉悟的活动或活动着的觉悟,即觉悟与活动二者源初非反思性的浑融为一。因此,由认知的相对独立性而达致道德法则的普遍确定性,尽管有着克服随意性与主观性的积极意义,但同时具有走向忽视具体生存本身的超越主义危险。在朱熹哲学的后续衍化中,如戴震所批评的那样,生存本身并未被真正地实现。生命需要理智的反思,但首先是我们内在于生命本身:"有生命之物事实上

---

① Martin Heidegger, *Being and Time*, pp.151—152.中文译文可参见[德]马丁·海德格尔《存在与时间》(修订版),陈嘉映、王庆节译,生活·读书·新知三联书店,2000 年,第 134—135 页。

② Martin Heidegger, *Being and Time*, p.153.中文译文可参见[德]马丁·海德格尔《存在与时间》(修订版),第 136 页。

③ Martin Heidegger, *Being and Time*, p.25.中文译文可参见[德]马丁·海德格尔《存在与时间》(修订版),第 7 页。

绝不可能被对象意识、被企图探究现象法则的理智努力真正认识。有生命之物不是那种我们可以从外界达到对其生命性理解的东西。把握生命性的唯一方式其实在于我们内在于它。"①让生命存在于其自身而得以展开,这成为超越并克服朱熹的孟子哲学诠释的一个基本方面。

在此意义上,朱熹似乎呈现为另一种意义上的告子之学,而非孟子之学。内在于孟子哲学中神秘的自雄自圣倾向,在朱熹的理性思考中被消解;孟子哲学的模糊与游移,在朱熹的认知与抽象中得到普遍性与确定性。但是,在朱熹的诠释中,具体而真实的存在又被湮没在超越之物中。就此而言,生命的真实存在与生命的普遍本质之间的合理而恰切的关联,经由分析朱熹对孟子的诠释,显示出其未完成性。生命的真实存在及其本质,尚有待基于新的历史实践基础上的新的哲思之展开。

---

① ［德］汉斯-格奥尔格·加达默尔:《真理与方法:哲学诠释学的基本特征》上卷,第 325 页。

第七章 致良知与性善

——王阳明《传习录》对孟子道德哲学的深化(上)

孟子是心学的发端,王阳明是心学的完成。从王阳明看孟子,是一个自然的思考进路。孟子哲学有许多重要概念与论述,王阳明尽管没有专事《孟子》文本的注释,但以《传习录》的问答来看,有不少论述是直接回应孟子哲学的。孟子哲学中的主题,在一定意义上是良知论与性善论。理解孟子的良知论与性善论,有许多进路,如生物主义的(所谓先天性善说)、心理主义的(所谓向善论)、抽象本体论的(所谓超越的精神实体之善)。这些说法虽各有某些合理性,但似乎都没有切中孟子论善的基础性之点,即"必有事焉"之说。王阳明哲学的主旨是"致良知",他认为"致良知"就是孟子的"必有事焉"。奠基于"必有事焉"的"具体行事",王阳明区分"说性"和"见性",对"生之谓性"做出心学立场的肯定性解释,并以心之至善涵盖性之善恶,深化孟子哲学中的良知论与性善论。

一、具体行事活动是道德生存之基:"致良知"即"必有事焉"

孟子的良知论与性善论,由于《孟子》文本与现时代的时间间距,我们很难窥其"文本原义"。无论生物主义的天生性善说、心理主义的向善说，还是抽象理智思辨的超越的精神实体说，我们都可以粗略地划归为"性善"和"心善"两种进路（现代新儒家有个共识，所谓孟子的性善说，是"即心言性"①）。而这两种进路，往往与"天"联系在一起，或者解释为本体论上的实体性或精神性之天，或者解释为生物学意义上的本能性之天。简言之，注重心、性、天三者的关系来理解良知论和性善论。②但是，人们通常都忽略了《孟子》中行或事（或连在一起说行事）的基础性与重要性。在《孟子》中，行事的基础性体现在两个论述之中。孟子说："必有事焉而勿正，心勿忘，勿助长也"（《孟子·公孙丑上》）。"正"依焦循解为"止"。孟子对"事"的理解有两个要点：一是事情不间断或不止歇地展开是事之为事的要义，它表明道德生存活动本身的绵延不止；二是在心之觉悟与事情的展开二者关系上，一方面反对没有心之觉悟的冥行妄作，另一方面反对脱离事情的空想虚言。另一个论述是学生万章问尧如何将天下禅让于舜，孟子强调："示之行与事而已"（《孟子·万章上》）。人的道德性生存就是其行动或做事。行事是人之道德生存的根源性实情，是理解孟子性善论的基础。这点往往为论者所忽略。王阳明很自觉地将自己的为学主旨"致良知"与孟子的"必有事焉"联系在一起，从而豁显出"行事"是理解心学良知概念的真正基础。就致良知与"必有事焉"的一致性，《传习录》中有几处集中的讨论。在王阳明看来，人活着或为

---

① 比如唐君毅《中国哲学原论·原性篇》，第 13—21 页；徐复观《中国人性论史·先秦篇》第六章，第 139—172 页。

② 将良知理解为先验精神实体的典型的进路，主要基于两个基本的文本：一是《孟子》说"不学而能之良能"和"不学而知之良知"（《孟子·尽心上》）；二是仁义礼智之四心"非由外铄我也，我固有之也"（《孟子·告子上》）。究实而言，前一句话的理解，没有看到后面的互文解释，说的是"孩提知爱"与"长大知敬"，孩提之童的既有生命存在是知爱的前提性条件。而四端之心，比如恻隐之心的显现，以他人在具体情境中的某种具体处境之发生为前提性条件——因为他人并不能由"我"的同情所构造。实质上，四端之心作为有所萌发而不充分的源初状态，作为具有具体而真实内容的精神性因素，其显现都是以行事的先行展开为前提的。从孩提爱亲之实际，以及同情之现实，用抽象的理智去反思其何以可能，就会脱离了具体行事而自私用智，虚构一个精神性的本体作为现实生存活动的根据。如果植根于现实道德生存活动或具体行事活动的时间性展开，良知作为经验性生成物，它逐渐在人的生命活动中获得本体性意义。

学,小到每一天,大到从少至老的一生,只有一件事可做,即"必有事焉":"凡人为学,终身只为这一事。自少至老,自朝至暮,不论有事无事,只是做得这一件,所谓'必有事焉'者也。若说'宁不了事,不可不加培养',却是尚为两事也。'必有事焉而勿忘勿助',事物之来,但尽吾心之良知以应之,所谓'忠恕违道不远'矣。"①终身只有"必有事焉"一事,即一生行事不断,良知之觉悟就是行事之觉悟,不能将良知之觉与具体行事之展开分裂成为两事。王阳明认为,孟子所谓必有事焉就是"即事集义",而集义即是致良知。致良知与即事集义,其本意完全相同,就是让心得具体行、止、生、死之事之宜,不能离事而求心,离事求心就是内外分为两事。有些学习者往往觉得世事纷扰乱心,想摈除事情干扰去枯守孤寂之心,这不是心学的良知,而是告子的隔离气与言(脱离物与事)的心:

> 孟子言"必有事焉",则君子之学,终身只是"集义"一事。义者,宜也,心得其宜之谓义。能致良知,则心得其宜矣,故"集义"亦只是致良知。君子之酬酢万变,当行则行,当止则止,当生则生,当死则死,斟酌调停,无非是致其良知,以求自慊而已。故"君子素其位而行","思不出其位"。凡谋其力之所不及,而强其知之所不能者,皆不得为致良知;而凡"劳其筋骨,饿其体肤,空乏其身,行拂乱其所为,动心忍性,增益其所不能"者,皆所以致其良知也。若云"宁不了事,不可不加培养"者,亦是先有功利之心,较计成败利钝而爱憎取舍于其间,是以将了事自作一事,而培养又别作一事,此便有是内、非外之意,便是自私用智,便是"义外",便有"不得于心勿求于气"之病,便不是致良知以求自慊之功矣。②

如果扭曲了孟子的"必有事焉",将孟子所谓"勿忘勿助"理解为在具体行事之外对于孤零之心的某种修养工夫,就陷入了告子的思路。告子的问题,就是脱离人的具体现实生命(具体行事活动)而孤守一个无所相与之心。

---

① 王阳明:《王阳明全集》,第 59 页。
② 同上书,第 73 页。

针对有的学生将"勿忘勿助"当成脱离具体行事的克制意念工夫,王阳明对良知与具体行事的浑融一体,有着特别的强调说明:

近岁来山中讲学者,往往多说"勿忘勿助"工夫甚难。问之则云:"才着意便是助,才不着意便是忘,所以甚难。"区区因问之云:"忘是忘个什么? 助是助个什么?"其人默然无对。始请问。区区因与说我此间讲学,却只说个"必有事焉",不说"勿忘勿助"。"必有事焉"者,只是时时去"集义"。若时时去用"必有事"的工夫,而或有时间断,此便是忘了,即须"勿忘";时时去用"必有事"的工夫,而或有时欲速求效,此便是助了,即须"勿助"。其工夫全在"必有事焉"上用,"勿忘勿助",只就其间提撕警觉而已。若是工夫原不间断,即不须更说"勿忘";原不欲速求效,即不须更说"勿助"。此其工夫何等明白简易! 何等洒脱自在! 今却不去"必有事"上用工,而乃悬空守着一个"勿忘勿助",此正如烧锅煮饭,锅内不曾渍水下米,而乃专去添柴放火,不知毕竟煮出个什么物来! 吾恐火候未及调停,而锅已先破裂矣。近日一种专在"勿忘勿助"上用工者,其病正是如此。终日悬空去做个"勿忘",又悬空去做个"勿助",济济荡荡,全无实落下手处,究竟工夫只做得个沉空守寂,学成一个痴騃汉,才遇些子事来,即便牵滞纷扰,不复能经纶宰制。此皆有志之士,而乃使之劳苦缠缚,担阁一生,皆由学术误人之故,甚可悯矣! 夫"必有事焉"只是"集义","集义"只是"致良知"。说"集义"则一时未见头脑,说"致良知"即当下便有实地步可用功,故区区专说"致良知"。随时就事上致其良知,便是"格物";着实去致良知,便是"诚意";着实致其良知,而无一毫意必固我,便是"正心"。着实致良知,则自无忘之病;无一毫意必固我,则自无助之病。故说"格、致、诚、正",则不必更说个"忘、助"。孟子说"忘、助",亦就告子得病处立方。告子强制其心,是"助"的病痛,故孟子专说助长之害。告子助长,亦是他以义为外,不知就自心上"集义",在"必有事焉"上用功,是以如此。若时时刻刻就自心上"集义",则良知之体洞然明白,自然是是非非纤毫莫遁,又焉有"不得于言,勿求于心;不得于心,勿求于气"之弊乎? 孟子"集义""养气"之说,固大

有助于后学,然亦是因病立方,说得大段,不若《大学》"格、致、诚、正"之
功,尤极精一简易,为彻上彻下,万世无弊者也。①

　　在孟子看来,必有事焉而勿忘,其反面是"舍而不耘";必有事焉而勿助
长,其反面则是"拔苗助长"。所谓舍而不耘,就是抛开切己的具体行事不管
不顾或否定具体行事,在行事之外去孤守一个孤另之心(良知);所谓拔苗助
长,就是在切己之具体行事未能充分展开之际,而用理智超越当下行事的实
际,抽象杜撰一个心灵实体(良知)。在王阳明看来,人的一生,就是行事的
不断绵延或连续性行事。生存的真实内容就是不间断的行动或行事,换言
之,人的一生就是"必有事焉"。在此意义上,良知内在于事情的展开之中,
事情的展开具有某种本体论意义。所以,事情先行展开,良知因事之不绝如
缕的展开而得。事情展开就是人的具体行事活动。脱离具体事情的展开而
求"勿忘勿助",恰恰就是自私用智,陷于空守抽象的精神实体。所以,王阳
明特别强调"必有事焉"只是人生唯一之事。所谓"勿忘"是心不能忘却自己
根据于行事、内在于行事;所谓"勿助"是心不能脱离行事,虚构超越的精神
实体凌驾于行事之上。"必有事焉"展开为一个人生过程,在事与事的相续
流程中,心提撕自身,持守自身对于事情的明觉,这突出体现为心在事情变
化的具体多样性中而求其宜(即事之义)。必有事焉而觉其绵延,就是"即事
集义",即事集义就是致良知。致良知就是格物,格物无分于动静,所以不能
脱离事情而"勿忘勿助"。王阳明说:"格物无间于动静,静亦物也。孟子谓
'必有事焉',是动静皆有事。"②

　　心自然无分于动静,王阳明"动静皆有事"的说法值得注意。《传习录》
有个记载说:

　　　　爱问:"'知止而后有定',朱子以为'事事物物皆有定理',似与先生
　　之说相戾。"先生曰:"于事事物物上求至善,却是义外也。至善是心之

────────────

①　王阳明:《王阳明全集》,第82—84页。

②　同上书,第25页。

本体，只是'明明德'到'至精至一'处便是。然亦未尝离却事物，本注所谓'尽乎天理之极，而无一毫人欲之私'者得之。"①

　　在王阳明看来，朱熹于事物求理、离心而求理，是与告子一样的"义外"之说。徐爱以为王阳明反对于事物求理，就是转而于心求理，或者简单说为"心即理"。王阳明虽则突出"至善是心之本体"，只要其昭昭明明就好，但同时强调，突出至善本体之昭明灵觉可以理解为心外无物，"未尝离却事物"又是物外无心。论者大多能领会前者，但往往昧于后者。有人以为王阳明所谓心是一个脱离一切物、一切事的先天本体或先验实体。王阳明自己并不这样认为，而是强调"本心日用事为间""实地用功"②，否定物外之心、事外之心，这是必须引起注意的："'专求本心，遂遗物理'，此盖失其本心者也。夫物理不外于吾心，外吾心而求物理，无物理矣；遗物理而求吾心，吾心又何物邪？"③不能在物理之外求吾心，这是一个阳明心学在心物（事）关系上容易被忽略的告诫。

　　必有事焉而集其义，就是"即事致良知"。《传习录下》记载了一个"即事致良知"的实例：有一官员对王阳明格物致知之说很受用，但表示他的簿书讼狱的工作，与致知之说不相干："此学甚好，只是簿书讼狱，不得为学。"王阳明回应说："我何尝教尔离了簿书讼狱，悬空去讲学？尔既有官司之事，便从官司的事上为学，才是真格物……簿书讼狱之间，无非实学；若离了事物为学，却是着空。"④致知的关键就是为学不能离却事物，要在事上明白；致良知而养其心，而"吾儒养心，未尝离却事物"。⑤

　　不离物而养心，不离事而致知，这就是良知与行事的统一，或说心事合一。

------

① 王阳明：《王阳明全集》，第 2 页。
② 同上书，第 41 页。
③ 同上书，第 42 页。
④ 同上书，第 94—95 页。
⑤ 同上书，第 106 页。

一友问:"功夫欲得此知时时接续,一切应感处反觉照管不及。若去事上周旋,又觉不见了。如何则可?"先生曰:"此只认良知未真,尚有内外之间。我这里功夫,不由人急心认得。良知头脑,是当去朴实用功,自会透彻。到此处便是内外两忘,又何心事不合一?"①

友人说出了一般人为学的困境:想要时时葆有纯粹之心的光明,但往往为世俗琐屑之事中断了。但在王阳明看来,这个心之明觉与事情的悖论恰好颠倒了一个实情:不是事扰了心,而是心离了事而自扰(失去内容的心根本不是真实的心,也就无以自持自守而扰)。所以,王阳明强调心事合一而朴实用功。所谓心事合一,如果用康德式的语言来说,可以如此表达:事无良知是盲的,良知无事是空的。事是良知觉悟之内容,良知是事情展开之明觉与主宰。

心事合一,就是切己的具体行事。在具体行事活动展开中,一方面是即事集义或即事致良知,另一方面是致良知而必有其事。《大学问》对《大学》八纲领的诠释,王阳明强调说:"盖身、心、意、知、物者,是其工夫所用之条理,虽亦各有其所,而其实只是一物。格、致、诚、正、修者,是其条理所用之工夫,虽亦皆有其名,而其实只是一事……欲致其良知,亦岂影响恍惚而悬空无实之谓乎? 是必实有其事矣。"②身、心、意、知、物所以只是一物,格、致、诚、正、修所以只是一事,是因为良知与行事融一,致良知必实有其事。必实有其事的致良知,就是使得具体行事活动展开而得其理、让事情有序绵延,而非抽取一个脱离具体行事的良知实体来把玩。王阳明明确说:"人须在事上磨,方立得住。"③离了事,人则立不住。就道德生存论而言,强调致良知实有其事,这无疑是在消解单纯的"理念世界",而突出道德生存即是活生生的具体行事活动本身。

基于必有事焉与致良知的一致性,阳明心学中极为重要的"知行合一",其实就与心事合一具有同样的生存论内涵:道德生存的实情是良知觉悟与

①　王阳明:《王阳明全集》,第 105 页。

②　同上书,第 971—972 页。

③　同上书,第 12 页。

切己践行的融合统一。没有良知之觉悟的行动是冥行妄作,没有切己之行动的良知觉悟则是揣摩影响、私意小智。①由此而言,王阳明心学突出之点在于,他强调致良知就是必有事焉,在心事合一、理事不离的意义上深入发展了孟子的良知或本心概念。

二、"说性"与"见性"之分:"生之谓性"之真义的厘定

王阳明以"必有事焉"诠释致良知,将孟子道德哲学的真正"基石"更加豁显出来。以此为基础,对于人之"性",王阳明基本延续了程颢的观点并有一些新的讨论。

王阳明首先有个"说性"与"见性"的区分:"今之论性者,纷纷异同,皆是说性,非见性也。见性者无异同之可言矣。"②"论"性,不能只是停留在"口说"上。在王阳明看来,性之不同不是性本身不同,而是对性的各种言说之不同。"说性"没有切中性的实情。"见性"与"说性"不同,就"见性"而言,性无所谓异同——异同都是口说之纷纷,"见性"则不是口说,故无所谓异同。

就"说性"而言,程颢顺着《礼记》的话强调:"人生而静以上不容说,才说性,便已不是性。"③所"说"之性,作为概念之所指,往往因为理智抽象而悬设为脱离切实践行的先天之物,所以在程颢看来,它就不是真的人之性了。但朱熹认为:"'生而静以上',便只是理,不容说;'才说性时',便只说得气质,不是理也。"④

---

① 王阳明:《王阳明全集》,第 4 页。就"致良知"而言,致作为动的绽露,先于良知之获得。当然,致的功夫活动与良知之达成,二者具有更为复杂的内在关联(参见杨国荣《心学之思:王阳明哲学的阐释》,生活·读书·新知三联书店,1997 年,第 163—185 页)。

② 王阳明:《王阳明全集》,第 122 页。

③ 程颢、程颐:《二程遗书》,上海古籍出版社,2000 年,第 61 页。

④ 朱熹:《朱子语类》第六册,第 2431 页。《传习录》原文说:"晦庵答云:'不容说者,未有性之可言。不是性者,已不能无气质之杂矣。'"陈荣捷认为,周道通只是略述朱子之意。见陈荣捷《王阳明〈传习录〉详注集评》,第 124 页。

朱熹将天地之性视为本原之性，视为理，而视现实之性为理气混杂之物，所以认为能够言说的现实之性已不是本原之性。朱熹的说法里面显然有一个纠结的悖论：没有现实人生，无性可言，那就意味着对本原之性的消解；而现实人性又是理气杂合之物，不是理想之性，不纯而又要设定一个理作为本原之性，这又消解了现实人性。在一定意义上，朱熹理学区分性与气为二，在理解人性问题时实际上有着难以克服的障碍。心学立场的程颢和王阳明一般不区分性与气，所以王阳明说："'生之谓性'，'生'字即是'气'字，犹言气即是性也。气即是性，人生而静以上不容说，才说气即是性，即已落在一边，不是性之本原矣。孟子性善，是从本原上说。然性善之端须在气上始见得，若无气亦无可见矣。恻隐、羞恶、辞让、是非即是气，程子谓'论性不论气不备，论气不论性不明'，亦是为学者各认一边，只得如此说。若见得自性明白时，气即是性，性即是气，原无性气之可分也。"①对"生之谓性"的理解，如果落在"说性"上，就会简单地以生物性的气质之性为性。如下文将要讨论的，生之谓性，是"见性"，非"说性"。这里，王阳明认为，性气相分，只是"如此说"，而"见得自性"，则性气不分。简言之，"说性"则性气二分，"见性"则性气不分。孟子言性善，是从本原上"说"性，而善之端则是在"气"上才开始"见"得。这可以说为，性在气中，气动而"见"性。致良知，就是气之动与明觉的统一，就是"见"之所以为"见"的真义。

　　因此，就孟子与告子"生之谓性"的争论，王阳明立足于性气不分来理解。对此争论历来有不同的解释。在心学系统中，从程颢、陆九渊到王阳明以及黄宗羲，都以为"生之谓性"不可否定，甚至王夫之也认可"生之谓性"说）。《传习录下》有个对话：

　　　　问："'生之谓性'，告子亦说得是，孟子如何非之？"先生曰："固是性，但告子认得一边去了，不晓得头脑。若晓得头脑，如此说亦是。孟子亦曰'形色，天性也'，这也是指气说。"又曰："凡人信口说，任意行，皆

---

　　① 王阳明：《王阳明全集》，第61页。

说此是依我心性出来,此是所谓生之谓性。然却要有过差。若晓得头脑,依吾良知上说出来,行将去,便自是停当。然良知亦只是这口说,这身行,岂能外得气,别有个去行去说? 故曰'论性不论气不备,论气不论性不明'。气亦性也,性亦气也,但须认得头脑是当。"①

就心学系统而言,王阳明此处所说,已经完全将孟子与告子"生之谓性"争论的究竟意味绽露出来了。在王阳明看来,孟子并不反对"生之谓性",而是孟子的"生之谓性"与告子的"生之谓性"不是一个含义。告子"认得一边去了,不晓得头脑",而孟子则"不偏而有头脑"。什么是偏或不偏? 什么有头脑呢? 朱熹以性为理,以生为气,将性与生、理与气二分,说:"性者,人之所得于天之理也;生者,人之所得于天之气也。性,形而上者也;气,形而下者也。人物之生,莫不有是性,亦莫不有是气。然以气言之,则知觉运动,人与物若不异也;以理言之,则仁义礼智之禀,岂物之所得而全哉? 此人之性所以无不善,而为万物之灵也。告子不知性之为理,而以所谓气者当之,是以杞柳湍水之喻,食色无善无不善之说,纵横缪戾,纷纭舛错,而此章之误乃其本根。所以然者,盖徒知知觉运动之蠢然者,人与物同;而不知仁义礼智之粹然者,人与物异也。孟子以是折之,其义精矣。"②朱熹关于"生之谓性"的理解,尽管另添一个理本体,但实质上与告子完全一致,即认为"生"作为气是人与一般动物相同的。朱熹这个理解,与告子一样就是偏,就是没头脑。"生之谓性",首要的是不能脱离生之实情(现实之生命活动)而"说"性,须就存在之活生生的当机绽放而"见"性。就不同生命的现实绽放而言,狗之生命活动不同于牛之生命活动,狗、牛之生命活动不同于人之生命活动。人伸出自己的右手,与狗抬起其前腿能是一样的么? 朱熹从理智抽象的精神本体(理)与物质本体(气)来诠释人性,已经悖于"人生而静以上不容说"之论了。王阳明则强调,在"口说、心行与气"一体之当下鲜活的展开中,良知为主其中——这才是"生之谓性"的真意,才是"见性"而非"说性"的真正

---

① 　王阳明:《王阳明全集》,第 100—101 页。

② 　朱熹:《四书章句集注》,第 326 页。

起点。不是某种抽象的理智规定性,而是良知与身体和气一体具体而生动的活的绽放,才是人之性的真正源起。就此而言,王阳明以见性和说性的区分,将"生之谓性"理解为性气一体的源初绽放,理解为心、身、物在具体行事活动的浑融一体的绽露,对"生之谓性"基于心学立场的肯定解释,深化了孟子的人性观。

从"说性"角度对于"性"的理解,往往有颠倒:现实本来是理解人性(甚至生成人性)的基础,但理智往往扭曲地从自身抽象出一个先天本性或实体,作为理解现实的基础。对心学的理解,如果没有把握到人的"存在的真正开始",就会弄错。比如《中庸》有所谓"天命之谓性,率性之谓道,修道之谓教",如果不立足于一个活生生的具体存在活动,就会在天命、性、道、教之间安立不可跨域的"鸿沟"——在"性"上立个超越"性"的天,将"性"作为天所给定的不变的普遍规定性,现实生存之道反而是依据不变的本性,教化或教育就是对顺乎本性的现实生存之道的"粉饰"。但是,在王阳明的理解中天命与性、道、教并没有鸿沟,他认为命、性、道、教就是一个东西:"'天命之谓性',命即是性;'率性之谓道',性即是道;'修道之谓教',道即是教。"①对于道即教,学生不能无疑,王阳明强调说:"道即是良知。良知原是完完全全,是的还他是,非的还他非,是非之依着他,更无有不是处。这良知还是你的明师。"②良知是明师,命、性、道、教都是在良知之明师的"照明"下而有的。不过,值得注意的是,王阳明特别提出"道即是良知",其间有深意。如前所说,"致良知"首先是"致"之活动,致而有良知,不致则无良知;修道,即道需修,修而有道,无修则无道。良知即道,实质意义就是致良知即是修道,修道即是致良知。由此,王阳明坚持理解人性的心学立场,脱离主体性生存展开过程的任何理智抽象物,不是真正的性;如果撇开王阳明对良知的先天预设,这也显露出一个道德生存论的基本见识:切己展开的自觉自主的道德行动造就人之规定性。(现实的生存过程具有实践优先性,它不是某种先天本质的实现,相反,它生成属于自己的规定性——"我性"。不过,如此意蕴,有

---

① 王阳明:《王阳明全集》,第 105 页。
② 同上。

时为王阳明那种超悟眼光对先天本体的关注所湮没。)

　　如果脱离了修道或"致之"的活动(而修道或"致之"的活动总是与事物的经验性交互作用),那么,就会将人的规定性理解为脱离事物的、某种先天而内在的规定性,并将人的现实属性看作由外物引发的外在之物,而有性内物外的区别:"告子病源从'性无善无不善'上见来。性无善无不善,虽如此说,亦无大差。但告子执定看了,便有个无善无不善的性在内。有善有恶又在物感上看,便有个物在外。却做两边看了,便会差。无善无不善,性原是如此,悟得及时,只此一句便尽了,更无有内外之间。告子见一个性在内,见一个物在外,便见他于性有未透彻处。"①善恶下文再论,在此,突出之点是王阳明强调,如果认为"性内"而"物外",将性与物分为两厥,就是对"性"的理解"有未透彻处"。告子病源在裂性与物为二,那么,真实的"性"就是"性"与"物"一体。程颢已有"性无内外"之说,王阳明用"性物一体"来加以说明。而"心"与"性"又是一个东西:"心也,性也,天也,一也。"②所以,性物一体,也就是心事一体或心物合一。作为不病的"源初状态",心物合一或心事一体,意味着理解人自身存在真正起点的一个切入处:当下的活泼的绽放(作为觉悟与行动的统一体)才是人道德性生存的真正开启。

　　如此"见性"意义上的人性理解,与前文"致良知"即是"必有事焉"具有一致性。以动的绽放作为"见性"之源起,肯定心学立场的"生之谓性"的真义,王阳明深化了孟子道德哲学的人性观。

三、性善论的推进:善恶之相对与至善的彰显

　　善恶问题,是道德哲学的基本问题。人性善,是孟子哲学的主题之一,

---

① 　王阳明:《王阳明全集》,第107页。
② 　同上书,第86页。

王阳明也说"人性皆善"。①孟子所谓人性善,虽强调了其流动而展开的一面,但他以良知良能和四端之心来阐明善的意蕴,还存在很多模糊之处,使得对善进行抽象的理智理解成为可能(将善视为先天精神实体的普遍超验性质)。王阳明心学对于善的讨论,使性善论中蕴涵的力动性更鲜明地展示出来。对王阳明而言,如上对"致良知"与"必有事焉"一致性的讨论及"生之谓性"真义的阐释,给出了一个理解性善论的基石,即良知觉悟与具体行事活动的浑融一体或心物性气一体的源初(此所谓源初并非物理时间,而是生存论时间,突出的是可以不断重新开始的原始生存论实情)绽放。所谓性善,不从这个起点出发,就容易陷入自私用智的抽象主义谬误,即将性善理解为某种具有完满属性的先天实体的经验性实现。人性之善的真义完全不是这样,而是从让良知与身体和气当下一滚地具体生动的绽放及其展开与绵延中,持守着良知觉悟与此绽放活动的浑融一体。

以"自为目的"为视角②,所谓肯定与否定有两个基本的方面:一是源初活生生的当机绽放,二是绽放的展开及其在展开过程中的前后相续。肯定的基本意义就是后续对于前行的升进;否定则是后续对于前行的倒退。源初绽放是良知与具体行事活动的统一或心物/性物活生生的一体,因此,展开的基本状态及其性质,就由这一统一体良知之觉悟与不间断的必有事焉(具体行事活动)的关系来加以确定。孟子认为,从"必有事焉而勿忘勿助"的道德生存活动展开,舍而不耘或拔苗助长其实都是一个病症,即"失其本心"。③如上所说,所谓"失其本心",其实质的内容不是说作为先天实体的心没有在经验性行事活动中展现出来,而是指心与事、觉与行丧失了其源初的一体。王阳明坚持并发展了这一立场。《传习录上》有个记载说,"或曰:'人

---

　　① 王阳明:《王阳明全集》,第 23 页。

　　② 亚里士多德在展开伦理学讨论的一开始,就认为人的实践基于选择以善为目的,并突出以他物为目的与以自身为目的的区别。引申而言,道德上真正的善就在于实践或行动的展开自为目的(这是最终极的自我肯定)。参见[古希腊]亚里士多德:《尼各马可伦理学》,第 3—4 页。

　　③ "失其本心"出自《孟子·告子上》"鱼与熊掌"章,具体诠释可以参见郭美华《道德与生命之择——〈孟子·告子上〉"鱼与熊掌"章疏释》,《现代哲学》2013 年第 6 期。

皆有是心。心即理，何以有为善，有为不善？'先生曰：'恶人之心，失其本体'"。①问者之所问蕴涵着一个预设：心是普遍的精神实体，善是精神实体的普遍本质。因此，才会有如此问题：普遍一致的善的实体，其经验性实现何以有善和不善的区别？王阳明的回答，从实质上而言，并没有针对善的精神实体何以有不善，转而说的是恶人之心如何失去善。"恶人之心，失其本体"，其意不过是说：恶人的心之活动及其展开，离却了其自身之本然，不是对自身之实现。而心之本然，是觉与行、心/性与物的活生生的相融一体（王阳明对孟子道德哲学的整体性理解，另文再论）。简言之，作为失其本体的恶，表达的意思是，恶人的活动在自身展开中，没有持守这个本然统一体，反而撕裂了统一体。

　　所谓善，作为对恶的否定，是源初统一体之"肯定性"的更高实现。这个肯定性的更高实现，并不是空虚的心灵之明，也不是脱离过程的单纯结果上的感受，而指向"真切工夫"。《传习录上》记载：

　　　　先生问在坐之友："比来工夫何似？"一友举虚明意思。先生曰："此是说光景。"一友叙今昔异同。先生曰："此是说效验。"二友惘然，请是。先生曰："吾辈今日用功，只是要为善之心真切。此心真切，见善即迁，有过即改，方是真切工夫。如此则人欲日消，天理日明。若只管求光景，说效验，却是助长外驰病痛，不是工夫。"②

　　与善相关的真切工夫，排除两种错误的理解：一是仅仅把捉一个脱离具体行事活动的抽象理智之光，王阳明斥之为"虚明"；二是脱离具体用工展开过程的单纯两端对比，王阳明斥之为"效验"。真正善的实现，既不是"虚明"，也不是"效验"，而是当下的真切为善之心实现于迁善改过的真切工夫之中。善作为生存的真正肯定性的自身实现，必然就是指向当下真切的行动/工夫自为的展开——彻底觉悟与切己行动的浑融为一。以培植树木为

---

① 王阳明：《王阳明全集》，第 15 页。
② 同上书，第 27 页。

喻,也就是时时不忘培植之工:"学者一念为善之志,如树之种,但勿助勿忘,只管培植将去,自然日夜滋长,生气日完,枝叶日茂。"①只有当下工夫勿忘勿助地自觉展开,生存活动整体过程之善才得以贞定:当下行动与觉悟统一,并勾连为一个连续性历程的整体实现。

从行动与觉悟浑融一体的整体性生命过程来看,与人的生存过程无关的自在之物无所谓善恶,而脱离具体事物(具体行事活动的展开总是牵连于物)的主观孤闭之心念也非无善无恶。生存展开具体环节上的善善恶恶之分,只有植根于生命活动的整体性才能得以理解。《传习录上》有段记载说:

> 侃去花间草,因曰:"天地间何善难培,恶难去?"先生曰:"未培未去耳。"少间,曰:"此等看善恶,皆从躯壳起念,便会错。"侃未达。曰:"天地生意,花草一般,何曾有善恶之分? 子欲观花,则以花为善,以草为恶。如欲用草时,复以草为善矣。此等善恶,皆由汝心好恶所生,故知是错。"曰:"然则无善无恶乎?"曰:"无善无恶者理之静,有善有恶者气之动。不动于气,即无善无恶,是谓至善。"曰:"佛氏亦无善无恶,何以异?"曰:"佛氏着在无善无恶上,便一切都不管,不可以治天下。圣人无善无恶,只是'无有作好','无有作恶',不动于气。然'遵王之道','会其有极',便自一循天理,便有个裁成辅相。"曰:"草既非恶,即草不宜去矣?"曰:"如此却是佛、老意见。草若是碍,何妨汝去?"曰:"如此又是作好作恶。"曰:"不作好恶,非是全无好恶,却是无知觉的人。谓之不作者,只是好恶一循于理,不去又着一分意思。如此,即是不曾好恶一般。"曰:"去草如何是一循于理,不着意思?"曰:"草有妨碍,理亦宜去,去之而已。偶未即去,亦不累心。若着了一分意思,即心体便有贻累,便有许多动气处。"曰:"然则善恶全不在物?"曰:"只在汝心,循理便是善,动气便是恶。"曰:"毕竟物无善恶。"曰:"在心如此,在物亦然。世儒惟不知此,舍心逐物,将格物之学错看了,终日驰求于外,只做得个'义袭而取',终身行不着、习不察。"曰:"'如好好色,如恶恶臭',则如何?"

---

① 王阳明:《王阳明全集》,第 32 页。

曰:"此正是一循于理,是天理合如此,本无私意作好作恶。"曰:"'如好
好色,如恶恶臭',安得非意?"曰:"却是诚意,不是私意。诚意只是循天
理。虽是循天理,亦着不得一分意。故有所忿懥好乐,则不得其正,须
是廓然大公,方是心之本体。知此,即知未发之中。"伯生曰:"先生云:
'草有妨碍,理亦宜去。'缘何又是躯壳起念?"曰:"此须汝心自体当。汝
要去草,是甚么心?周茂叔窗前草不除,是甚么心?"①

　　这段话比较长,字字句句看起来也颇简单,其间的意思却很复杂、纠缠。
就基本的旨意来看,王阳明认为现实中的善、恶是"气动"而后有的。无善无
恶理之静,有善有恶气之动,二者究竟是何种关系?② 在王阳明看来,佛家所
谓无善无恶是脱离气之动、脱离天下及其事物的,这不是真的无善无恶。与
佛家不同,王阳明认为,无善无恶必然要依据气之动来理解,而气之动又必
然有善善恶恶之分。气之动,其实质就是现实的生命活动本身。然而,依据
现实生命活动而有的善恶,与人的好恶相关。如果一个人的好恶完全依据
于主观性、自私性的身体(躯壳)起念,那么,人就会以自己所好为善,所恶
(wù)为恶(è)。由主观性躯壳起念的好恶所形成的善恶,是"错的"善恶之
分。相反,如果一个人的好恶完全依据普遍性、客观的天理而来,那么,人的
行动就是至善而无恶。康德认为,人的无时间性的"自由行动"是善恶划分
的基础③,"如果我们说,人天生是善的,或者说天生是恶的,这无非意味着:
人,而且一般地作为人,包含着采纳善的准则或采纳恶的(违背法则的)准则
的一个(对我们来说无法探究的)源初根据"④;而所谓人的恶,就是指"人意
识到了道德法则,但又把偶尔对这一原则的背离纳入自己的准则"。⑤人因为
不可究诘的自我决意(自由行动),他的行动一方面基于躯壳的自爱法则,也

　　① 王阳明:《王阳明全集》,第29—30页。
　　② 王阳明此话颇有些费解。陈荣捷引但衡今的说法,认为这段话辞不达意,是王阳明门下记
录有误。见陈荣捷《王阳明〈传习录〉详注集评》,第74页。
　　③ [德]康德:《单纯理性限度内的宗教》,李秋零译,中国人民大学出版社,2005年,第31页。
　　④ 同上书,第4页。
　　⑤ 同上书,第19页。

有道德法则,善就是在行动中让自爱法则从属于道德法则,而恶则是在行动中让道德法则从属于自爱法则。①康德以自由行动为基础,以自我原则和道德法则在行动中的不同关系来划分善恶,显然与王阳明以具体行事活动为基础、以随躯壳起念和一循天理在行动中的不同来划分对善恶具有运思上的相似性。不过,与康德力求"先天地"证明人为恶的普遍性不同,王阳明时时关注觉悟之思与具体行事活动的不可隔绝的相融一体。就此而言,康德重视了理之静,而王阳明注重气之动。

　　在王阳明看来,善恶必以具体行事活动的展开为前提。而在具体行事活动中,心、理、物、事一体。因此,所谓善,就是心依据具体行事活动中的理而行。所谓恶,就是心不依具体行事活动中的理,反而脱离与理、物、事的一体而自为自私之好恶(随顺躯壳起念)。与康德的不同在于:王阳明认为行动的法则作为天理,内在于具体行事活动,而非一种单纯理智的普遍性形式立法;并且,康德关注纯粹形式的先天论证,王阳明则紧扣良知觉悟与具体行事活动的一体与否。就除花间草与否的讨论而言,从自己主观自私的好恶而判别草木之善恶是错误的;从草木自身去寻求其善其恶的缘由,也是缘木求鱼。物之善恶,内在于气动而有之行事,事之当除去则除去,事之不当除去则不除去。物的善恶之分,不在心,不在物,而一依于行事固有之理(天理)。如此事理,在于将心物融摄一处,使得事情在顺畅条达中展开,如"好好色,恶恶臭"一般,觉悟和行事浑无隙漏,行著而习察,一切实有于心、行、物、事、理的统一整体中而诚,这就是道德生存的善。如上所引,告子无善无恶说的错误,就是执定了一个性内物外的划分,所以不能在性物一体上来理解善恶。

　　具体行事活动作为一个展开过程,彰显了人是真正善的存在物。但在具体展开过程中,整体而言自为展开的善的存在,在具体环节上有着善恶之分。王阳明以孔子和颜回为例来说明这一理解:"孔子无不知而作,颜子有不善未尝不知,此是圣学真血脉。"②善的实现,并不是一帆风顺的自然流淌,

---

① ［德］康德:《单纯理性限度内的宗教》,第 25 页。

② 王阳明:《王阳明全集》,第 104 页。

而是在具体展开中,基于行事与觉悟统一(作而知),对于行事与良知的背离也知之(不善而知);行事与觉悟一体而一致是善;行有不觉而后能觉此不觉(不善而能自觉),这也是善。因此,善的实现,作为一个自觉的整体性过程,是"觉善而行"与"觉恶(不善)而不行"两个方面的统一:"善念发而知之,而充之;恶念发而知之,而遏之。知与充与遏者,志也,天聪明也。圣人只有此,学者当存此。"①善、恶皆能自知。知善而肯定性地充扩,知恶而否定性地遏制。所谓善,不单是知善而肯定性地充扩,也含有知恶而否定性地遏制(王阳明强调"知行合一"的宗旨就是克恶念)。在更深一层的意义上,善往往体现为领悟于恶而自觉地加以遏制。恶是一种否定,对于恶的领悟而加以遏制,则是否定之否定,从而成为生命存在的更高肯定。生命存在之整体的善,就是这样经由否定性地遏制恶,进而肯定性地充扩善:"既去恶念,便是善念,便复心之本体矣。譬如日光被云来遮蔽,云去,光已复矣。若恶念既去,又要存个善念,即是日光之中又添一灯。"②去恶即是善,不是善恶分成两个事物,而是善恶一物。《传习录下》有记载说:

> 问:"先生尝谓'善恶只是一物'。善恶两端,如冰炭相反,如何谓只一物?"先生曰:"至善者,心之本体。本体才过当些子,便是恶了。不是有一个善,却又有一个恶来相对也。故善恶只是一物。"③

王阳明用"善恶一物"来理解程颢所说"善恶皆性""善恶皆天理",认为不是有个恶来与善相对峙。就现实表现而言,具体行为、事件似乎有善善恶恶之分。但恶之所以为恶,其得以可能的基础,恰好就是本体之善:本体展开自身,并不就是一个直接顺当的延展,而是有着过或不及之"过当";而过当之得以被贞定为过当,恰好在于心之本体由此过当而更为清晰地展现自身。所以,能够经由过当之恶来展现自身,就是心之至善。这里有两个层

---

① 王阳明:《王阳明全集》,第 22 页。
② 同上书,第 99 页。
③ 同上书,第 97 页。

次：一个层次是现实的善善恶恶之分，二者有着对立与分离；另一个层次是现实的善善恶恶由其现实的对峙而归于同一个根源——善作为善、恶作为恶，乃至善恶二者对峙呈现得以可能的根源，它既说明善，也说明恶，此即至善之本体或本体之至善。人的存在之善的实现，就是经由肯定与否定的双重工夫，由"为己"而"克己"，由"克己"而更好地"成己"："人须有为己之心，方能克己。能克己，方能成己。"①道德生存的目的，就是自为目的的"成己"，就是最大的善即至善，而"成己"以"为己"（自身肯定的善）和"克己"（自身否定的恶）为内在的构成环节。简言之，整体生存过程的善由彼此对峙而分善恶及其相互关联而构成。

王阳明关于良知与善恶有两个值得注意的说法：一是说"知是心之本体"②，二是说"至善者，心之本体"。③刘宗周强调说："既云至善是心之本体，又云知是心之本体，益知只是知善知恶。知善知恶，正是心之至善处。"④刘宗周这一说法，对至善与善恶的关系有一个洞见：在现实生存展开过程中，善恶并显，不但善能为良知所觉，恶也能为良知所觉；善能肯定性地显现自身，但对于恶而言，恶并不能由恶自身肯定自身而显现，以恶为恶者并非恶，而是善；说恶自我确定自身，那纯粹是一种逻辑谬误；所谓至善，就是对善与恶乃至二者关系的更深层的觉悟与确定。就善恶问题而言，如果从本体论上看，孟子性善与荀子性恶的论证所依据的"实例"其实具有一致性：逐利之放纵引致恶的发生。⑤荀子以为，纵利欲而造成恶，所以本能的利欲就是恶；但在孟子看来，纵利欲而为恶，此为恶能被当作恶而得到"觉悟"，此对于恶的觉悟并不是恶，而是善。如果没有此一觉悟，善不能得以彰显，恶也不能得以彰显，使得善恶二者能被自觉地加以彰显的就是至善。所以，王阳明认为孟子性善是从源头处说，荀子是从流弊处说。从源头处说，可以顺延展开

① 王阳明:《王阳明全集》，第 35 页。
② 同上书，第 6 页。
③ 同上书，第 119 页。
④ 刘宗周:《刘宗周全集》第五册，第 55 页。
⑤ 参见《孟子·梁惠王上》"何必曰利"章以及《荀子·性恶》。

为善而易;从流弊处说,纠治克己为善而难。①王阳明的至善之说,将具体行事活动视为生命展开的整体性过程,从而融摄了孟子性善之说,也融摄了荀子性恶之说。在此意义上,王门四句教云:"无善无恶心之体,有善有恶意之动,知善知恶是良知,为善去恶是格物。"②如上所引,王阳明认为"无善无恶是谓至善",所以无善无恶之心体,就是至善之心体。③就心体之本然是知行浑融的整体而言,就是至善或无善无恶,它内在涵融了现实展开的善与恶,并在展开过程对于何以善、何以恶葆有着自身的觉悟,并在切己的践行中通过扬善去恶工夫而真正完成自己。四句教的每一句分别透视了道德生存活动展开的整体过程内部的基本环节,而又将这些不同环节回置于这一整体,从而阐明了整体之至善与分别性之善恶的关系。

在善恶问题上,王阳明一方面强调活生生的道德生存活动展开为一个整体过程,另一方面强调展开过程中具体行事与良知觉悟的浑融一体,以善恶一体而显的整体性至善囊括包容彼此相分的善恶,大大深化了孟子以来对善恶问题的讨论。

尽管《传习录》有一些拉杂之说,但立足于"必有事焉"的"致之"活动,王阳明强调了具体行事活动是道德生存的基石,并以"见性"消解"说性",用至善论来融摄性善与性恶,深化了孟子道德哲学的相关论题。

---

① 王阳明:《王阳明全集》,第 115 页。

② 同上书,第 117 页。

③ 陈来认为,"无善无恶心之体"讨论的不是伦理善恶,而是境界上的心体自身的无滞性。参见陈来《有无之境:王阳明哲学的精神》,人民出版社,1997 年,第 203—212 页。

第八章 从普遍性与个体性到双重整体性

——王阳明《传习录》对孟子道德哲学的深化（下）

对于心学系统的生存论而言，孟子所谓"心之所同然"一直是一个重要的问题。能动而具体鲜活之"心"，无疑首先意指具体存在的个体性本身。但是，在孟子看来，个体性鲜活之心，实质的内容似乎又有着"普遍性"的指向，心自身的展开，其内容是所有不同个体之间的"同然"。"心之所同然"的具体意义，不同的诠释者有着不同的理解，如戴震就有一个倾向于消解"同然"的理解。①实质上，孟子所谓"心之所同然"，内蕴着道德生存论上的普遍性与个体性两个不同维度。实际上，与理学突出理的普遍性不同，心学就其基本倾向而言，相对突出了心的个体性。但是，在很多诠释中，心本身被理化，从而也陷入以普遍性吞噬个体性的窠臼。阳明思想作为心学的完成，对道德生存的普遍性与个体性，用新的譬喻和论证作出深化，强调对知识性普遍性的消解和对行动之切己个体性的高扬。尤其值得注意的是，阳明基于具体行事活动的展开，将普遍性与个体性二者融入整体性的生存，分疏道德生存论中个体整体性与世界整体性的双重整体性，用整体性大大深化了孟子道德哲学中普遍性与个体性的思想。

① 具体可参见郭美华《"一本"与"性善"——论戴震对孟子道德本体论的圆融与展开》，《哲学研究》2013 年第 12 期（也可参见本书第十二章）。

一、道德成就的两个维度：普遍性与个体性

就道德生存论而言，道德的主体具有双重性，一方面是类的成员，另一方面是具体的个体。从类的角度说，道德生存论有一个普遍性的维度；而从具体的道德个体而言，道德生存论又强调道德实现活动的个体性。如果不能妥适而合理地理解这两个维度，往往会倒向以普遍性吞噬个体性。

孟子关于道德普遍性与个体性的问题，有几个颇有意思的讨论。一次，一个叫曹交的人从单纯身体/形体的形式主义角度问：每一个人都能成为尧舜一样的存在者是什么意思？他觉得自己单纯从形体的大小意义上就已经不足以成为尧舜。孟子回答说，人皆可以为尧舜不能从诸如形体相似性的形式主义角度加以理解，而是基于自觉行动之本质的内在领悟——一个人将自身之所能在行动之中实现出来，这就是如尧舜一样的存在。曹交对于"人皆可以为尧舜"的形式主义理解，让孟子觉得不可理喻，甚至不愿意收为弟子而教之。

就行动自身的自觉及其本质的内容而言，一方面，自觉行动及其实现，总是有一个普遍性的维度来作为判断的标准。另一方面，行动本身总是个体性的，它必然要求个体性的切己实现。孟子既注意到了圣人之为圣人的普遍性之同，也注意到了不同圣人自身之异。一次，孟子与学生讨论自己的志向时，说自己的愿望是学习孔子，学生问都是圣人，何必一定要学习孔子，由此论及伯夷、伊尹与孔子的异同。在孟子看来，孔子与伯夷、伊尹的相同之处在于"行一不义、杀一不辜而得天下，皆不为也"（《孟子·公孙丑上》）。从政治-道德生存而言，这是一种否定性的戒律规则，它突出的是限定、禁止某种行为的普遍性规定。但是，对肯定性的行动本身，其实现则充满了个体性的鲜活内容，所以伯夷、伊尹与孔子所行"不同道"：伯夷治则进，乱则退，是"圣之清者"；伊尹治亦进，乱亦进，是"圣之任者"；柳下惠进退不隐而依于道，尔为尔，我为我——"坐怀不乱"，是"圣之和者"；而孔子仕、止、久、速，是

"圣之时者"(《孟子·万章下》)。所谓"圣之时者",就是能在时间性的具体性境域中,灵活而切己地实现自身,所以,孔子之成就,不单符合某种否定性的普遍性规定,作为一个"类"的成员,比如"人"及其完美实现的"圣"类,而是成就自己一个独一无二的"孔子自身",所以孟子引用宰我的话来说孔子是"出于其类,拔乎其萃",并三次重复强调"自有生民以来,未有孔子也"(《孟子·公孙丑上》)。孟子要学习孔子,也是要在自己所处身其中的具体境域,成为"自有生民以来未有孟子"。这个成就,其实就是"下学上达"的学思过程本身切己展开自身之本质,即一个觉悟了的学思者,持守在自身行动的觉悟之中或者在自己不间断的行动中持守着自身觉悟。简言之,普遍性关涉的是抽象性的禁止性行为规范,而个体性则关涉着肯定性的自我实现行动本身。因此,真正的存在之真,不是对于某种抽象普遍性的认知性把握,而是切己的自修自悟之践行活动。在此意义上,所谓"自有生民以来,未有孔子",也就是自有生民以来未有"觉悟了的我的具体存活",亦即每一自觉了道德个体之道德生存活动本身之独一无二。

　　阳明进一步展开道德之普遍性与个体性的关系问题。阳明一方面突出个体切己的"自修自悟":"道之全体,圣人亦难以语人,须是学者自修自悟。"①另一方面拒斥"通做一般":"圣人教人,不是个束缚他通做一般。"②在与学生的问答中,阳明以精金之喻来讨论道德普遍性与个体性的问题:

　　　　希渊问:"圣人可学而至。然伯夷、伊尹于孔子才力终不同,其同谓之圣者安在?"先生曰:"圣人之所以为圣,只是其心纯乎天理,而无人欲之杂。犹精金之所以为精,但以其成色足而无铜铅之杂也。人到纯乎天理方是圣,金到足色方是精。然圣人之才力,亦有大小不同,犹金之分两有轻重。尧、舜犹万镒,文王、孔子犹九千镒,禹、汤、武王犹七八千镒,伯夷、伊尹犹四五千镒。才力不同而纯乎天理则同,皆可谓之圣人;犹分两虽不同,而足色则同,皆可谓之精金。以五千镒者而入于万镒之

---

①　王阳明:《王阳明全集》,第24页。

②　同上书,第104页。

中,其足色同也;以夷、尹而厕之尧、孔之间,其纯乎天理同也。盖所以
为精金者,在足色而不在分两;所以为圣者,在纯乎天理而不在才力也。
故虽凡人而肯为学,使此心纯乎天理,则亦可为圣人;犹一两之金比之
万镒,分两虽悬绝,而其到足色处可以无愧。故曰'人皆可以为尧舜'者
以此。学者学圣人,不过是去人欲而存天理耳,犹炼金而求其足色。金
之成色所争不多,则煅炼之工省而功易成,成色愈下则煅炼愈难;人之
气质清浊粹驳,有中人以上,中人以下,其于道,有生知安行,学知利行,
其下者必须人一己百,人十己千,及其成功则一。后世不知作圣之本是
纯乎天理,却专去知识才能上求圣人。以为圣人无所不知,无所不能,
我须是将圣人许多知识才能逐一理会始得。故不务去天理上着工夫,
徒弊精竭力,从册子上钻研,名物上考索,形迹上比拟,知识愈广而人欲
愈滋,才力愈多而天理愈蔽。正如见人有万镒精金,不务煅炼成色,求
无愧于彼之精纯,而乃妄希分两,务同彼之万镒,锡铅铜铁杂然而投,分
两愈增而成色愈下,既其梢末,无复有金矣。"时曰仁在傍,曰:"先生此
喻,足以破世儒支离之惑。大有功于后学。"先生又曰:"吾辈用力,只求
日减,不求日增。减得一分人欲,便是复得一分天理。何等轻快脱洒?
何等简易?"①

　　圣人之同不在知识、才力之同,而在"其心纯乎天理,不杂人欲"。一般
而言,才力是一种生物学禀赋,知识则是一种抽象的普遍理智规定。阳明否
定从才力之同看圣人,这与孟子是一致的;而他进而反对从"知识"上求同,
就将孟子所说深化了一步。在阳明看来,知识寻求理智上抽象的普遍性规
定,"不务工夫"而与自身行动漠不相关。道德生存的关键却是在"天理上着
工夫",要因着自己特有的才力(比如气质之偏)而着实用力,"人一己百,人
十己千"地着实用力切己而行,以实现自身。究实而言,知识和才力也并非
不在道德生存活动中起作用,只是如果脱离切己而展开的人一己百的着实
用力工夫,单纯地在言语上抽象地讨论,则完全背离了道德生存之实。

---

① 　王阳明:《王阳明全集》,第 27—28 页。

　　阳明精金之喻，表面上看，因为强调所有的人，成就都是成为足色的金子或纯乎天理、不杂人欲，似乎指向一种普遍的道德理想主义。其实，任何比喻都有其不足，就金属而言，除却金子，还有铜铁，铜铁和金子都是各有其自身存在的合理性。阳明举金子为例，不过是一种源自世俗生活中的习惯之情罢了。不过，尽管阳明所谓"天理"具有普遍性的特征，但他以精金比喻成就"圣人"之在，突出的并不是一种榜样式的一律之在，而是强调将自身实现为纯粹之在。由于阳明心学反对朱熹"性即理"，倡导"心即理"，所谓纯乎天理、不杂人欲，其说又具有别样的意味。自身的精纯之在，比之与圣贤计较才力知识的企外之求，显然得到了更为突出的关注。以精金之喻彰显自身的精纯之在，实质上是通过一种实有诸己的自信感，将道德生存论的企向转向对个体性此在自身的关注。

　　自身精纯之在的个体性实现，就是致良知过程。从致良知的具体过程而言，一方面，阳明通过愚夫愚妇与圣人的对比，强调圣人与愚夫愚妇之同在于"良知良能"之本有，而区别在于圣人能"致"而切己行之以实现其良知良能，愚夫愚妇则不能致以行之而实现其良知良能；另一方面，致而行之以实现良知良能的过程，并不是依据一个先在的普遍原则，而是切于个体行动展开的具体特殊境域而有的灵活选择与决然之行：

　　　　道之大端易于明白，此语诚然……顾后之学者忽其易于明白者而弗由，而求其难于明白者以为学，此其所以"道在迩而求诸远，事在易而求诸难"也。孟子云："夫道若大路然，岂难知哉？人病不由耳。"良知、良能，愚夫、愚妇与圣人同：但惟圣人能致其良知，而愚夫、愚妇不能致，此圣愚之所由分也……良知之于节目时变，犹规矩尺度之于方圆长短也……致知之必在于行，而不行之不可以为致知也，明矣。知、行合一之体，不益较然矣乎？夫舜之不告而娶，岂舜之前已有不告而娶者为之准则，故舜得以考之何典，问诸何人，而为此邪？抑亦求诸其心一念之良知，权轻重之宜，不得已而为此邪？武之不葬而兴师，岂武之前已有不葬而兴师者为之准则，故武得以考之何典，问诸何人，而为此邪？抑亦求诸其心一念之良知，权轻重之宜，不得已而为此邪？使舜之心而非诚于为无后,武之心而非诚于为救民,则其不告而娶与不葬而兴师,乃不孝。不忠之大者。而后之人不务致其良知,以精察义理于此心感应酬酢之间,顾欲悬空讨论此等变常之事,执之以为制事之本,以求临事之无失,其亦远矣。①

就道德的普遍性与个体性二者关系而言,阳明如上所说涉及普遍性与个体性二者关系的不同侧面。其一,就作为一种初始的设定而言,阳明承认孟子所谓良知良能是圣人与愚众普遍一致的;但是圣人能"致"良知"致"良能,由此"致之"之行动而区分自身于愚众,并经由切己的个体性之"致"而区别自身于一切他者。这个意义上的普遍性与个体性,可以说是本体预设的普遍性与工夫展开的个体性。其二,具体过程的展开,一方面良知自身具有先于具体多样事情的普遍规范,另一方面需要领悟切于具体境域的具体节目时变,而二者的统一,则由个体性的权变选择来实现,而不能诉诸一个既成、超越、凝固而普遍的规范。这可以说是行动原则的普遍性与行动自身的个体性。

通过对"乃所愿则学孔子也"的强调,突出"自有生民以来未有孔子",认为孔子在人群之中,如"麒麟之于走兽,凤凰之于飞鸟"一样,是"出于其类,拔乎其萃"(《孟子·公孙丑上》)的独一无二的存在,显然突出了道德生存的个体性。但是,如此个体性的具体所指还处在朦胧之中。阳明将普遍性归诸先天预设的良知及行动得以可能的抽象先天原则,而强调个体性就是使先天良知良得以实现自身的"致之"之切己行动以及切于具体变化之境域的灵活选择和决意之行,就使孟子道德哲学中的普遍性与个体性的含义得以清晰化。这个清晰化,突出了个体性基于切己而行的"致之"之活动。从具体切己的活动理解个体性,使心学在道德哲学上对"行"的强调得到了深化。虽然在其体系中仍有先天本体与先天原则预设的尾巴,并以先天性来担保其普遍性②,但阳明对具体行事活动的强调,以及对致良知之"致之"活动的

---

① 王阳明:《王阳明全集》,第49—50页。
② 杨国荣:《心学之思:王阳明哲学的阐释》,第173页。

突出、对知行合一的倡扬，无疑显示出心学对道德哲学的真正关注：消解理智的抽象普遍性预设而强化切己展开的个体性实行。

二、道德生存的双重整体性

由上所述，道德的普遍性与良知的先天预设及行动的先天原则有关，而个体性则指向具体切己的行动本身。《孟子·告子上》有一个很突出的讨论，即"心之所同然"的说法。孟子认为，"理义之悦我心，犹刍豢之悦我口"（《孟子·告子上》）。他从人的嘴巴"同样"（普遍一致地）喜欢好的味道、耳朵"同样"喜欢好的声音、眼睛"同样"喜欢美，推而论及人的心"同样"喜欢理义。在具体表述中，孟子的论证似乎是说，因为"口有同耆，耳有同听，目有同美"，所以"心有同然"。孟子又有所谓大体与小体的区分，大体指心，心能思，小体指感官，感官为欲（《孟子·告子上》）。虽则大体与小体二者是人之天生所同有且共在一身，但心之体与感官之体具有不同本质与功能，二者彼此具有相当的分离性存在。由此，在孟子哲学中，问题就在于：心之所同然如何由口之同嗜、耳之同听、目之同美推论而来呢？或者说：如何由耳目口鼻感官之悦推论出心之悦呢？孟子这一推论的内在关联有些隐晦，似乎是一种没有必然性的类比推理。

实际上，就口有同嗜而言，其间蕴涵着颇为值得分疏之处：形式地说，每个人的嘴巴都喜欢美味；但是就喜欢的实际内容而言，每个人所喜欢的美味又是不同的，譬如川湘人喜欢辛辣，潮粤人喜欢清淡。类似地，心之所同然，形式地说，每一个人的心都依据自身而有所认可、有所喜悦，但是，具体认可的内容和喜悦的对象并不雷同。就道德生存论而言，纯粹形式的普遍性并不完全涵摄实践的实在性。实践实在性充盈着个体性内容，而单纯形式的普遍性则停留于理智的抽象之中。在孟子对心之所同然的言说中，如果忽略其对具体行事活动的强调，忽略其对个体性实现的突出，并把良知良能、四端之心先验化，就易于滑向远离实践实现之实在性的抽象形式普遍性。

　　阳明心学对耳目口鼻等四肢小体之官的喜悦与心之所喜悦二者的关系有了清晰明了的界定,消除了二者在孟子处的模糊隐晦,使心学在道德哲学上关于普遍性与个体性之关系的理解得以深化:"心者身之主宰,目虽视而所以视者心也,耳虽听而所以听者心也,口与四肢虽言动而所以言动者心也。"①口之于食,非心无以成其嗜;目之于色,非心无以成其美;耳之于声,非心无以成其听。四肢亦然。所谓心之所同然,一方面在于心自身不能视听言动而必须经由眼耳口以及四肢以实现其动,另一方面就在于眼耳口及四肢自身也不能动,必由心之主宰以动。这对于任何切己而行的个体来说都是"相同"的。这种"同然",基于心身在行动中的一体性,用功能倾向的相似性来消解理智抽象的普遍性。

　　在宋明理学的讨论中,天理、人欲有个严格的区别。阳明也常说"存天理、灭人欲",但阳明的意思,并不是否定耳目感官之喜好。他明确将耳悦声、目悦色与人欲分别开来说:"人心本自说理义,如目本说色,耳本说声,惟为人欲所蔽所累,始有不说。今人欲日去,则理义日洽浃,安得不说?"②因为耳目口及四肢与心一体而在,所以阳明并不将耳悦声、目悦色等视为人欲,而是将脱离了与心之一体的单纯感官之欲视为应当被否定的人欲。由此,孟子由耳目之官的喜好推论心之喜好的心学路径,其合理意蕴就得到了彰显:

　　　　萧惠问:"己私难克,奈何?"先生曰:"将汝己私来,替汝克。"又曰:"人须有为己之心,方能克己;能克己,方能成己。"萧惠曰:"惠亦颇有为己之心,不知缘何不能克己?"先生曰:"且说汝有为己之心是如何?"惠良久曰:"惠亦一心要做好人,便自谓颇有为己之心。今思之,看来亦只是为得个躯壳的己,不曾为个真己。"先生曰:"真己何曾离着躯壳?恐汝连那躯壳的己也不曾为。且道汝所谓躯壳的己,岂不是耳目口鼻四肢?"惠曰:"正是为此,目便要色,耳便要声,口便要味,四肢便要逸乐,

――――――――

① 王阳明:《王阳明全集》,第119页。

② 同上书,第32页。

所以不能克。"先生曰："'美色令人目盲,美声令人耳聋,美味令人口爽,驰骋田猎令人发狂',这都是害汝耳目口鼻四肢的,岂得是为汝耳目口鼻四肢?若为着耳目口鼻四肢时,便须思量耳如何听,目如何视,口如何言,四肢如何动;必须非礼勿视听言动,方才成得个耳目口鼻四肢,这个才是为着耳目口鼻四肢。汝今终日向外驰求,为名为利,这都是为着躯壳外面的物事。汝若为着耳目口鼻四肢,要非礼勿视听言动时,岂是汝之耳目口鼻四肢自能勿视听言动?须由汝心。这视听言动,皆是汝心。汝心之动发窍于目,汝心之听发窍于耳,汝心之言发窍于口,汝心之动发窍于四肢。若无汝心,便无耳目口鼻。所谓汝心,亦不专是那一团血肉。若是那一团血肉,如今已死的人,那一团血肉还在,缘何不能视听言动?所谓汝心,却是那能视听言动的。这个便是性,便是天理。有这个性,才能生。这性之生理便谓之仁。这性之生理,发在目便会视,发在耳便会听,发在口便会言,发在四肢便会动,都只是那天理发生。以其主宰一身,故谓之心。这心之本体,原只是个天理,原无非礼。这个便是汝之真己。这个真己,是躯壳的主宰。若无真己,便无躯壳。真是有之即生,无之即死。汝若真为那个躯壳的己,必须用着这个真己,便须常常保守着这个真己的本体。戒慎不睹,恐惧不闻,惟恐亏损了他一些。才有一毫非礼萌动,便如刀割,如针刺。忍耐不过。必须去了刀,拔了针。这才是有为己之心,方能克己。汝今正是认贼作子,缘何却说有为己之心不能克己?"①

如上所说,在孟子的叙述中,因为有着将耳目口鼻之官视为与心彼此外在的两种不同物事的模糊性,从耳目口鼻之喜好推而论及心之喜好,有一种外在的类比推论的色彩,最后的结论显得不那么具有"推论的必然性"。阳明此处所说,则明白无误地强调了以心为主宰且心与耳目口鼻融摄为一的整体性存在。在人的整体性存在中,人的眼睛对色彩的观看,本质上是心的观看的实现;人的耳朵对声音的聆听,本质上是心的聆听的实现;人的口舌

---

① 王阳明:《王阳明全集》,第35—36页。

对意识的言说,本质上是心的言说的实现;人的鼻子对香味的嗅觉,本质上是人的心的嗅感的实现;人的四肢的运动,本质上是心的运动的实现。简言之,人的躯壳的视听言动,是由内在于躯壳的心主宰的,是心的实现。不是眼睛看了色,然后心才知道色,而是心欲色,实现于眼睛而才看到了色;不是耳朵听到了声音,然后心才知道声音,而是心欲声,实现于耳朵而才听到了声音。口、鼻、四肢亦然。反过来说,如果没有耳目口鼻,心自身也无从视听言动,心之欲食只有通过口才能实现,心之欲色只有通过目才能实现,心之欲声只有通过耳朵才能实现,鼻与四肢亦然。孔子所说,眼非礼勿视,口非礼勿言,耳非礼勿听,四肢非礼勿动。当且仅当心与感官一体同在,才有可能。耳目口鼻作为身,与心,是彼此相依存而在的:“耳目口鼻四肢,身也,非心安能视听言动? 心欲视听言动,无耳目口鼻四肢亦不能。故无心则无身,无身则无心。”①身心一体观是对个体自身的一种整体性理解,它克服了将身与心、理与欲彼此分裂带来的理解困难。

如此身心一体观,并不将心还原为一种身体性存在,而是凸显了在具体行动中对于身体运动的自觉:“心不是一块血肉,凡知觉处便是心。耳目之知视听,手足之知痛痒,此知觉处便是心也。”②“何谓身? 心之形体运用之谓也。何谓心? 身之灵明主宰之谓也。”③“耳原是聪,目原是明,心思原是睿智,圣人只是一能之耳。能处正是良知。”④基于如此身心一体观,孟子由耳目口鼻之喜好推而论及心之喜好,就不是外在的无必然性的类比推论,而是体用一如、体用不二意义下的“即用显体”:“即体而言用在体,即用而言体在用。是谓‘体用一源’。”⑤由“体用一源”来理解孟子关于刍豢悦口与理义悦心一致性的阐述,无疑别具深意,突出了身心一体性和道德生存的整体性。

对孟子“心之所同然”中的普遍性与个体性问题,阳明从身心一体观和

---

① 王阳明:《王阳明全集》,第 90—91 页。

② 同上书,第 121 页。

③ 同上书,第 971 页。句读参考王阳明《传习录注疏》,邓艾民注,上海古籍出版社,2012 年,第181 页。

④ 同上书,第 109 页。

⑤ 同上书,第 31 页。

体用论视角出发来加以理解，就以道德生存的双重整体性强化了普遍性与个体性的紧张关系：

> 夫圣人之心，以天地万物为一体，其视天下之人，无外内远近：凡有血气，皆其昆弟赤子之亲，莫不欲安全而教养之，以遂其万物一体之念。天下之人心，其始亦非有异于圣人也，特其间于有我之私，隔于物欲之蔽，大者以小，通者以塞，人各有心，至有视其父、子、兄、弟如仇雠者。圣人有忧之，是以推其天地万物一体之仁以教天下，使之皆有以克其私，去其蔽，以复其心体之同然。其教之大端，则尧、舜、禹之相授受，所谓"道心惟微，惟精惟一，允执厥中"……盖其心学纯明，而有以全其万物一体之仁，故其精神流贯，志气通达，而无有乎人己之分，物我之间。譬之一人之身，目视，耳听，手持，足行，以济一身之用。目不耻其无聪，而耳之所涉，目必营焉；目不耻其无执，而手之所探，足必前焉。盖其元气充同，血脉条畅，是以痒疴呼吸，感触神应，有不言而喻之妙。此圣人之学所以至易至简，易知易从，学易能而才易成者，正以大端惟在复心体之同然，而知识技能非所与论也。①

阳明用"复其心体之同然"来解释孟子所谓"心之所同然"，突出了道德存在的双重整体性。一方面，个体自身的整体性，将心与眼耳口鼻身视为一个整体。以上突出了心身一体的整体性，主要就身心关系而言。在此，基于心对于身体的主宰性与支配性，阳明进一步强调，身的不同构成部分，在具体的道德生存活动中，彼此相互协调活动而构成为一个整体。就个体性整体而言，在心与眼耳口鼻身的整体中，分别开来看，单纯的五官和肢体加起来并不就是一个"人"，撇开五官及肢体，单纯的心也并不就是一个"人"——心并非作为一种普遍性的本质均匀分布在五官与肢体之中。真实的情况是，心和眼耳口鼻身在活生生的具体在世活动中构成且彰显为一个整体。按照孟子的说法，就是在大体小体共构的整体中，大体作为心之官经由其思

---

① 　王阳明：《王阳明全集》，第 54—55 页。

而自觉这一整体之在。将自身作为一个整体而在行动之中实现出来,这是一种真正的个体性在世。

　　另一方面,阳明突出了道德生存论得以展开的世界的整体性,将个体与天下之人及万物视为一个整体。孟子有所谓"万物皆备于我"(《孟子·尽心上》)的说法,他以齐宣王见牛而不忍其觳觫(《孟子·梁惠王上》)、以人见孺子将入于井而生怵惕恻隐之心(《孟子·公孙丑上》)为例,来具体说明其含义,展现了道德生存论上超越个体的世界整体性视野。阳明以"本然一体"来拓展深化了孟子"见孺子将入于井"的例证,他说:"大人者,以天地万物为一体者也,其视天下犹一家,中国犹一人焉。若乎间形骸而分尔我者,小人矣。大人之能以天地万物为一体也,非意之也,其心之仁本若是,其与天地万物而为一也。"①阳明用不忍鸟兽之哀鸣觳觫、悯恤草木之摧折、顾惜瓦石之毁坏等实例,拓展了孟子"见孺子将入于井"的例证。在孟子,虽然他所谓浩然之气也彰显出一种整体性视角②,但并不充分,阳明通过对《大学》的心学诠释,将孟子道德哲学中的世界整体性更加鲜明而丰润地展开了。就世界的整体性而言,世界及其中万物的存在,纯粹的太阳、月亮、山川、河谷、花草树木并不自在构成一个整体而在。阳明认为:需要人作为主体去仰观俯察,日月之明亮、山之高、谷之低才得以可能;世界的整体性存在,基于真正有觉悟之心的存在者之觉悟的流贯与融通。在此意义上,世界整体或整体世界也就是一个丰盈完整的意义世界。③

三、双重整体性的相融一体

　　个体整体性与世界整体性并非截然分离的,两者相涵相摄而相融一体。

---

①　王阳明:《王阳明全集》,第968页。

②　参见郭美华《境界的整体性及其展开——孟子"不动心"的意蕴重析》,《中国哲学史》2011年第3期。

③　杨国荣:《心学之思:王阳明哲学的阐释》,第90—114页。

一方面,良知的本质在于觉,觉总是有所觉,没有一无所觉的空空的觉本身。在此意义上,所觉之物与觉构成一个整体。从所觉构成觉的内容来说,所觉的天地万物构成觉之体;而从能觉来说,能觉是所觉之物得以呈现的根据,能觉之良知就是天地万物之体。所以,阳明一方面说:"目无体,以万物之色为体;耳无体,以万物之声为体;鼻无体,以万物之臭为体;口无体,以万物之味为体;心无体,以天地万物感应之是非为体。"①另一方面又说:"人的良知,就是草木瓦石的良知。若草木瓦石无人的良知,不可以为草木瓦石矣。岂惟草木瓦石为然,天地无人的良知,亦不可为天地矣。"②这两方面的关系之所以能成立,其实就是因为"天地万物与人原是一体"。③另一方面,就世界整体性作为整体性境界而言,这个境界,是每一个人自己下学而上达造就的,就此而言,每个人都是自己的完满实现。每一个人作为自身的完满实现,就是自视为圣人:"人胸中各有个圣人。"④不是只有那些忝列于那个道统之序中的名字才是圣人,而是每个人都是自为其圣。虽然良知普遍在每一个人,但是,每个人之所成就,并不是一个抽象普遍的精神规定性,阳明强调"良知同,更不妨有异处",关键是要去切实用功,"若不肯用功",一切都不能多论。⑤在阳明,强调以切实用功来突出差异性,道德生存的个体性就豁然绽露了。

切实的道德行动,关联着心、身、物之间的关系。如上所说,孟子有所谓大体与小体之分,其间实质上涉及三重关系:心与物、心与身以及身与物的关系。⑥显然,孟子明确在耳目之官作为身与心及外物三者的相互关系上来理解人的道德生存。在孟子看来,心与物的关系以身体为中介。耳目之

---

①　王阳明:《王阳明全集》,第 108 页。

②　同上书,第 107 页。人心与万物同体,是以人心为天地万物之心,即心之灵明知觉充盈感应一体的整个世界(参见王阳明《王阳明全集》,第 122 页)。

③　同上。

④　同上书,第 93 页。

⑤　同上书,第 112 页。

⑥　《孟子·告子上》:"耳目之官不思,而蔽于物,物交物,则引之而已矣。心之官则思,思则得之,不思则不得也。此天之所与我者,先立乎其大者,则其小者弗能夺也。此为大人而已矣。"

官作为身体不能思,它与外物相互作用,易于为外物牵引而远离自身;但是心则能思,思则能持守自身。不过,因为心与身一体,物对身体的牵引拽离,能够让心也被身和物淹溺。在孟子的论说中,心、身、物虽然也在"必有事焉"的基础上统一起来,但并未得到充分明确的阐释,易于陷在抽象的思辨中来加以理解。阳明就心、身、意、物的关系而论,给出了明确界定:"身之主宰便是心,心之所发便是意,意之本体便是知,意之所在便是物。如意在于事亲,即事亲便是一物;意在于事君,事君便是一物;意在于仁民爱物,即仁民爱物便是一物;意在于视听言动,即视听言动便是一物。"[1]身、心、意、物的统一,在于"事"——在具体行事中,身体、心知、意向、事物,四者浑然一体而不分。只要以具体行事为基础,不但心外无物、心外无事,而且,必然是物外无心、事外无心。所以,阳明认为,身、心、意、知、物统一在任何一件具体行事活动中:"身、心、意、知、物是一件。"[2]在"事"上,不能把四者割裂而观。

具体行事活动的展开,在道德生存论上,也就是工夫活动本身。就工夫而言,有所谓"内心外物"之说,阳明认为在具体行事活动,身体和事物同能觉之心与行动浑融一体,"心无所谓内"而"物无所谓外"。他强调说:"功夫不离本体;本体原无内外。只为后来做功夫的分了内外,失其本体了。"[3]所谓本体,就是具体行事活动展开的本然之实情。具体行事活动的本然展开,就是心、身、物之浑融统一,此浑融统一即工夫之本体;工夫的展开,就是要复这一本体,也就是修养践行所抵达的觉悟,持守自身在此本然一体的、切己而行的活生生的具体行事。

在真正的道德生存活动中,活动本身是切己的真实个体性;但此个体性并不是与他人及万物绝缘的孤闭原子,而是以所有潜在可能的整体世界为自身展开的内容。作为整体的世界,作为整体的个体,在具体的道德生存活动或具体行事活动,既展现出相对的区别,又绝对地相融统一。

---

① 王阳明:《王阳明全集》,第 6 页。

② 同上书,第 90 页。

③ 同上书,第 92 页。

　　概而言之，以个体整体性和世界整体性来理解"心体之同然"，从理论上说，以如此双重整体性的关系来理解普遍性与个体性的关系，是一种对于真正个体性的别具深意的理解。由此，心学对孟子道德哲学普遍性与个体性的关系问题，做出了重大的深化。

第九章　道德生存与天命的分合及其意蕴
——以朱熹与王阳明对《孟子·尽心》首章诠释为中心

　　儒学突出人的道德生存。道德生存论的一个基本维度是天人之间的关系。在孔子那里,体现为道德主体性与天命外在性的紧张关系。孟子于道德生存论有所深入,他将主体性选择与行动作为人之本质的根基,并将天命排斥在道德生存之外。但是,孟子突出道德生存的主体性及其自身实现,最终却又将最初排斥了的天命重新唤回并当作道德生存的根基。由此,他将孔子哲学中的天人(道德主体性与天命限制性)紧张关系以更为醒目的方式显露出来。道德生存与天命的如此紧张关系,尤其体现在"尽心知性知天"的表达之中。以"尽心知性知天"章为中心,为消解道德生存与天命的紧张关系,朱熹以普遍之理的预设为根基,依据《大学》的条目,从认知角度将"尽心知性知天"章理解为以"格物致知"之知为先,以"存心养性事天"之行为后,最终以"夭寿不贰,修身以俟之"为境界,显现为一个由知到行的、普遍的历时性进程。但是,朱熹如此进路,以普遍化的天理预设和认知主义取向,将个体活生生的道德生存活动湮灭了。阳明则从《中庸》与《论语》生知安行、学知力行、困知勉行的区分出发,将"尽心知性知天"理解为"生知安行",将"存心养性事天"理解为"学知力行",将"夭寿不贰,修身以俟之"理解为"困知勉行",从而将"尽心知性知天"章理解为一个不同主体现实生存活动及其境界的共时性差异。虽然阳明的理解注意到任何个体在任何生存环节上的知行统一之在;但是,阳明依然认可了朱熹的普遍天理承诺,并且将普遍天理预设为主体性良知的先天本质,同样湮灭了真正的、活生生的道德生存活动本身。究极而言,在心与天之间引入普遍之理,将人的道德生存与天命二者"合一"起来,不但不是对孟子哲学心、性、天之紧张关系的解决,反而是对孟子道德生存论的合理内蕴进一步的瓦解和湮没。就此而言,我们需要克服朱熹与阳明学中天人合一的迷思,重新敞露道德生存论的真蕴,即将天命与道德生存划界,以人自身活生生的生存活动及其展开作为人之本质的基础。

一、孟子道德生存论的两重性:心、性、天的分离与天命的返回

就道德生存论而言,在孟子哲学中,心、性、天(命)之间,具有自身内在的紧张关系。在孔子那里,道德主体性与天命之间就具有一种紧张关系。一方面,孔子高扬道德生存的主体性,强调"为仁由己"(《论语·颜渊》)、"君子求诸己"(《论语·卫灵公》)、"求仁而得仁"(《论语·述而》)、"我欲仁斯仁至矣"(《论语·述而》)、"有能一日用其力于仁矣乎?我未见力不足者"(《论语·里仁》)。如此基于主体性道德行动而有的生存,是人自身的一种不可诘问的生存状态——人的主体性活动就是人实现自身的基础,不必更不能为如此主体性活动寻找一个外在的根据。就此而言,孔子说:"天生德于予,桓魋其如予何?"(《论语·述而》)"文王既没,文不在兹乎?天之将丧斯文也,后死者不得与于斯文也;天之未丧斯文也,匡人其如予何?"(《论语·子罕》)以天作为人之道德(文化)生存的不可究诘的限制性担保,即不能将天在认知意义上积极性地预设为现实道德-文化活动的根据,而是强调人自身的道德主体性活动就是人自身存在的根据。另一方面,孔子又认为人自身的存在受到外在必然性的制约,无论人如何努力,道之行与废受制于命①;生

---

① 子曰:"道之将行也与?命也;道之将废也与?命也。"(《论语·宪问》)

命存在的开始与终结并不由人决定,生活财富的获得也不依赖劳作,而是"死生有命,富贵在天"(《论语·颜渊》)。①在道德主体性与天命二重性之间,孔子最终以"知命"(《论语·尧曰》)和"畏天命"(《论语·季氏》)为归结,显现出一定的复杂性。《论语》最后以"不知命无以为君子"(《论语·尧曰》)结束,而在其一生自述之中,也提出"五十而知天命"(《论语·述而》),这都体现出孔子有着将天命视为生存内容的倾向。从而,在人自身的生存究竟奠基于人自身的主体性活动,还是根源于不可知的天命这一问题上,孔子哲学有着内在的紧张与模糊。

就其基本倾向而言,孟子承继孔子所凸显的道德主体性,鲜明地消解着外在天命:"莫之为而为者,天也;莫之致而至者,命也"(《孟子·万章上》)。天或命渗透人自身的整体生存,对于人的整体生存有所作为却并非道德生存论上的主体性作为,即无所为而为者之为(不可知其为者之为);如此无所为而为,牵引出人的整体性中逸出人自身主宰的命(不可知的必然性或偶然性)。无所为而为者或不以人之主体性行动为根据的生命流淌之倾向,孟子称之为"在外者"。与在外者相对,有所为而为者,即基于人自身的主体性行动而有的生命倾向及其成就,孟子称之为"在我者":"求则得之,舍则失之,是求有益于得也,求在我者也。求之有道,得之有命,是求无益于得也,求在外者也"(《孟子·尽心上》)。"在我者"与"在外者"的区隔,使孟子将孔子在道德主体性与天命外在性的紧张关系作了一个推进,即强调"反求诸己"②——将人自身存在的根据奠定于人自身,而不是奠基于人自身活生生存在活动之外的某种抽象实体之上。所谓求则得之,意味着人之能求的主体性活动自身,其展开必然地达致自身的完成与完善。进而,在人之本质与天命(性与命)的区分以及人之本质的证成上,孟子给出了一个深刻的阐明,将人之能自由地选择何者为人之本质与何者为天命,视为人的更为本质之处:"口之于味也,目之于色也,耳之于声也,鼻之于臭也,四肢之于安佚也,

---

① 颜渊死,孔子哀叹"天丧予"(《论语·先进》),伯牛有疾而悲叹"亡之·命也乎"(《论语·雍也》)。

② 孟子在《孟子·公孙丑上》与《孟子·离娄上》两次突出此点。

性也,有命焉,君子不谓性也。仁之于父子也,义之于君臣也,礼之于宾主也,知之于贤者也,圣人之于天道也,命也,有性焉,君子不谓命也"(《孟子·尽心下》)。在此,关键不在于性与命的具体规定之别,而在于人自身可以自由而能动地选择以何为性、以何为命。一言以蔽之,人之能自由而能动地选择自己的本质,是人的更为本质之处。就此而言,孟子之意显明,尽管天命与人自身的整体性生存相涉,但在道德生存论上,天命是无关于人之本质或人之本质性生存内容的力量。

　　但是,孟子如此主张并不彻底,甚至走向了其反面。道德主体性的突出引向生存的自信与自我实现,由此,孟子自信其自身的"在我"之努力,可以弥漫天地之间——"(浩然之气)至大至刚,以直养而无害,则塞于天地之间"(《孟子·公孙丑上》),从而在"我"之中可以备具天地万物——"万物皆备于我"(《孟子·尽心上》)。主体性行动自身之实现并不基于自身内在展开,而是受制于天的制约:"君子创业垂统,为可继也。若夫成功,则天也"(《孟子·梁惠王下》)。"行或使之,止或尼之。行止,非人所能也。吾之不遇鲁侯,天也"《孟子·梁惠王下》)。如此,通过将天命排斥在道德生存领域之外而突出心,在心的自我实现过程中,天命又重新返回到道德生存之中:"尽其心者,知其性也。知其性,则知天矣。存其心,养其性,所以事天也。夭寿不贰,修身以俟之,所以立命也"(《孟子·尽心上》)。在孟子,心的活动就是思:"心之官则思"(《孟子·告子上》)。尽心之本意,即是"尽思"①,或者"思以得其自身":"思则得之,不思则不得也"(《孟子·告子上》)。思之所得,按照孟子道德生存论的本意,应当指向并融入生存活动本身活生生的展开(即所谓必有事焉而勿忘勿助)②;但是,孟子将根源于且必须回归于生存活动之思,转而彰显一个脱离于鲜活生命活动的"本心"。鱼和熊掌不可兼得的道德生存困境,其真实的意义恰好在于道德主体在此困境之中的本真选择与

---

① 牟宗三含糊地说:"'尽心'之'尽'是充分体现之意,所尽之心即是仁义礼智之本心"(参见牟宗三《圆善论》,《牟宗三先生全集》第 22 册,第 130 页)。牟氏在现实之思以前,同传统儒学一样,预设了某种道德本质或道德原则,这与其以天人合一来理解"尽心知性知天"章是一致的。

② 参见郭美华《性善论与人的存在——理解孟子性善论哲学的入口》,《贵阳学院学报》(社会科学版)2017 年第 4 期,人大复印资料《中国哲学》2018 年第 1 期(也可参见本书"导论")。

本己行动,但孟子给出的是一个与现实背离的"本心"——"此之谓失其本心"(《孟子·告子上》)。所谓"失其本心",那就意味着理智之思为现实生存活动寻找到了一个超越的根据,而生命存在的现实丧失了与如此根据的本质一致的关联。①现实的生存活动,就成为一个不断寻找与返回本心的过程:"学问之道无他,求其放心而已矣"(《孟子·告子上》)。本心在一定意义上就是良知与良能的统一。表面上,孟子似乎以某种现实而"见在"②方式,证明了"四端之心"之作为"不学而知之良知"与"不学而能之良能"的当下存在。但是,恰好在此,有一个理智之思的僭越,即对于作为已然萌发的"端",转而给出一个"端"的根据:"端,绪也。因其情之发,而性之本然可得而见,犹有物在中而绪见于外也。"③朱熹为现实的已然萌发之端,以理智抽象"回溯地给出"一个隐匿不见的根据。此根据即是性之本然或本然之性,亦即天理本身。孟子也将良知或心体视为"天之所与我者"(《孟子·告子上》),从而在主体性活动与天命二者究竟何者为人之存在的最终根据这一问题上,孟子倒向了天:"天之生物也,使之一本"(《孟子·滕文公上》);"诚者,天之道也;思诚者,人之道也"(《孟子·离娄上》)。在此意义上,可以说孟子是"靠自己思维之力而贯通天人"。④而因为如此天人贯通是将排斥在道德生存之外的天命重新回置于道德生存之中,并且反过来作为道德生存的根据,中间缺乏一个清晰的生存展开轨迹,可以说为神秘主义的天命之回归:"人心深处有一密道可以上通于天。"⑤

　　孔孟在道德生存与天命之间的复杂与紧张,其分离与划界的维度,在后世的展开中,走向了将道德生存融入天命的"天人合一"式理解。尽管这有一个漫长而复杂的哲学历史过程,但我们可以通过朱熹和王阳明对"尽心知

---

　　①　关于"失其本心"的具体讨论,可参见郭美华《道德与生命之择——〈孟子·告子上〉"鱼与熊掌"章疏释》,《现代哲学》2013 年第 6 期。

　　②　在《孟子·梁惠王上》中,孟子对齐宣王阐明何以不忍杀牛而能忍杀羊,其根基就是"见牛而未见羊";孟子论证人皆有"四端之心",其根基也是"今人乍见孺子将入于井"。

　　③　朱熹:《四书章句集注》,第 238 页。

　　④　余英时:《论天人之际:中国古代思想起源试探》,中华书局,2014 年,第 41 页。

　　⑤　同上书,第 54—55 页。

性知天"章的不同解释,窥见一条不断将道德生存融于天命而消解人自身的鲜活生存的扭曲进程。而且,尤其值得警惕的是,因为在主体性活动与天命的合一之中缺乏逻辑与论证,后世理解的孟子式天人合一往往是基于独断论的"唯我主义天人合一",即以自我为天,比如孟子的如此言说,就不免以我为天的色彩:"天之生此民也,使先知觉后知,使先觉觉后觉也。予,天民之先觉者也;予将以斯道觉斯民也"(《孟子·万章上》)。"夫天,未欲平治天下也;如欲平治天下,当今之世,舍我其谁也"(《孟子·公孙丑下》)。在某种意义上,这也就是我们拒斥所谓天人合一的一个主要缘由。

二、朱熹的进路:理对心-性-天的本质贯穿与知先行后的认知取向

就孟子的致思逻辑而言,整体"生命和知识的关系乃是原始的所与"。①孟子在心-性-天关系上的复杂性与模糊性,以及其对于思的凸显②,使后世对"尽心知性知天"的理解往往先行关注于"思",并且以"与天合"、以天命为本来理解人的道德生存:

> 尽心者,人之有心,为精气主,思虑可否,然后行之,犹人法天。性

---

① [德]汉斯-格奥尔格·加达默尔:《真理与方法:哲学诠释学的基本特征》上卷,第305页。加达默尔所论的生命哲学观点之一。

② 《孟子》中多处提到的"思",是孟子哲学的核心概念之一。就总体倾向而言,孟子哲学中,"思"的基本规定是"思"本身内在于人的生命存在,一方面以具体的生存活动为内容(《孟子·离娄上》:"仁之实,事亲是也;义之实,从兄是也。智之实,知斯二者,弗去是也。"),另一方面不能穿凿而脱离现实生存活动地杜撰某种超越的实体依据(《孟子·离娄下》:"天下之言性也,则故而已矣,故者以利为本。所恶于智者,为其凿也。如智者若禹之行水也,则无恶于智矣。禹之行水也,行其所无事也。如智者亦行其所无事,则智亦大矣。")。不过,因为道德生存需要约束感性维度,"思"的突出易于脱离现实生存而走向理智抽象的普遍本质或超越实体。孟子对"思"的讨论,可参看郭美华《性善论与人的存在——理解孟子性善论哲学的入口》,《贵阳学院学报》(社会科学版)2017年第4期,人大复印资料《中国哲学》2018年第1期(也可参见本书"导论")。

有仁义礼智之端，心以制之。惟心为正。人能尽极其心，以思行善，则可谓知其性矣。知其性，则知天道之贵善者也。能存其心，养育其正性，可谓仁人。天道好生，仁人亦好生。天道无亲，惟仁是与，行与天合，故曰所以事天。贰，二也。仁人之行，一度而已。虽见前人或夭或寿，终无二心，改易其道。天若颜渊，寿若邵公，皆归之命。修正其身，以待天命，此所以立命之本也。[1]

赵岐注首先以先思后行来理解"尽心"与"知性"（思虑可否然后行之）。然后突兀地说"犹人法天"，并具体指出"性有仁义礼智之端"，将天与性视为一个东西，从而思之所得就是人天生所有的善（仁义礼智之端）。继而，其所谓行，就是将天赋固有的善端实现在行动或现实生存活动之中，认识到现实生存活动是对先天既有之善端的实现，这就是"知性"（"尽极其心，以思行善，则可谓知其性矣"）。再者，赵岐以天道贵善来为思善以行作担保，在理智循环中又给出一个"行与天合"来充当现实行动的目标——贵善的天道作为一个理智附加的预设，反过来成为现实生存活动的目的。最后，尽管赵岐还是将夭寿或生死置于道德生存之外，但是一方面他将思之认知先天的仁义礼智之善作为现实生存活动的基础，另一方面他以预设的天道作为善行的根据，并且初步给出二者本质一致，这都使对"尽心知性知天"的诠释，在道德生存论上开始疏离活生生的道德生存活动本身。

赵岐"知先行后"与"天人相合"的思路为朱熹所进一步推进：

心者，人之神明，所以具众理而应万事者也。性则心之所具之理，而天又理之所从以出者也。人有是心，莫非全体，然不穷理，则有所蔽而无以尽乎此心之量。故能极其心之全体而无不尽者，必其能穷夫理而无不知者也。既知其理，则其所从出（天），亦不外是矣。以《大学》之序言之，"知性"则"物格"之谓，"尽心"则"知至"之谓也。[2]

---

[1]　焦循：《孟子正义》下，第 875—878 页。

[2]　朱熹：《四书章句集注》，第 349 页。

　　醒目的是,朱子承继程子将心、性、天皆视为理的具体呈现的思路①,通过引入"理"的概念将几种概念真正勾连起来,从而以先天普遍之理作为心、性、天的共同本质:"心也、性也、天也,一理也。自理而言谓之天,自禀受而言谓之性,自存诸人而言谓之心。"②不论"理"的概念如何被"体贴出来",就其将心、性、天融合为一而言,它本质上都是基于理智思辨的抽象普遍性。从而,如此将理视为心、性、天的共同本质,都是先于、脱离于真实生存活动的理智穿凿。一个脱离于人的现实生存活动的人的生存之本质,无疑也就消解了现实的道德生存活动本身。如此消解现实道德生存活动的倾向,在朱熹引入《大学》"格物致知"来解释"尽心知性"时更为显豁。《孟子》文本的顺序,"尽心"在前,"知性"在后,如果将"尽心"理解为融于"现实道德生存活动"的明觉之思,孟子之意还可以理解为"内蕴着自觉的道德生存活动本身的展开,生成、造就自身的内容或本质"。但结合心、性、天三者一理的预设,朱熹以"知性"作为"尽心"的先在条件,现实生存活动之意就彻底消失了:"所以能尽其心者,由先能知其性,知性则知天矣。知性知天,则能尽其心矣。"③知性作为尽心的前提,实质性的含义其实是在于强调心认识普遍超越之理是心认识自身之理的先在前提。但因为朱熹预设了理是心、性、天的共同本质,物之理(或天理)与心之理之间的区别就湮没了。性即是理,理从天出,心所具为理,朱熹在这里不过是同义反复而已——先知性之为理且天为理之所从出,是能彻底认知心中所具有之理的前提。显然,心、性、天、理完全是在"认知"范围中兜圈子,根本与真实的生存活动没有关联。

　　就"尽其心者,知其性也"之本意而言,"尽"是一种主体性活动,"尽其心者"之"尽"并不以"天"作为"主体",而是以"心"作为主体,"尽"的主体性活动本身在某种意义上具有对于心、性、天三者一理的"生存论优先性";朱熹脱离现实的生存活动而以普遍之理为先,突出"认知优先性"。从道德生存

----

　　① 程颢、程颐:《二程遗书》,第 378 页。伊川先生语十一:"孟子言:'尽其心者知其性也,知其性则知天意。'心也、性也、天也,非有异也。"
　　② 朱熹:《四书章句集注》,第 349 页。
　　③ 朱熹:《朱子语类》第六册,第 1422 页。

论的视角看,认知优先性不可避免地消解了首要的生存论事实,即现实而具体鲜活的生存活动本身。由此,单纯从认知的角度看,朱熹以《大学》"格物致知"来诠释"尽心知性知天",以"知性知天"("物格"而知理)作为"尽心"(彻知所有理而"知至")的前提,也蕴涵着能知之心以所知之性为"外物"的含义。关于心与物的对峙及其在认知之域的和解,朱熹在《大学》"格物致知补传"中有一个阐述:

> 所谓致知在格物者,言欲致吾之知,在即物而穷其理也。盖人心之灵莫不有知,而天下之物莫不有理,惟于理有未穷,故其知有不尽也。是以大学始教,必使学者即凡天下之物,莫不因其已知之理而益穷之,以求至乎其极。至于用力之久,而一旦豁然贯通焉,则众物之表里精粗无不到,而吾心之全体大用无不明矣。此谓物格,此谓知之至也。①

朱熹引《大学》"格物致知"以解《孟子》"尽心知性知天",使人之存在转向在认知之域的观念融合本身,即,能知的心通过认识到事物之理,而将心融于理世界之中。理是普遍、超越的,与个体自身鲜活的生命存在活动无关,现实的个体性生存活动只有通过认知把握到这个理,并将自身融入理,才有意义。

朱熹将"尽其心者,知其性也。知其性,则知天矣"理解为先行之知,并且认为在认知展开环节中,以"知性"为"格物"而先于"尽心"之"致知"。在此基础上,他将"存心养性事天"理解为"行",认为"尽心知性知天"之"知"是"造其理",即获得真理性认识,"存心养性事天"之"行"是"履其事",只有先获得理,才能以事或行动实现此理:

> 事,则奉承而不违也……愚谓尽心知性而知天,所以造其理也;存心养性以事天,所以履其事也。不知其理,固不能履其事;然徒造其理

---

① 朱熹:《四书章句集注》,第6—7页。

而不履其事，则亦无以有诸己矣。①

知普遍之理才是尽心之理的先在前提，而"尽心知性知天"作为对理的认知，又先在于人之具体而现实的生存活动。如此认知优先性，乃是突出普遍本质对于现实生存的优先性，并且以先在的普遍本质，作为现实生存活动的本质——人的现实生存活动只是对于先行认知的、先在的普遍之理的实现，以使如此之理"实有诸己"。生命存在的展开过程，其真实性内容与本质，并不由生存活动的具体过程生成与造就，而是将自身之外、之先的普遍规定性落实、贯彻到现实的行动中。朱熹似乎在突出现实生存活动对于理之实现于世界的重要性，但本质上他是将现实生存活动视为普遍之理的实现工具而已。

朱熹如此以认知内在的先后（知性先于尽心）和知先行后的两重先后关系，来凸显普遍之理的认知优先性，将现实生命存在仅仅视为工具性的活动：

> 以《大学》之序言之，则尽心、知性者，致知、格物之事；存心、养性者，诚意、正心之事；而夭寿不贰、修身以俟之者，修身以下之事也。此其次序甚明，皆学者之事也。②

在这里，朱熹甚至将存养活动也视为诚意、正心的观念性活动。由此，其对于"尽心知性知天"章的理解，在道德生存论上，就走向了纯粹的观念性境界，而与生机勃发的现实生存活动天壤悬绝：

> 知天而不以夭寿贰其心，智之尽也；事天而能修身以俟死，仁之至也。智有不尽，固不知所以为仁；然智而不仁，则亦将流荡不法，而不足

----

① 朱熹：《四书章句集注》，第349页。
② 黄宗羲：《宋元学案》卷四十二，中华书局，1986年，第1370页。

以为智矣。①

毕竟,在朱熹看来,心的灵明觉知不以鲜活的现实生命为内容,而以超越的普遍之理为内容,从而"夭寿不贰"与"修身俟死"就被视为仁智统一之境界,不复孟子"事亲"与"行路"之"具体行事"意蕴。

三、王阳明的路径:共时性生存境界之差异与知行合一的取向

朱熹以《大学》"格物致知"之序来解释"尽心知性知天",撇开如上义理上的错失不论,即便从语法形式上看,也有着疑问。牟宗三即指出:"是则'尽心'是由于'知性',因果颠倒,不合孟子原句之语意,而历来亦无如此读解者,此所谓异解也。"②朱熹将《孟子·离娄上》中"得天下有道,得其民,斯得天下矣。得其民有道,得其心,斯得民矣"的"得其心,斯得民矣",改为"得其民者,得其心也",认为"尽其心者,知其性也"的句式与之相似,以论证"知性"在"尽心"之先。③这种做法本身也显示,朱熹所在意的并非孟子之原意,而是其自身之偏见。

实际上,不单是对于"尽心知性知天"章的解释,对整个孟子哲学的诠释,朱子都基于其认知主义立场而将具体、活泼的生存活动本身提炼成抽象的理,从而疏离了现实生命本身。④个体性现实生存活动与普遍性原则之间的张力,进一步拉大为消解、湮灭了生机活泼的个体性现实生存活动本身,片面地凸显超越的普遍天理。而且,朱子将此章与《大学》"格物致知"纯粹认知取向相比附,脱离了具体现实的生存活动本身这个生存论地基,以刻画

---

① 朱熹:《四书章句集注》,第 349 页。

② 牟宗三:《心体与性体》,吉林出版集团有限责任公司,2013 年,第 368 页。

③ 朱熹:《朱子语类》第六册,第 1422 页。

④ 郭美华:《道德存在的普遍性维度及其界限——朱熹对孟子道德哲学的"转戾"与"曲通"》,《哲学动态》2019 年第 6 期(也可参见本书第六章)。

一种由外向即物穷理而后反尽其心并践履其理的过程。但问题在于,内外悬隔的心与理,如何能够在心之内融洽一如? 正如张志强所论:

> "即凡天下之物,莫不因其已知之理而益穷之,以求至乎其极"的外向认识过程,如何能够在用力之久的状态之下,"而一旦豁然贯通",实现"众物之表里精粗无不到,而吾心之全体大用物不明"的内在境界跃升呢?[1]

阳明依据朱熹"格物致知"之说而亭前格竹致病,在某种意义上,就是对于朱熹心与理缺乏生存论的事实根基而内外悬隔的一种折射。

撇开阳明与朱熹在《大学》"格物致知"、心与理的关系等诸多问题上的具体差异,就"尽心知性知天"章的诠释而论,阳明用"知行合一"与《中庸》不同主体在天人合一上的横向差异或共时性差异,来反对朱熹基于"格物致知"与"知先行后"的历时性(这个历时性并非物理意义上的时间)解释,在推进主体性生存活动与普遍性天理(人与天或性与天)的纠结关系的同时进一步显露了二者的内在紧张。

关于阳明对"尽心知性知天"的理解,《传习录》有一段较为完满的记载:

> "尽心"由于"知性","致知"在于"格物",此语然矣。然而推本吾子之意,则其所以为是语者,尚有未明也。朱子以"尽心、知性、知天"为物格知致,以"存心、养性、事天"为诚意正心修身,以"夭寿不贰、修身以俟"为知至仁尽,圣人之事。若鄙人之见,则与朱子正相反矣。夫尽心知性知天者,生知安行,圣人之事也;存心养性事天者,学知利行,贤人之事也;夭寿不贰,修身以俟者,困知勉行,学者之事也。岂可专以尽心知性为知,存心养性为行乎? 吾子骤闻此言,必又以为大骇矣。然其间

---

① 张志强:《朱陆·孔佛·现代思想——佛学与晚明以来中国思想的现代转换》,中国社会科学出版社,2012 年,第 38 页。

实无可疑者,一为吾子言之。夫心之体,性也。性之原,天也。能尽其心,是能尽其性矣。《中庸》云:"惟天下至诚。为能尽其性。"又云:"知天地之化育""质诸鬼神而无疑,知天也"。此惟圣人而后能然。故曰:此生知安行,圣人之事也。存其心者,未能尽其心者也,故须加存之之功。必存之既久,不待于存,而自无不存,然后可以进而言尽。盖知天之如,如知州、知县之知。知州,则一州之事皆己事也;知县,则一县之事皆己事也。是与天为一者也。事天则如子之事父、臣之事君,犹与天为二也。天之所以命于我者,心也,性也。吾但存之而不敢失,养之而不敢害,如"父母全而生之,子全而归之"者也。故曰:此学知利行,贤人之事也。至于夭寿不贰,则与存其心者又有间矣。存其心者,虽未能尽其心,固已一心于为善,时有不存,则存之而已。今使之夭寿不贰,是犹以夭寿贰其心者也。犹以夭寿贰其心,是其为善之心犹未能一也。存之尚有所未可,而何尽之可云乎?今且使之不以夭寿贰其为善之心。若日死生夭寿,皆有定命,吾但一心于为善,修吾之身以俟天命而已,是其平日尚未知有天命也。事天虽与天为二,然已真知天命之所在。但惟恭敬奉承之而已耳。若俟之云者,则尚未能真知天命之所在,犹有所俟者也。故曰:所以立命。立者,创立之立。如立德,立言,立功,立名之类。凡言立者,皆是昔未尝有,而今始建立之谓。孔子所谓"不知命,无以为君子"者也。故曰:此困知勉行,学者之事也。①

从义理上看,阳明以生知安行、学知力行、困知勉行来解释"尽心知性知天"章,是对《论语》《孟子》与《中庸》的兼采。孔子曰:"生而知之者,上也;学而知之者,次也;困而学之,又其次也;困而不学,民斯为下矣"(《论语·季氏》)。孟子曰:"尧舜,性之也。汤武,身之也。五霸,假之也"(《孟子·尽心上》)。"或生而知之,或学而知之,或困而知之,及其知之一也。或安而行之,或利而行之,或勉强而行之,及其成功一也"(《中庸》)。

首先要注意的是,阳明以"生知安行""学知力行"与"困知勉行"的主体

---

① 王阳明:《传习录注疏》,第96—98页。

间共时性区别,来解释"尽心知性知天"章,根基在于"知行合一"。阳明关于知行合一的诸多论说且不论[①],他以"知行合一"诠释"尽心知性知天"章的问题关键在于,将朱熹勾销了的"行动"或"活动"重新召唤回来。没有具体而现实行动为基础的心、性、天,完全是理智的抽象。知行合一或知与行二者的统一,其实质就是阳明非常强调的"必有事焉"与"事上磨练"。由此,阳明突出"致良知"之"致"的活动在生存论上优先于良知本身;而且,他不但说"心外无物",还进一步说"物外无心",心物二者在"事"上合一。[②]在此意义上,阳明哲学并非简单的"良知本体论"或"心本体论",而具有"事本体论"的特色。"必有事焉"与"事上磨练"的突出,意味着具体生命活动在道德生存论上的本源性。

其次,知行合一展开为一个现实的过程,在此过程中,天与人之间并非一个认知所追溯的"源初合一",而是将认知融入于行动的、经由现实生命活动展开而有的"生成性合一"。阳明承认"尽心知性知天"是圣人生知安行而直接实现了心、性、天三者合一或天人合一,尽管此说有所偏颇,但他也说"圣人亦是'学知'"[③],为此作了一定的纠偏。贤人"存心养性事天",见得有天,但其现实生存与天还是分而为二;一般学人"夭寿不贰,修身以俟之",在其现实生存活动中,天尚未呈露。在某种意义上,贤人的天人为二与一般学人的天之隐匿不显,有着悬置直接性天人合一的意义,而凸显着现实生存活动这一生存论根源。朱熹用"知行"的两重先后之序,将整个"尽心知性知天"章连贯起来,以历时性的样式呈现,却因为其认知取向而在认知优先性下消解了生存论上的具体活动优先性,天人关系在其历时性中反而显现出非过程性。相反,阳明以圣人、贤人、一般学人的共时性差异,基于知行合一之"必有事焉的现实生存活动",将天人(心、性、天)之间的关联呈现为天之隐匿、天人为二与天人合一三种不同的现实生存状态,其共时性差异却显现

①   关于知行问题的具体讨论,参见郭美华《道德觉悟与道德行动的源初相融之在——王阳明知行合一论的道德生存论意蕴》,《贵阳学院学报》(社会科学版)2019 年第 6 期。

②   具体讨论可以参见郭美华《致良知与性善——王阳明〈传习录〉对孟子道德哲学的深化》,《江南大学学报》2015 年第 5 期(也可参见本书第七章)。

③   王阳明:《传习录注疏》,第 195 页。

出天人关系的过程性。在过程性中理解天人关系,过程展开的基础就是人自身的现实生存活动。就此而言,阳明较之朱熹更为注重具体现实生存活动的本源性,而对单纯的认知主义进路有所克服。

最后,值得一提的是,不同主体在知行合一上的不同程度,以及在天人关系上的隐匿、分而为二、合一的共时性差异,折射出不同主体现实生存活动本身的差异。现实生存活动的差异,或者说从差异绽放的角度理解现实生存活动,具有彰显个体性生存的意义。而个体性的彰显,是生存活动之为现实而真实的最终依据。

然而,阳明基于知行合一、必有事焉的诠释,其敞露的积极生存论意义还是有限的。一方面,阳明接受了朱熹的“心-性-天本质一致”的预设:“心也,性也,天也,一也。故及其知之、成功则一。”[1]在所知之本质一致、生存活动本身展开指向的目标一致的基础上,所谓不同主体、不同个体的差异,实际上只是天赋能力大小以及由之引起的学习快慢之别,而不是个体性生存活动本身作为生命本质的差异,不是生机勃勃、五彩缤纷本身的“生存”差异,而是死气沉沉、色彩纯粹单一的“学习”差异:“三者人品力量,自有阶级,不可躐等而能也。”[2]另一方面,其知行合一所突出的行,也有着消解心物交融之行事的倾向,而以纯粹的观念活动为行:“我今说个‘知行合一’,正要人晓得一念发动处,便即是行了;发动处有不善,就将这不善的念克倒了,须要彻根彻底不使那一念不善潜伏在胸中;此是我立言宗旨。”[3]一念发动处即是行,并要求克恶念,这是对于道德纯粹性的某种高蹈之论,而疏离于现实的生存活动。

四、天人分界与真实生存的绽放可能

哲学致思展开的过程,揭露一个实情:人自身实现自身,人自身也扭曲

---

[1]　王阳明:《传习录注疏》,第170页。

[2]　同上。

[3]　同上书,第198页。

自身。天人合一之论,表面上是人自身实现的某种完满状态,实质上却是人自身实现的某种扭曲样式。孔子说"性相近也,习相远也"(《论语·阳货》),从生存论上说,天生固有之性并不重要,生命的习行过程所造成的差异才更重要。但后世总是在思辨认知的意义上,认为习行之区别不重要,而相近相同之性才重要。孟子说"人皆可以为尧舜",荀子说"涂之人可以为禹",后世认为这是道德平等之论,是道德之善的体现。然而,问题在于:就历史与现实而言,尧只有一个,舜只有一个,禹也只有一个,让无数充满差异的人去做那同样的"唯一一个",这怎么看都是不道德的。道德生存论视角下,我的独一无二的活生生的、逃逸于抽象概念之囚禁的真实存在何以可能? 在分析朱熹和阳明对"尽心知性知天"章的诠释中,我们领悟到一个基本的哲学洞见:认知优先性的"天人合一"论或"心、性、天一理论",是湮没真实存在的哲学曲见:"独断论的'天人合一'说,理路上和非功利主义的伦理理性与泯灭个性的'无我'论相连结。"①

独断论的天人合一消灭自我,将现实生存完全消解融于某种超越的天理。其具体表现有朱熹所谓"存天理、灭人欲"的"醇儒"之论:"尽夫天理之极,而无一毫人欲之私。"②阳明赞同"存天理、灭人欲"之论,并且与成圣的普遍性承诺勾连一起,其言:"圣人之所以为圣,只是其心纯乎天理,而无人欲之杂。犹精金之所以为精,但以其成色足而无铜铅之杂也。人到纯乎天理方是圣,金到足色方是精。"③精金在于足色,而不在于分量;圣人在于纯乎天理,而不在于才力之大小。允诺一个"我与圣人拥有同样的良知":"自己良知原与圣人一般,若体认得自己良知明白,即圣人气象不在圣人,而在我矣。"④辅之以"圣人可学而至",于是,就将所有人、每一个人引向绝对的"一"——既是普遍的本质,也是唯一的真理之"一",更是最完满的生存状态之"一"。具有差异性、多样性的不同个体,其现实生命活动,就成为自己之外的、某个"他者"给出的唯一而绝对的"一"的具象化表现。"独一无二的

---

① 高瑞泉:《"天人合一"的现代诠释——冯契先生"智慧说"初论》,《学术月刊》1997 年第 3 期。

② 朱熹:《四书章句集注》,第 3 页。

③ 王阳明:《传习录注疏》,第 63 页。

④ 同上书,第 123 页。

我"是没有意义的,只有"绝对而普遍的一"才是有意义的。如果"我"要有一点生存的意义,那么,"我"就得成为"一"的载体与实现之具。

只要以独断论的"天人合一"为基础,就必然会导致湮灭个体生存活动的"无我论"。因此,天人之间或心、性、天之间,基于现实生存活动的展开过程而进行适当的划界与合理的分离,是道德生存论能重新获得生机的前提。

孟子所谓"尽心知性知天",就其实质性意涵而言,可以视为对孔子"十有五而志于学"章的思辨性提炼。"尽心"之能动的生存活动的展开,是人得以领悟自身本性的基础;而人之领悟自身之本性,是人能认知天之所以为天的基础。这里体现了一种属我的内在必然性与非我的外在必然性之间的关联。这不是一个认识论意义上的本质一贯过程,而是一个自身领悟的生存活动,同时领悟于自身存在界限的问题:一个自我觉悟的生存活动本身,一方面将自身存在的本质之性视为一个未完成的、不断生成的过程,另一方面领悟于自身存在过程中,总有着自觉领悟与自主行动之外的必然性和偶然性力量渗透生命、限制着生命存在。正是在如此双重领悟下,活生生的生命存在活动才得以真实地展开。简言之,在道德生存论上理解孟子哲学中心-性-天的关系,必须以"我"与"天"(道德生存与天命)的彼此划界为基础。[1]现代新儒学比如牟宗三依然在天人合一的陈旧模式下理解"尽心知性知天":"宇宙秩序即是道德秩序,道德秩序即是宇宙秩序。"[2]如此以"道德与宇宙合一"来理解心-性-天的关系,不过是用新瓶装旧酒,依然将活生生的现实的生命存在活动埋没在理智的抽象之中,而没有给出逸出概念之外的真正个体性存在[3],即基于本真选择与切己行动而生成自身的真实个体。

人诚然是一个有限的存在者,但其有限性是在自身的本己存在活动中持守自身,而不被无限消解或吸纳:"对于有限来说,有限与无限的关联并不

---

①　郭美华:《古典儒学的生存论阐释》,第 57 页。

②　牟宗三:《圆善论》,《牟宗三先生全集》第 22 册,第 135 页。牟氏对"尽心知性知天"的白话疏解,就是对如此"道德与宇宙合一"的具体阐述,参见牟宗三《圆善论》,《牟宗三先生全集》第 22 册,第 129—130 页。

③　冯契说:"一个生活中的我,作为具体的存在,却总是有难以用语言表达的情况。"参见冯契《人的自由和真善美》,第 188 页。

在于有限被其所面对者吸纳,而是在于有限寓于其本己存在,自存于己,在此世行动。"①自存于己的在世活动是一个具体的自由生存活动,并不让自身与某种抽象的原则一致:"自我的自由,既不是一个孤立的存在者的任意性,也不是一个孤立的存在者与一种对于所有人来说都是必要的、理性的和普遍的法则之间的一致。"②就此而言,如何走出朱熹和王阳明以及牟宗三等典型的"天人合一"或"心、性、天一理"的进路,而重新阐发孟子"尽心知性知天"中的道德生存论意蕴,释放出活生生的人自身,依然有待一个漫长的哲学致思之旅。

---

① ［法］伊曼纽尔·列维纳斯:《总体与无限:论外在性》,第283页。
② 同上书,第241页。

第十章　整体之诚与继善-成性

——王夫之对孟子道德哲学的诠释

　　王夫之诠释孟子,谓:"愚不敢避粗浅之讥以雷同先儒,亦自附于孟子距杨、墨之旨以俟知者耳。"①意思是说,与宋明儒相比,他多加以批驳而立异,但意旨则在于效仿孟子拒杨、墨。深一层看,王夫之认为宋明儒并未得孟子思想之真,而他自己则得其真。就此而言,王夫之对自己的孟子诠释是颇为珍视的。道德哲学以人的存在为其中心关注,一般而言,它首先要回答"人是什么"的问题。然而,"人是什么"的问题很难回答。在道德生存论上,人与万物的关系,其同与异的合理辩证,是儒家道德哲学的一个基础性观念。自孟子、荀子以下,在道德哲学上关于人性问题的探讨概莫能外。王夫之之前的儒学关于人与万物之间关系的讨论中,朱熹的观点具有典型代表性。但朱熹从理气关系对人与万物的辩证,常常陷于纠结不清之中。②在王夫之看来,人与万物(包括禽兽)之同异,有一个不同层次的划分:从"天地之仁"的角度看,人与物同;从"天地之义"的角度看,人与物异。混淆了二

---

　　①　王夫之:《船山全书》第六册,第 1083 页。

　　②　无论从理说还是从气说,朱熹哲学仅仅从思辨构造的本体-宇宙论出发,似乎都无法合理而明晰地辨别人与物。比如《答黄商伯》:"论万物之一原,则理同而气异;观万物之异体,则气犹相近而理绝不同。气之异者,纯驳之不齐;理之异者,偏全之或异。"参见朱熹《朱子全书》第 22 册,第 2130 页。

者,就陷入了异端的错误:"天地之化,同万物以情者,天地之仁也;异人之性与才于物者,天地之义也。天地以义异人,而人恃天地之仁以同于物,则高语知化,而实自陷于禽兽。此异端之病根,以灭性隳命而有余恶也。"①天地之仁,可以说为本体-宇宙论预设;天地之义,可以理解为道德生存论。从本体-宇宙论预设上说,人与物都是天地整体变化的生成-显现物;从道德生存论而言,人与物彼此相互区别而展开自身。尽管王夫之人性论思想仍然有着自然宇宙论思辨的色彩,但是,其哲学思考明确强调从生存活动的实情出发来理解人自身的道德性存在,则给出了很多富于启发性的深思。本章以王夫之《读四书大全说》之《读孟子》部分为本,对王夫之的孟子学思想——主要是王夫之对孟子道德哲学的诠释——做一个考察。

一、性不可比拟于物:理智抽象的扬弃与人自身的整体性

在《孟子·告子上》中,就"人是什么"或"何为人性"的问题,孟子与告子有若干争论(王夫之的孟子诠释,主要的观点也集中在《告子》篇中),其中"性犹杞柳"章告子将人性比作杞柳,"性犹湍水"章将人性比作湍水,"生之谓性"章将人性比作犬牛之性,王夫之劈头说:

> 告子说"性犹杞柳""犹湍水",只说个"犹"字便差。人之有性,却将一物比似不得,他生要琢磨推测,说教似此似彼,总缘他不曾见得性是个什么;若能知性,则是无可比拟者。②

在王夫之看来,性"是无可比拟者",意思是说:性不能以理解或认知物的方式来加以把握;性就是性,不能比拟为任何一物。对于物,我们总能以

---

① 王夫之:《船山全书》第六册,第 1072 页。
② 同上书,第 1051 页。

外在认知性的眼光来加以执取，以下定义的方式来理解（通常是种加属差的方式，即以抽象普遍性湮没个体性之在的方式）；但是，性不能认知主义地下定义说"性是什么"。对于性而言，它就是活生生的在者自身那个活生生的在世活动本身所不断造就者、不断生成者，它内在于在世活动本身，它为在者活生生的在世活动本身所领悟，而不可对象化地加以执取。因为就认知而言，一方面，在外在观察的视野下，杞柳或湍水与观察者（观察的主体）的活生生之在总是具有一定的陌异性。而比拟作一物，这物即是外在者，而性是内在者。因此，不能作一物观。另一方面，在认知眼光下，被外在对象化地加以观察的主体与客体，都是被假设为毫无内容的普遍性的空灵之物或凝固不变之物。而对于性而言，在任何时候，它都是充满活生生的、不断丰富的内容的具体性和差异性，不可能假设它有一个超验的不变状态或普遍规定性。就其与认知领域的物相比较而言，我们对于一般物质总是在否定式地说"此物不是什么"之际，还须肯定式地说明"此物是什么"。但是，对于性，我们只能否定式地说"性不是什么"，而不能肯定式地说"性是什么，犹如什么什么物"。因为，充满活生生内容并不断变迁的性，其本质恰好在于它总是在不断自我否定之中展开自身。在《孟子·告子上》，孟子与告子有几个争论，在王夫之看来，告子所说都是错误的"拟物"之论。拟物之论，将性推而外化，认知地加以把捉，这完全背离了性之为性的本真。无论能知之主体与所知之客体的外在对立，还是普遍抽象之认知规定与具体而特异之在世活动的对峙，性都得不到真实的显露。认知作为自身领悟的曲折乃至于扭曲之强化，往往舍弃自身的真实内容而凌空蹈虚，而作为认知本质与根源的性，恰好就正在于富有内容的自身领悟或者说自身的丰富内容；普遍抽象的知性规定，则将具体而活生生的个体湮没而成为非人的虚幻"本质"或"实体"，而人也就成为无本质的"僵尸"或"死物"。只有重新扭转认知主义眼光，才能呈现性之实情是具体个体的活生生的那个绽放之不绝或不绝之绽放。

　　王夫之认为，告子将性比拟于物，其错失是"不知气"："朱子谓告子只是认气为性，其实告子但知气之用，未知气之体，并不曾识得气也。告子说'勿求于气'，使其能识得气之体，则岂可云'勿求'哉！若以告子所认为性之气乃气质之气，则荀悦、王充'三品'之言是已。告子且以凡生皆同，犹凡白皆白者为性，中间并不分一人、禽等级，而又何有于气质之差也！"①所谓"凡白皆白者为性"，即是说一切白物之性同为白，白色的雪花与白色的羽毛以及白色的玉石，其性同为白，而丧失了雪花之消融性、羽毛之轻飘性与玉石之温润性的差异。相应地，告子以为人之生如禽兽（动物）之生，都是一样的气质使然，都是有生之物的肢体性运动（知觉运动）。王夫之指出，告子根本不知气之体，没有从人与禽兽之气的体之不同来理解人与禽兽的气之不同："告子既全不知性，亦不知气之实体，而但据气之动者以为性。动之有同一者，则情是已；动之于攻取者，则才是已。若夫无有同异、未尝攻取之时，而有气之体焉，有气之理焉（即性），则告子未尝知也。"②所谓气之体或气之实体，就是气之本然。在气之本然中，情、才、气、性（理）是一体而有的。告子只是从气之攻取中看到表面的知觉蠢然运动之相似，而没有看到其内在的本质之异。不知气，即是不知气中有性；不知气中有性，也就是根本不知气。如果知道性、气一体，则人的气质之本然就不同于禽兽之气质："人有其气，斯有其性；犬牛既有其气，亦有其性。人之凝气也善，故其成性也善；犬牛之凝气也不善，故其成性也不善。"③"人之性既异于犬牛之性，人之气亦岂不异于犬牛之气！人所以视听言动之理，非犬牛之所能喻；人视听言动之气，亦岂遂与犬牛同耶！人之甘食悦色，非自陷于禽兽者，则必不下齐于禽兽。"④性气一体的观念打破了生物主义本能说与抽象本体论各执一端的歧路：前者以人的自然禀赋来解释人的道德生存，难以与动物或禽兽相区别；后者以穿凿的理智虚构一个精神本体来解释人的现实道德生存，无法切中肯綮地说明人的现实多样性与具体性。具体而现实的性气一体，在其实然的生存绽放中，就已经浑然不分；而其现实的绽放，犬之性不同于牛之性，牛之性不同于羊之性，且人之性更是大不同于犬牛羊之性。人与犬牛相比较，是性、气皆不同，这是告子不知道的，他认为人与犬牛羊一样都是本能知觉之动，而不懂得人的手之动与脚之动内蕴着人之心、性。人之性与犬牛羊之性不

---

① 王夫之：《船山全书》第六册，第 1052 页。
② 同上书，第 1053 页。
③ 同上书，第 1054 页。
④ 同上书，第 1058 页。

同，就在于人之性与人之心、人之气浑然一体；告子将性还原为气，割裂心、性、气，当然看不到人与犬牛羊的真正区别。实质上，人的手脚与犬牛羊的蹄子之不同，并不是死物之生物学性质的差异，而是活物之活生生的活动之不同，即人伸出自身的手脚不等于犬牛羊踢出其蹄子。在活动的意义上，性气浑然一体，人与犬牛羊的性，作为活的"生"才得以如其自身而相异。

撇开王夫之的自然宇宙论预设①，他将性气一体奠基于心气一体，指出告子之不知气就是没有从心与气的交养出发来理解人自身："苟其识夫在天之气，唯阴唯阳，而无潜无亢，则合二殊、五实而无非太极（气皆有理）。苟其识夫在人之气，唯阴阳为仁义，而无同异无攻取，则以配义与道而塞乎两间（因气为理）。故心气交养，斯孟子以体天地之诚而存太极之实。若贵性贱气，以归不善于气，则亦乐用其虚而弃其实，其弊亦将与告子等。夫告子之不知性也，则亦不知气而已矣。"②何谓不知气呢？在王夫之看来，孟子讲心气交养，二者融合为一以"体天地之诚而存太极之实"——换言之，心与物或心与气就是在一种具体活动状态中的相融互摄，这是人之实存之情，也是人

① 对性、理、气的关系以及人和禽兽的善与不善之分，王夫之有一个自然宇宙论的敷设："理即是气之理，气当得如此便是理，理不先而气不后。理善则无不善；气之不善，理之未善也（如犬牛类）。人之性只是理之善，是以气之善；天之道惟其气之善，是以理之善。'《易》有太极，是生两仪'，两仪，气也，唯其善，是以可仪也。所以《乾》之六阳，《坤》之六阴，皆备元、亨、利、贞之四德。和气为元，通气为亨，化气为利，成气为贞，在天之气无不善。天以二气成五行，人以二殊成五性。温气为仁，肃气为义，昌气为礼，晶气为智，人之气亦无不善矣。理只是以象二仪之妙，气方是二仪之实。健者，气之健也；顺者，气之顺也。天人之蕴，一气而已。从乎气之善而谓之理，气外更无虚托孤立之理也。乃既以气而有所生，而专气不能致功，固必因乎阴之变、阳之合矣。有变有合，而不能皆善。其善者则人也，其不善者则犬牛也，又推而有不能自为杞柳之杞柳，可使过颡、在山之水也。天行于不容已，故不能有择必善而无禽兽之与草木（杞柳等），然非阴阳之过，而变合之差。是在天之气，其本无不善明矣。天不能无生，生则必因于变合，变合而不善者或成。其在人也，性不能无动，动则必效于情才，情才而无必善之势矣。在天为阴阳者，在人为仁义，皆二气之实也。在天之气以变合生，在人之气于情才用，皆二气之动也"（王夫之：《船山全书》第六册，第1052—1053页）。王夫之以气本论与气善论来诠释孟子道德哲学，从道德生存论的视角而言，如此自然宇宙论敷设并不具有本质的意义。而且，王夫之有时候过于求异，对宋明儒多加批驳，也常有不一致乃至矛盾混乱之处（参见陈来《诠释与重建：王船山的哲学精神》第6—8章，北京大学出版社，2004年）。

② 王夫之：《船山全书》第六册，第1054—1055页。

之性之实然。告子所谓性,则是离了心的气;而宋明儒之贵性贱气,则是单独突出离了气的心。无论是离气之心,还是离心之气,二者的错失都是裂心物或心气为二,而不得人性之实情,既是不知性,也是不知气。不知气的本质,就是不知人本身。

因此,人的知觉运动就内蕴着心的自觉与道德性内容:"仁义者,心之实也,若天之有阴阳也。知觉运动,心之几也,若阴阳之有变合也。若舍其实而但言其几,则此知觉运动之惺惺者,放之而固为放辟邪侈,即求之而亦但尽乎好恶攻取之用。"①对于人而言,单纯的肢体性运动与耳听目视等之感觉,其间即渗透着心思之明觉;而且,心思之明觉是有内容与秩序的,即心之明觉的真实内容与内在的秩序就是"仁义"。这也就是气之实体:"若夫人之实有其理以调剂夫气而效其阴阳之正者,则固有仁义礼智之德存于中,而为恻隐、羞恶、恭敬、是非之心所从出,此则气之实体,禀理以居,以流行于情而利导之于正者也。"②人之在世的源初之动,作为自身领悟的心思之明就是内蕴道德内容与秩序的:"必须说个仁义之心,方是良心(言良以别于楛,明有不良之心作对)。盖但言心,则不过此灵明物事,必其仁义而后良也。"③单纯的灵明之心,因为没有仁义的道德性内容,并不是道德意义上的良心。就实情而论,人的现实之心,总是灵明与仁义的统一。因此,孟子认为人心就是具有仁的内容,即孟子所谓"仁,人心也"(《孟子·告子上》)。对此,王夫之准确地看到,仁与心的统一才是人之真实的心:"直以仁为人心,而殊于物之心,故下直言求心而不言仁。乃下直言心,而言心即以言仁,其非仅以知觉运动之灵明为心者亦审矣。"④由于心内蕴着仁之性,仁的道德性就内在于灵明之心,心与性具有内容的一致性,所以,在孟子那里,"尽心"就能"知性":"若夫言'存',言'养',言'求',言'尽',则皆赫然有仁义在其中,故抑直显之曰'仁,人心也'。而性为心之所统,心为性之所生,则心与性直不得

①　王夫之:《船山全书》第六册,第 893 页。
②　同上书,第 1053—1054 页。
③　同上书,第 1077 页。
④　同上书,第 1081 页。

分为二,故孟子言心与言性善无别,'尽其心者知其性',唯一故也。"①尽心作为在世主体之能动性的自我实现活动,将自身之所本有实现出来,此所实现或凝聚,就是人的本质(性)之所在:"心便是统性情底,人之性善,全在此心凝之。"②心作为能动者,既是觉与仁的统一,也是觉与仁展开实现过程的主导者。人之所以为善,就是心的能动作用能将觉与仁展开过程中之所实现不断凝结为自身内在的内容。借用体用观念来说,知觉运动与心思之明觉是用,其内在的真实内容与秩序是体,单纯知觉运动之用不能脱离心思之明觉以为用,而无论知觉运动之用抑或心思明觉之用,都是内在本质(内容与秩序)之实现——没有不表现本质之体的用,也没有不表现为用的本质之体:"当其有体,用已现;及其用之,无非体。盖用者用其体,而即以此体为用也。"③人的现实的感性存在活动根本不存在无本质的单纯知觉运动,现实之人心更不存在脱离道德内容的单纯灵明之心。

告子的错误之处,就是以为人的肢体性运动和耳目感觉与动物的肢体性运动和耳目感觉是一样的。从而,将知觉运动视为与心思之明觉彼此外在,并将二者与其内容和秩序(仁义)视为彼此外在的东西。如此,人之获得自身的存在活动的自觉,就需要设定一个感性生存活动之外的精神实体和人的感性生存活动之外的普遍原则或规范。在王夫之看来,后儒多陷于告子而不自知。脱离了具体内容及其内在秩序而求人的本质,往往易于"空立心体,泛言存之"而"遗仁之大用","而于鸢飞鱼跃,活泼泼地见得仁理昭著者,一概杀,徒孤守其洞洞惺惺、觉了能知之主,则亦灵岩三唤主人之旨而已"。④肢体性知觉运动与心思之明觉,本来就与行事浑融一体,亦即心、事、理之一体——"心原以应事,而事必有其理"。⑤因此,身体运动、心思明觉、生存活动之内容及其秩序(理),就是在行事之中浑融一体的。要对它们加以割裂剖分,便失却人之在世的实情了。

---

① 王夫之:《船山全书》第六册,第 893—894 页。
② 同上书,第 1022 页。
③ 同上书,第 894 页。
④ 同上书,第 882 页。
⑤ 同上书,第 883 页。

　　从认识论上说,要对人性加以"认识",需要心的明觉作用。而心的明觉总是与行事内容浑不可分的,当心以心为对象认知地加以把握,这就在两层意义上滑失了:一是心自身被假设为一个脱离其形式内容与秩序的空灵无物的灵明觉知;二是心被剖分为二,一半为能知,一半为所知,能知之心与所知之心陷入一个无穷的倒退关系之中,而使得心自身永远不可把捉。在对孟子所谓"求放心"的解释中,王夫之着重指出心之灵明与道德内容(仁义)之统一及二者与行事的统一两个方面。一方面,此所谓心是灵明觉知与道德内容的统一:"所放所求之心,仁也。而求放心者,则以此灵明之心而求之也。仁为人心,故即与灵明之心为体;而既放以后,则仁去而灵明之心固存,则以此灵明之心而求吾所性之仁心。以本体言,虽不可竟析之为二心,以效用言,则亦不可概之为一心也。"①明觉与道德的统一是心的本然之在;视之为二,是从效用上做的勉强区分。另一方面,灵明觉知与道德内容统一于具体行事,要随事而相应以求其放心:"求放心者,求仁耳……'克己复礼','主敬行恕','居处恭,执事敬,与人忠','能行恭宽信敏惠于天下',皆求放心之道也。若但提醒此灵明,教不昏着睡着,则异端之彻夜达旦,死参死究者,莫有仁焉者矣。"②道德生存的基石,就是内蕴着明觉和仁义(作为道德情感与道德规范的统一)的行动的不绝展开。不从当下具体的富于内容的生命活动出发,反而将行动视为某种抽象精神实体的实现,或者视为某种先验普遍原则的贯彻,都是告子式的异端之说。

　　性气一体或心气一体乃至于心事一体,都是指人的活生生的感性生存活动本身。在此活生生的生存活动中,有"性",有"心",亦有"情"。在一定意义上,情是感性生存活动之动的特出表现。它关涉两个方面:一是与物相联,二是与人相关。告子认为,甘食悦色之欲与爱弟之情作为自然本能之发,它本身是一种自我满足的爱感或欲求,是内在的,而对此情或爱的制约(理义)是外在于情爱的。王夫之批评说,一方面,甘食悦色之欲与爱弟之情本身有着区别:"告子唯以情为性,直将爱弟之爱与甘食悦色同一心看待。

---

　　①　王夫之:《船山全书》第六册,第 1082 页。
　　②　同上。

今人若以粗浮之心就外面一层浮动的情上比拟,则爱弟之心与甘食悦色之心又何别哉?"①二者的区别本身是内在的,此区别就是情欲之道德性的体现所在。所以,另一方面,王夫之明确指出,情爱与理是一体不分的,由爱而有理,由理而爱,两方面相辅相成:"朱子曰'仁者爱之理',此语自可颠倒互看。缘以显仁之藏,则曰'爱之理';若欲于此分性情、仁未仁之别,则当云'理之爱'。先言爱,则因爱而辨其理;先言理,则吾得理之气,自然有此亲亲、仁民、爱物之成能油然顺序而生也,故曰'性之德'也。"②情爱之发有其内在之理,既表现在每一情之所发皆有其则,也表现在不同之情有其序。王夫之在此虽然认可了由情而体现理,但否定了自然主义的情欲自然为善之说。

简言之,从单纯理智抽象的角度出发,易于将人性的理解引向生物学意义上的各种天赋属性或先验性精神实体的本质属性两种错误的观点,这都是对人性真实的错失;只有基于行动基础上的身心一体、性气一体、心事一体的整体性意义上,才能准确地理解人自身以及人性的真实。亦即是说,收摄外在认知为内在觉悟的活生生的生命绽放活动本身,才是人之性的源出与归宿。告子的拟物之论,实质上把人之性看成了人之整体生命的外在物;王夫之解孟子,凸显了性之为生的基本意义——人与犬牛羊的区别不是认识论上的性质区别,而是生存论上的生存状态(生存之内容与秩序)之别。

二、"性不可域善"与"以诚代善":天人整体与人的继-成

与性相应,善是孟子哲学的核心概念之一,对于善的诠释也是之后儒学哲学的主题之一。就狭义的理解而言,善仅仅是一种价值概念,而且常常被理解为某种名词性或形容词性的属性,归之于某种超越实体(比如良知或天道、天理)的属性。这样的理解,与孟子所谓善或性的动态性含义并不契合。

---

① 王夫之:《船山全书》第六册,第 1059—1060 页。
② 同上书,第 1060 页。

《孟子·告子上》有一个明确的说法:"人性之善也,犹水之就下也。"就词性而言,"善"与"就下"是一样的动词性。善和性都从动态的含义来理解,这是一个基本的立足点。①就此而言,王夫之坚持自程颢以来以《易传》解孟子的基本主张。②同时,所谓善,并非仅仅指向原子式个体自身的某种属性,王夫之这里采纳了张载以来的整体宇宙论的观念来论述善,提出"性不可域善"的主张:"'一阴一阳之谓道',道不可以善名也。'成之者性也',善不可以性域也。善者,天人之际者也,故曰'继之者善也'。"③所谓"善不可以性域","域"就是限制的意思,就是说不能以原子式个体的狭隘属性(甚至不能以独立于天地之片面的作为类本质的人)来讨论善,而是要以阴阳变化与继(历史性延续)、成(自我创造)相统一的整体视域来理解善,要在人与天之整体的角度,从"天人之际"理解善——从人对于天地之化的自觉继、成角度来理解善。换句话说,以性域善,就意味着某种抽象的规定性,使得作为生存实际状态的善受到了局限,亦即活生生的、具体丰富多样性的生命本身,为僵死的、枯燥的、灰色的概念所局限。生命的活的历程,就是一个"继-成"的展开。继,是承继,它衬显了一个经由个体主体但又逸出个体主体的整体性变化流程(一阴一阳之谓道);成,内蕴着诚,是清醒领悟了整体性变化的个体主体,在自身有限性截取的界域内,创造性地成就其自身。由此,善就有一个基于生存论视野的宇宙-本体论与宇宙-生成论的基础。这样的善,有两个恰切的根源性内容:一是在整体中持守自身,二是在变化过程中延续。个体所成就创造的性,就是以此根源性的善为基础。换言之,有个体存在的善(作为自身肯定的动态绵延),才可能有个体自为其自身的性。所谓个体存在之善,就是在世界的整体运动中连续而绵延地展开自身的生命活动,不间断世界与自身的链接,不隔阂万物与自己的链接,不中断自身的过去、现在

---

① 参见郭美华《湍水之喻与善的必然性——孟子与告子"湍水之辩"释义》,《学海》2012年第2期。另信广来教授在《孟子论人性》中具体分析了"尧舜性之"及"君子所性"的动词意义,见[美]江文思、安乐哲《孟子心性之学》,第201—205页。在《〈孟子·告子上〉第六章疏解》中,信广来教授也有讨论,见李明辉主编《孟子思想的哲学探讨》,第101页。

② 程颢明确说孟子所谓善是"继之者善"。见程颢、程颐《二程集》,第29页。

③ 王夫之:《船山全书》第五册,第597页。

与未来的链接。生动地活着，并竭力更好地继续活着，个体就生成或创造了作为自身之为自身的性（其个性本质）。

　　所谓整体，有一个动的展开意义在里面。一方面，它涵摄天地人的宇宙整体论，另一方面它是人自身存在的整体性，这两种整体性之间的"继-成"关联是理解善的基础。基于天人之际的"继-成"关联，王夫之提出"以诚代善"论："孟子斩截说个'善'，是推究根原语。善且是继之者，若论性，只唤做性便足也。性里面自有仁、义、礼、智、信之五常，与天之元、亨、利、贞同体，不与恶作对。故说善，且不如说诚。唯其诚，是以善；（诚于天，是以善于人。）唯其善，斯以有其诚。（天善之，故人能诚之。）所有者诚也，有所有者善也。则孟子言善，且以可见者言之。可见者，可以尽性之定体，而未能即以显性之本体。"①王夫之以为孟子所谓善，是权且以"可见者言之"，而可见者只能表达性之凝然确定的含义，并不能显现出性自身更为根源性的本然之体。所以，王夫之强调，对孟子所谓善，要有一个"推根究原"的理解，即以天地人整体之宇宙作为真实的本原之诚，人即以自身之主体性行动"继-成"此一整体而乃为善。以天地人之整体作为人之善的本体之原，也即以诚为善之本。为了突出善的本体-宇宙论根源，王夫之甚至强调"说善不如说诚"。善以诚的宇宙整体为本原，善是人对于宇宙整体变化之诚的"继-成"，这就消解或破除了将善视为原子式个体之先天生物学本能或先验性精神实体属性的偏狭理智抽象。同时，王夫之强调诚与善之间的互为前提，认为真实的整体世界是"唯其诚，是以善"与"唯其善，斯以有其诚"的统一，也避免了脱离人之"继-成"活动而对宇宙世界加以思辨构造。诚与善统一：善是"继-成"整体性之诚而展开的活动，并非某种单纯的抽象性质，而是涵摄着自为肯定之本质规定性于自身之内的生命展开活动；同时，作为世界整体的诚，本身并非一种单纯的精神状态，而是源初的浑融之生机洋溢之绽放或生命之源初浑融。

　　进一步看，关于诚与善的关系，《孟子》有一个说明：

_____

①　王夫之：《船山全书》第六册，第1051页。

　　居下位而不获于上,民不可得而治也;获于上有道,不信于友,弗获
于上矣;信于友有道,事亲弗悦,弗信于友矣;悦亲有道,反身不诚,不悦
于亲矣;诚身有道,不明乎善,不诚其身矣。是故诚者,天之道也;思诚
者,人之道也。至诚而不动者,未之有也;不诚,未有能动者也。(《孟
子·离娄上》)

　　从孟子此处言说的表面形式来看,这里似乎有一个"反求诸己"的脉络。
从反思逻辑上看,是以治民为起点,逐渐反推而上溯至于明善,即反思的脉
络似乎是"治民→获于上→信于友→悦亲→诚身→明善";而从工夫或实际
行动之序而言,即以明善为原始,展开为"明善→诚身→悦于亲→信于友→
获于上",最后到得民而治。从治民到明善,与从明善到治民的两种顺序,同
《大学》从平天下到格物与从格物到平天下的两种秩序,具有一定的相似性。
在《大学》中,从格致诚正到修齐治平的推衍,常被理解为"由内圣而外
王"——实质则是个体"内在"德性或精神意识推扩而为"外在"行动或事
为。①孟子的本意,实质上与《大学》这种单线性的推扩具有不同意蕴,因为在
明善与诚身二者的统一中,孟子明确突出了两点:一是至诚而动,二是诚是
天道与人道的统一。王夫之似乎有鉴于此,他明确指出,孟子这里的"反身
而诚",与《大学》的"诚"不一样:"'反身而诚',与《大学》'诚意''诚'字,实有
不同处,不与分别,则了不知'思诚'之实际。'诚其意',只在意上说,此外有
正心,有修身。修身治外而诚意治内,正心治静而诚意治动。在意发处说
诚,只是'思诚'一节工夫。若'反身而诚',则通动静、合外内之全德也。静
而戒惧于不睹不闻,使此理之森森然在吾心者,诚也。动而慎于隐微,使此
理随发处一直充满,无欠缺于意之初终者,诚也。外而以好以恶,以言以行,
乃至加于家国天下,使此理洋溢周遍,无不足用于身者,诚也。三者一之弗
至,则反身而不诚也。"②《大学》所谓"诚",是与正心、修身相对而言的,只是

────────────

　　①　《大学》所谓内圣外王的推扩,内蕴着诸多逻辑困境,大体说来有:(1)从观念推衍到行动;
(2)从个体推扩到他人乃至社会、天下;(3)从道德推衍到自然;等等。撇开别的不论,就本书关注而
言,主要侧重于讨论从观念到行动的推导,王夫之似乎已经注意到这个推导的困难之处。

　　②　王夫之:《船山全书》第六册,第994—995页。

就意念发动之"动"处而言,与正心就意念未动之"静"处而言相区别。意念之动,及于事与物;而其未动而处于静,则与事物相离。就《大学》八条目之脉络而言,隐约有一个由内在孤闭之心(即使其内在充盈而完满)外推而扩及事物的旨趣。当其仅仅注目于未及事物的自身之际,心、物相离,动、静相分,隐、微相别。而此处所谓"反身而诚",则是动静相通、隐微相融、心物相即、内外俱在的全德,情之好恶、身之言行乃至家国天下之事为,都"洋溢周遍"而"无不足用于身"。以身为一切皆足的根底,就是动静相融的原始处,心、身、意、物乃至事为,都作为一个一切具足的整体而见在。无所不在的整体,其真实在场是王夫之此处所说诚的基本意蕴。这个整体,源初即是生命的跃动。生命展开的实情,就是从这一源初跃动的浑融整体生发开去,就是以自觉而自为的方式,将源初浑融之整体所内蕴的一切展布开来。所以,善的本意就紧扣于生命活动之合于本质地无止歇展开:生命从浑融之囫囵走向觉悟之整体,从自在走向自为;善不是某种精神意识规定或先天生物本能的经验化实现。

诚作为一切俱在的整体性之在,并不与所谓"伪"相对。王夫之有很长一段集中讨论:

> 唯其然,故知此之言诚者,无对之词也。必求其反,则《中庸》之所云"不诚无物"者止矣,而终不可以欺与伪与之相对也。朱子曰:"不曾亏欠了他底。"又曰:"说仁时恐犹有不仁处,说义时恐犹有不义处,便须著思有以实之。"但依此数语,根究体验,自不为俗解所惑矣。《大学》分心分意于动静,而各为一条目,故于"诚其意"者,说个"毋自欺"。以心之欲正者居静而为主,意之感物而有差别者居动而为宾,故立心为主,而以心之正者治意,使意从心,而毋以乍起之非几凌夺其心,故曰"毋自欺",外不欺内、宾不欺主之谓也。今此通天人而言诚,可云"思诚者"人不欺天,而"诚者天之道",又将谓天下谁欺耶? 故虽有诚不诚之分,而无欺伪之防。诚不诚之分者,一实有之,一实无之;一实全之,一实欠之。了然此有无,全欠之在天下,故不容有欺而当戒矣。"诚者天之道也",天固然其无伪矣。然以实思之,天其可以无伪言乎? 本无所谓伪,

则不得言无伪;(如天有日,其可言此日非伪日乎?)乃不得言不伪,而可言其道曰"诚";本无所谓伪,则亦无有不伪;(本无伪日,故此日更非不伪。)乃无有不伪,而必有其诚。则诚者非但无伪之谓,则固不可云"无伪者天之道"也,其可云"思无伪者人之道"乎? 说到一个"诚"字,便是极顶字,更无一字可以代释,更无一语可以反形,尽天下之善而皆有之谓也,通吾身、心、意、知无不一于善之谓也。若但无伪,正未可以言诚。(但可名日"有恒"。)故思诚者,择善固执之功,以学、问、思、辨、笃行也。已百己千而弗措,要以肖天之行,尽人之才,流动充满于万殊,达于变化而不息,非但存真去伪、戒欺求慊之足以当之也。尽天地只是个诚,尽圣贤学问只是个思诚。即是"皇建其有极",即是二殊五实合撰而为一。①

诚是无对之词,是"极顶字",是"尽天下之善而皆有之谓也",是"通身、心、意、知无不一于善之谓也"。

其中可以概括为几层基本意思:(1)诚无外。一切均在诚之中,心在,物在,事在,所以王夫之以为《中庸》"不诚无物"即是谛解。有物,有世界,一切作为整体而有,这是诚的本体论意蕴。②由此,所谓善才得以可能,善在诚之中有其源初之本。或者说,世界整体的大全之在是人能自我实现的本体论基础。人的善并不是一个"逸出"世界的孤僻行为,而就是在此世界中的自我肯定性生存活动本身。诚无外就是在性不可域善与以诚代善的基础上,进一步说明人的善的实现,为作为整体世界的诚所范围。(2)诚与善不可分。诚一方面是尽天下之善而"皆有",表明善不是某种抽象普遍的性质,而是具体鲜活的个体性"自为肯定的自身实现活动",诚就是无尽量的个体鲜活的实现活动的整体;另一方面,个体性的实现是身、心、意、知的全面实现,不是某一因素的片面实现,人自身的全面性与多样性在鲜活的生命活

---

① 王夫之:《船山全书》第六册,第 995—996 页。

② 无论是维特根斯坦,还是海德格尔,都以"世界存在"或"有物存在"作为人自身存在所领悟了的突出之处,参见[德]恩斯特·图根德哈特《自我中心性与神秘主义:一项人类学研究》,第 132—134 页。虽然经由自我个体如何能展现一个世界整体的深入论述被归结为神秘主义,但是将世界整体的存在作为自我肯定性地自视为实现(即善)的基础,则是一个深刻的立论。

动中整全地实现出来。由此而言,上述以诚代善论的意义,就是凸显了如此双重整体的全面实现。(3)诚本身无虚实、真伪之分,诚是绝对的本原。虚实、真伪之分及其对峙,是在不诚的意义上作出的区分。诚则一切在,无诚则并非什么都没有。无诚的状态,就是有所有而同时有所无,于是才有真伪与虚实之分。在此意义上,所谓诚,就是无所分化的浑融整体或说浑融大全。展开就有分化,但是,一切分散为环节的展开,都以浑融整体为起点——这个起点就是诚,是跃动的整体,而非某种静止抽象的生物禀赋或先天实体。如上所引,"所有者诚",就是以浑融整体中一切俱在为诚;而一切俱在之浑融整体,在其展开中,整体及其中每一物之如其自身而显现其在,则是"有所有者"之善。从流布展开而言,展开有如其自身而有之善,就有非其本身、离其本身之恶。所以,善恶、真伪是诚的展开,诚本身无所谓善恶、真伪之分。恰好因为流布展开中有善恶、真伪之分,我们就更为确切地领悟于跃动的浑融整体之无所不有(亦即其诚)。如此之诚,不与"伪"相对,不能用"无伪"来代替。王夫之特别指出,"思诚"并不止于"存真去伪",而是要"尽人之才以肖天之行"。天地是个无所不有的"诚",学、问、思、辨、行即是要"思以尽天地之诚",思诚而使得能思者抵达某种存在之境,即"流动充满于万殊达于不息之变化"。进而言之,一切皆有即是诚,一切而能如其自身显现则是弥漫的实有,不能如其自身显现则亦只是无实有;实有之弥漫如其弥漫而实有,则是真正的大全,若不能弥漫而亏缺便是欠而不全。实有而全,诚善统一,实质上是强调人自身实现的真实性与富于内容。

诚善统一及其实现,离不开思或明。就思与诚的关系而言,思总是有其内容的,在此意义上,诚作为一切皆有的整体性之在,是能思者之思的本体论担保。诚是"所有",即"所有者诚也";思是使所有者成其为有,使所有者成其为有而实现、显现出来,即是善,所谓"有所有者善也"。人之在世,就是渗透了思的行动及其展开,即孟子所谓"明善诚身而动"。①由渗透了思的行

---

① 孟子所言思诚之思,不与学、问、辨、行对举,可视为广义角度上的理解;《中庸》所谓学、问、思、辨、行相区别之思,则可在狭义上理解。

动来理解，才能领悟王夫之"以诚代善"说的意蕴，实质即在于：力行而绵延不息，流动充盈而丰富多彩。这就不是一个枯守抽象普遍性的虚静人生，而是一个活生生的绚烂的跃动之在。孟子所谓诚，与身相联系，即"诚身"，它更倾向于工夫论上的意义；王夫之则将"诚"转而更倾向于本体论上的意义。孟子的反身而诚，最终指向的是"明乎善"。不过，在"诚身"与"明善"之间，二者关系究竟如何，尚需要阐明。就语意而论，身之诚基于善之明，而紧接着孟子就说"诚者，天之道也；思诚者，人之道也"。显然，"诚者，天之道也"强调的是"诚身"是人的"天赋存在责任"，人之在世就是要使此身能实有自身；而此身之实有其自身，就是"明乎善"，而"明"就是"思"。"思"必有其内容，而非泛泛无所着的空虚之灵明。"思"的实质的内容，就是"诚身之诚"。活着就是让此身实有其自身，此身之"欲"实有其自身内在渗透着"思"而自明。思而明其"实有此身"，即是"至诚"；至诚则必鲜活跃动。①简言之，在孟子，思而能明与诚身之活动的统一，就是善的要义。它强调人的活生生在世活动自为肯定地绵延展开。而王夫之的"以诚代善"论，则进一步强调此一展开的内容自身的流动充盈与丰富多样性。在王夫之看来，唯其跃动而非虚静之在，才有所谓善。尽天地之间就是一个无尽藏，人之存在就是要让自己活出一个不息的"万殊"样子。

在此意义上，诚作为"整体性之全"②，就是人之在世并实现自身的本体论基础，这也可以说为蕴藏无尽可能的"潜隐之在"，是"不可见者"。在王夫之看来，可见者是人性之定体，不可见者是人性之本体："孟子言善，且以可

---

① 孟子所谓"至诚而动"，动的含义，杨伯峻理解为"感动"，意为真诚之心能感动人。参见杨伯峻《孟子译注》，第174页。

② 在王夫之对孟子与告子"湍水之辩"的阐释中，就从"整体性全有"来说明"水之就下"："孟子此喻，与告子全别：告子专在俄顷变合上寻势之所趋，孟子在亘古亘今、充满有常上显其一德。此唯《中庸》郑注说得好：'木神仁，火神礼，金神义，水神信，土神知。'火之炎上，水之润下，木之曲直，金之从革，土之稼穑（自注：十德），不待变合而固然，气之诚然者也。天全以之生人，人全以之成性。故'水之就下'，亦人五性中十德之一也，其实则亦气之诚然者而已。故以水之下言性，犹以目之明言性，即一端以征其大全，即所自善以显所有之善，非别借水以作譬，如告子之推测比拟也"（参见王夫之《船山全书》第六册，第1056页）。

见者言之。可见者,可以尽性之定体,而未能即以显性之本体。"①这里,"定体是指其现成性而言,本体是指其本源性而言"。②王夫之认为,孟子所言善,是从人的当下现成状态着眼而言。但是,人的当下可见的现成状态,并不能完全显现人自身存在的不可见的那个隐微的无尽的可能。也就是说,当下状态不能完全展现那个作为潜隐之在的本源。实际上,王夫之断定孟子从"可见之现存状态"而言"善",这是一个很准确而深刻的见解。孟子言性善,并不用理智为人的现实存在预设一种抽象而普遍的规定性,而是就人之现实展开过程自身内在的本质而言善——在此展开过程的前后环节之间,后续环节如果是先行环节的自为肯定地展开,则人的存在过程即是善。③王夫之这里以"本体"和"定体"相区分而指出孟子从可见之现成性出发论性善之不足,是对孟子上述性善论的推进:诚而实有所成乃为善——人之在世的展开过程,每一环节都是对于无尽可能的绽放,都是"有所有"而自为肯定的。在世的整个过程是一个丰盈的绽露,整体过程的每一个环节也是一个绚烂的绽放。就整个过程而言,前后相续环节之间的自为肯定彰显其为善;而就整体过程之每一环节自身而言,它自为肯定自身,使自身区别于前后环节而自为目的,绽放自身之异彩,此为善。人之在世活动,有其可见者,有其不可见者。生命的整体是可见与不可见的统一。孟子注目于可见者而言善,侧重过程自身的内在连续性;王夫之强调使不可见者得以见,重视在世过程中新颖充盈、灿而绚烂、跃动活泼闪耀,侧重过程自身中的内在间断性。在一定意义上,孟子的性善观念较为突出前后一贯的"相续连续性",王夫之则进而突出前后异质的"间断连续性":"继表示的是质的变化,而续则是量的持续,重复性的出现就是续,而不是继。也就是说,相继与相续的重要不同点在于,相继包含着一种非连续性,它是'故有'的暂时中断,而后以更新的方式来接续。以相继的方式延续就是以创造的方式延续,但是单单的相

---

① 王夫之:《船山全书》第六册,第 1051 页。

② 陈来:《诠释与重建:王船山的哲学精神》,第 166 页。

③ 参见郭美华《湍水之喻与善的必然性——孟子与告子"湍水之辩"释义》,《学海》2012 年第 2 期。

续性没有这种为创造性保留位置的'非连续性'。"①孟子道德哲学中语焉不详或者未尽彰明的"创造性",由王夫之明确地加以突出了。

在诚的基础上理解善,善是对诚的不息的实现。那么,如何理解这个实现过程的"恶"呢?从自在(本然)意义上说,天地间为一无所不有之大全之诚,无有不善;从自为(实然)意义上说,天地之无所不有基于人对自身的实现而绽放,则也有所绽放,也可能有所遮蔽,甚至可能无所绽放。绽放乃善,遮蔽或者不绽放则为恶。然而,即使有所遮蔽有所不绽放之恶,在王夫之看来,也是善的实现。一方面,恶之有所表现,常常是为了实现更大的善,在此意义上,也可以说天下无不善。王夫之说,"朱子说:'尧、舜之子不肖,是不好底意思,被他转得好了。'非尧、舜之能转天也,在变化处觉得有些不善,其实须有好底在:子虽不可传,而适以成其传贤之善也。唯知其广大而不执一偏,则无不善矣"。② 就恶之作为恶而显现其恶来说,恶是不能自身确定的,恶不能觉其自身之恶,所以,觉其恶,需要以善作为底子。而在连绵的行事过程中,才觉此恶,则必然转向彼善。彼此之间,在行事基础上,勾连而成一个整体,善就是在此整体意义上说的,而不是就整体中之个别物或个别环节而说的。另一方面,就人自身之在而言,行事活动或有不善,但活动自身如能领悟其不善,则作为行事活动之背景的整体性境域之善就得以彰显。王夫之说:

> 在天之变合,不知天者疑其不善,其实则无不善。唯在人之情才动而之于不善,斯不善矣。然情才之不善,亦何与于气之本体与!气皆有理,偶尔发动,不均不浃,乃有非理,非气之罪也。人不能与天同其大,而亦可与天同其善,只缘者气一向是纯善无恶,配道义而塞乎天地之间故也。凡气之失其理者,即有所赢③,要有所赢者必有所诎。故孟子曰"馁",无理处便已无气。故任气无过,唯暴气、害气则有过。不暴害乎气,使全其刚大,则无非是理,而形以践、性以尽矣。此孟子之

① 陈赟:《回归真实的存在:王船山哲学的阐释》,复旦大学出版社,2002年,第441页。
② 王夫之:《船山全书》第六册,第1059页。
③ 原文为赢,似当为赢。——引者注

所以为功于人极,而为圣学之正宗也。①

　　情才往往殊化为个体形体之私,以至于其动而陷于物欲并且失却其内在之理,由此而让个体隔绝于两间磅礴之气,其在世也赢馁而诎,不得其全。人之本然就是浑融于天地之气,内禀其理,虽则殊化为个体之形躯,但个体形躯之本然则是理、气一体的。昧于理,故私其形气之躯。任其形躯,则无理也无气,其在世之活动,也就赢弱无力以至于无所谓在世。有力的在世,就是让殊化的个体形躯回到本然的天地一体之全,而同天地一样广大、同气一般磅礴。在世活动之源初绽放,形躯、天地、理气、道义与明觉浑然同在,情才动而易失其一体之在②,由是而觉其生存之气馁赢弱,而重返于整体。就两间之整体而言,一切有形之物不过就是大化整体之诚的实现,人之个体形躯也是整体的表现之一。人本可以有限形躯所内蕴的心思之明觉,抵达"一体"而实现于形躯,使眼耳口鼻四肢能成为人之本质的实现(所谓践形即是此意),让人的本质从有形形躯的活动中造就、实现出来(知性与尽性)。天地之全、一气之充,在自为意义上,是人的在世活动绽露的。但并不是每一个在世的个体都"普遍"地能绽露这个天地一气之整体,相反,许多个体昧

---

① 王夫之:《船山全书》第六册,第 1059 页。

② 王夫之以为人之所以为不善而恶,是情之失其正。情是内外相交,为外物所引而失其正。为不善是情,但为善也是情,用工之在情上用。"盖吾心之动几,与物相取,物欲之足相引者,与吾之动几交,而情以生。然则情者,不纯在外,不纯在内,或往或来,一来一往,吾之动几与天地之动几相合而成者也"(王夫之:《船山全书》第六册,第 1067 页)。"故知阴阳之撰,唯仁义礼智之德而为性;变合之几,成喜怒哀乐之发而为情。性一于善,而情可以为善,可以为不善也。""不善虽情之罪,而为善则非情不为功。""功罪一归之情,则见性后亦须在情上用功"(同上书,第 1069 页)。这根基在于人的实际活动中,能动的心持守自身则为善,丧失自身启示:"盖心之官则思,而其变动之几,则以为耳目口体任知觉之用。故心守其本位以尽其官,则唯一其思与性相应。若以其思为耳目口体任知觉之用为务,则自旷其位,而逐物以著其能,于是恶以起矣"(同上书,第 1106 页)。王夫之认为人自身之存在活动"自身肯定而为善",这主要是由思之内在于存在活动而实现的:"夫舍其田以芸人田,病矣,而游惰之氓往往然者,则以芸人之田易于见德,易于取偿,力虽不尽,而不见咎于人,无歉于己也。今使知吾心之才本吾性之所生以应吾性之用,而思者其本业也,则竭尽无余,以有者必备、为者必成焉,又何暇乎就人田而芸也乎? 故孟子曰'尽其才',曰'尽其心'。足以知天下之能为不善者,唯其不能为善而然,而非果有不善之才为心所有之咎,以成乎几之即于恶也"(同上书,第 1107 页)。

于此整体而不善。但众多个体之不善,恰好在对此不善的觉悟中,反衬了整体自身之善。①

天地整体作为无穷可能性与丰富性,就是全有之诚;诚之实现与绽放,以人的能动性生存行事为中心。整体性经由人的绽放而实现,在双重意义上意味着善:一方面,人由自身之能动性活动而实现整体之无穷多样性,使自身绽放为特异的灿烂之花;另一方面,自身特异的灿烂回身持守着自身的界限,而使无穷差异性共处于整体之中。

三、性日生日成:自我生存的创造性

世界整体当然是天地人的整体。有人才有整体的实现,也才有善;但善以源初整体全有之诚为本源,无诚则无善。唯善可见诚,唯诚乃可展开为善。人由自身以实现诚而有善,善在人的能动性活动过程中之所实现而凝结所成者,则是性。在一定意义上,可以说诚是本体,善是人的行动或诚的展开,性则是善的行动之所凝结、成就。

如上所说,王夫之以《易传》之"继善成性"与孟子"性善论"相结合而立说:

> 《易》曰"继之者善也,成之者性也",善在性先。孟子言性善,则善
> 通性后……《易》之为言,惟其继之者善,于是人成之而为性(成,犹凝也)。

---

① 王夫之:《船山全书》第九册,第346页。王夫之曾以管宁为例说明善如何系于一人之身:"天下不可一日废者,道也;天下废之,而存之者在我。……见之功业者,虽广而短;存之人心风俗者,虽狭而长。一日行之习之,而天地之心昭垂于一日;一人闻之信之,而人禽之辨立达于一人。其用之也隐,而持挽清刚粹美之气于两间,阴以为功于造化。君子自竭其才以尽人道之极致者,唯此为务焉。有明王起,而因之敷其大用。即其不然,而天下分崩、人心晦否之日,独握天枢以争剥复,功亦大矣。由此言之,则汉末三国之天下,非刘、孙、曹氏之所能持,亦非荀悦、诸葛孔明之所能持,而宁持之也。"

孟子却于性言善,而即以善为性,则未免以继之者为性矣。继之者,恐且唤作性不得。①

　　根据前文所述,王夫之对善和性的讨论,较之孟子所论,有一个"诚"的本体依据。在诚、善、性三者的关系上,有一个从本体到行动,再到生成的脉络秩序。我们已经强调,在孟子(尤其湍水之喻所体现),善和性都具有动词性的意义,而非名词性的僵化之性。作为动态之物,善以活动自身的自为肯定之展开为其本源之意,而由此乃可以见性之为性。不过,在孟子,这些说法都晦而不明。王夫之以为,孟子"以善为性"即是"以继之者为性",把"继"与"成"两种处于不同环节、具有不同意蕴的生存状态混淆了。所谓诚是本体,并非一种凝然僵固之物,而就是浑融跃动的源初整体。它自身的源初跃动就蕴涵着对自身的绽放、对自身的展开,此不绝之跃动经由人自身的能动性活动跃上一个自觉而自为的更高状态,就是善。诚由善(至诚必善)而展开,经由人的主体性选择、能动性活动之后,才逐渐生成"分化而不隔绝于整体"的自身本性。能继只是善,简言之,鲜活的生命跃动能自身绵延只是善,还不是性;只有生命活动展开自身有所成就才是性。所以,王夫之认为,"继之者只是善",只有"成之者才是性",二者是有先后分际和层次不同的。善作为继之者,是浑融全有的源初跃动整体的延续,善意味着延续性,它持守动态展开的过程秩序与整体自身——善是诚之跃动的自觉自为的展开;而自觉自为的展开活动,总是由无数的具体个体来实现的,每一个体都经由自身理性的自觉、意愿的选择、意志的坚持而展开自身生命行动的历程,并由此而生成属于自身的规定性,亦即创造性地成就自身。亦即是说,所谓性,是个体自觉选择与自主行动的创造性展开过程之所凝聚者,作为个体属己的本真之性,"诚之者性"是一种间断或突破,但同时与善相互统一而多样性地实现自身为一种整全之在,并使得进一步的继起与成性成为可能。王夫之将善与性分言,并强调"继之者,恐且唤作性不得",就是为了突出人之在世"延续—凝聚—创造—更凝聚—又创造"的生成过程

————————
①　王夫之:《船山全书》第六册,第959页。

本身。人之在世的生成过程，就是"延续持守"与"创造凝聚"（亦即善与
性）二者相融互摄、彼此转进升华的无尽过程。因此，王夫之强调善不即是
性，其间的意蕴就在于将在世的不断自我创造、自我更新作为理解人之本
质的深层基础。

　　实际上，综《易传》"继善成性"与孟子"性善论"而合言之，在善与性的关
系上，我们可以说"善在性先亦通性后"。[1]如此，生存的绵延相续与创新凝
结的过程才真正得以可能。孟子语焉不详的"性善论"主张，如上面已引述过
的，在王夫之看来便有所偏颇而不清晰："孟子言善，且以可见者言之。可见
者，可以尽性之定体，而未能即以显性之本体。"[2]可见者或定体，是当下的绽
放或表现本身作为耳视目听或认知把捉的对象性呈现，作为形于物表者，并
未将性的深刻内容完全呈现出来。性之本体，前文所说即是"诚而浑融全有
的整体"。实质上，它作为源初跃动，在展开中经由"延续持守"以达于"创造
凝聚"以及二者之间不间断的再一次"继—成"，性的本体恰好就是一个不断
创造自身、不断深化自身的动的过程，而不是某种确定不移的凝然之物。王
夫之将性区分为可见之定体与不可见之本体，将善与性分言，以为孟子依然
还陷于可见之定体以言性，强调的就是性之"创造""创新"之意。如此而言，
性便不是一个源初自足、凝固不变的物事，也不是一个一成而不可变的物
事，而是以在世展开过程为基础的不断生成之物、不断新生之物——严格
言之，不是"物"，而是不断生成、不断新生之本身（借用英语而言，性不是
being，而是 becoming）。在此意义上，王夫之非常强调人要经由能动的修
养而成就自身，而非去寻求一个如老、释所言的空虚无内容的不变本体：
"异端之病，正在于此：舍人事之当修，而向天地虚无之气捉搦卖弄。"[3]"人
事当修"，意味着人的能动性活动是人存在的实质内容，是人之本质的基
础。只有经过人自身属己的自为性修身活动，人的存在才是具有真实内容
的。而能动性的在世活动，其本质是一个在自我创造过程中不断地自我生

---

①　陈来：《诠释与重建：王船山的哲学精神》，第 212 页。

②　王夫之：《船山全书》第六册，第 1051 页。

③　同上书，第 1074 页。

成者。从这种能动性、创造性出发，孟子本有所谓养夜气之说，王夫之便认为不能从正面来加以肯定性理解："孟子言'夜气'，原为放失其心者说"，"说到夜气足以存仁义之心，即是极不好底消息"。①养夜气说，就好像有一种不用自觉能动修养的自在状态之气能实现道德目的，这在王夫之看来，当然是要否定的。

　　由此而有的，就是王夫之对于人之本质的一个生成论论断，即"性日生而日成"："夫性者生理也，日生则日成也。则夫天命者，岂但初生之顷命之哉?"②日生日成的性和命就是日新之性与日新之命；只有人才有日新之性和命，禽兽却只有初生之性与命。王夫之以为这就是人和禽兽的区别所在："禽兽终其身以用天而自无功，人则有人之道矣。禽兽终其身以用其初命，人则有日新之命矣。有人之道，不谌乎天；命之日新，不谌其初。"③禽兽依赖其天生所有之生物学本能而存活，人则必须依据其能动的现实活动而不断否定其生物学本能以新生其本质。他认为，人性并非一开始就注定而不改变的东西：天生的本能可以否定、可以革新；天生所没有的，可以造就；天生所有的，也可以舍弃、否定（当然也有可以肯定、继承者）。在此意义上，人的道德生存活动中主动性的选择权能、自觉性的自我革新就成为理解人性的基础。理解人之道德生存活动的本质，要立足于自身自取自用的自主权能活动的绽放："生之初，人未有权也，不能自取自用也……已生之后，人既有权也，能自取而自用也。"④在自身领悟到能自取自用之际，道德生存活动才真正开启。或者说，道德生存活动的原始性起点，即在于能动的自取自用之领悟。

　　这种自取自用的能动活动，就是性之生成的基础。这是孟子"性命辩证"突出主体选择权能的进一步展开。在孟子看来，人之"天生"状态具有多重因素，人之为人，恰好在于他能对自身这些天生的多样性因素加以自主的"取舍"：

---

　① 　王夫之：《船山全书》第六册，第 1073 页。
　② 　王夫之：《船山全书》第二册，第 299 页。
　③ 　王夫之：《船山全书》第三册，第 464 页。
　④ 　王夫之：《船山全书》第二册，第 300 页。

> 口之于味也,目之于色也,耳之于声也,鼻之于臭也,四肢之于安佚也,性也,有命焉,君子不谓性也。仁之于父子也,义之于君臣也,礼之于宾主也,知之于贤者也,圣人之于天道也,命也,有性焉,君子不谓命也。(《孟子·尽心下》)

君子(作为人)可以对把什么看作自己的性,把什么看作自己的命,能自作主宰,这是孟子讨论人性(作为人之本质)的重要之点。尽管一切的自觉自主的取舍都是富于具体内容的,但在此,我们先撇开具体内容,可以概括地说,孟子关于人之本质的讨论,已经抵达了这样的见识:人之能自觉自主地选择并决定自身的本质,是人之为人的更为本质所在。王夫之以诚为本,将善与性加以区分,强调性是能动活动的创造性成就,正是对于孟子人之本质在于人的自主创造这一见识的深化与细腻论述。

就"性日生日成"是对人之创造性本质的强调而言,也可以进一步说,当且仅当人自觉而能动地实现自身,人才能更深入地呈现善之为善,也才能自为地绽放作为浑融大全之整体的诚。诚作为本然全有的整体(天或诚),是可竭者,而人则是竭之者。没有人之能动的竭之之活动,便没有天之道。王夫之说:"人之道,天之道也。天之道,人不可以之为道者也……夫天与之目力,必竭而后明焉;天与之耳力,必竭而后聪焉;天与之心思,必竭而后睿焉。天与之正气,必竭之而后强以贞焉。可竭者天也,竭之者人也。"[1]王夫之强调,人不能以天之道为人之道。人有能看的眼睛,人不能追问天为什么赐予人以眼睛;人正是在看到某物并自己看到某物之际,领悟自身之能看。人为什么天生有能观看的眼睛,如果不能说这个问题是一个虚假而扭曲的问题,至少,其真正的答案在于,人只能竭尽其眼睛之能观看的所有权能并竭力观看无穷多样的事物。耳目鼻口,乃至于心,都是如此。在此意义上,也就是说,我们不能追问为什么"天地间有人存在",而是以人已经如此这般绽放着其存在作为起点,并自为地竭尽可能地绽放自身、实现自身、创造自身。简言之,没有人的能动的竭之之活动,所谓天之道便没有实在性。休谟的经验

---

① 王夫之:《船山全书》第五册,第 617 页。

主义认为，没有任何经验呈现的实体是虚无的。虽然休谟有狭隘经验主义偏颇，但如果以人的能动性活动展开作为广义的经验之域，那么，我们可以说，王夫之的意思意味着，脱离了人的竭之之能动活动，所谓天之道也就是虚妄的。

自觉自为的创造性生存并不意味着人在自身不能领悟异己之物。人的生存活动本身并非单纯自我禁锢的纯粹精神之域，而是身心一体与异己之物浑然杂处的活动状态。在王夫之看来，性之日生日成作为创造性的生存活动，基于人和万物的交互作用，王夫之称为交相授受之道："色声味之授我也以道，吾之受之也以性。吾授色声味也以性，色声味之受我也各以其道。"①在一定意义上，交互作用是理解主体（人）与客体（物）的最终基础。②这一交互作用的绵延不息，在其展开过程的每一个"当下"，都是崭新的"自我"创造之生成。但此"当下"之"自我"，并非一个原子式的个体，而是如上文所说的一个"诚而全有的整体性"之在，其间并无此我彼物的认知主义划分。交互作用的能动展开，不但不断生成着人自身，也生成着世界与万物。人的丰富多彩的内容与深厚广袤的本质，内蕴着世界和万物在此过程不断向人的生成性，我们"周围的感性世界决不是某种开天辟地以来就已存在的、始终如一的东西，而是工业和社会状况的产物，是历史的产物"。③经由人的生存展开过程，世界及其中的万物得以呈现，呈现也是一个逐渐深入的过程。以人的在世生存活动为基础，让世界及其万物不断向人生成，这正是人生存之创造性的重要方面。

内蕴世界与万物之生成为自身生成内容的性之日生日成说，也就是一种浩然的存在境界。孟子有所谓"集义养气"而浩然生存之说，王夫之解释说："义，日生者也。日生，则一事之义，止了一事之用；必须积集，而后所行之无非义。气亦日生者也，一段气止担当得一事，无以继之则又馁。集

---

① 王夫之：《船山全书》第二册，第 409 页。

② 参见冯契对王夫之哲学的诠释（冯契：《中国古代哲学的逻辑发展》下册，第 937—1021 页），尤其其中第八节关于人性问题的讨论。

③ 《马克思恩格斯选集》第一卷，第 48 页。

义以养之，则义日充，而气因以无衰亡之间隙，然后成其浩然者以无往而不浩然也。"①性之日生日成，就是生之日益绵延。生成与绵延的过程，就是一事接一事的不绝如缕。在世就是如此不断行事。行事过程中，心、气、志、义等一体而在。义有两个方面的意义：一方面是心对于事的宰制，另一方面是事情之内在条理或秩序。而同时，心在事中，事也在心中。事情展开，心就不断有新生的"义"凝聚。现实之心总是基于一定事情的先行展开，而心总是与气相融且有义以为内容，这个意义上，心就是志；而在世的持续与事情的继续，相对于当下之展开而有之"新"而言，前此集义所生之志和义作为"故旧"，在一定意义上可视为"无所有"。在过程中，心、气与义的交养，便是生存的精神内容的不断丰富、气魄的不断壮大。丰富的精神内容与强壮的气魄二者统一，就是真正浩然的人生。

　　天与人的交互作用是一个不息的动态绵延过程，此一过程，也可以说一方面是天命不息，另一方面是性之日生日成："天之与人者，气无间断，则理亦无间断，故命不息而性日生。"②而所谓存养的功夫，也就不是要存养一个一劳永逸的什么心灵状态或境界，而是一个内容不断充溢且不凝固僵化的无定之展开。孟子引孔子"操则存，舍则亡；出入无时，莫知其乡"，王夫之解释说："孔子曰'操则存'，言操此仁义之心而仁义存也；'舍则亡'，言舍此仁义之心而仁义亡也；'出入无时'，言仁义之心虽吾性之固有，而不能必其恒在也；'莫知其乡'，言仁义之心不倚于事，不可执一定体以为之方所也；'其心之谓与'，即言此仁义之心也。"③存养的是有内容的心，即内涵仁义之心，而非空泛的灵明之心；虽有内容，但与一事相应之心的内容，不可执为不变的"定体"（恒定的现成物）。这样的存养功夫，由之达到的存养之境，显然不是某种单纯的心灵受用，而是活生生的感性生存活动本身的富于内容更新的畅然前行。

　　在一定意义上，心作为灵明觉知，其能动性实现就是不断丰盈自身内

---

①　王夫之：《船山全书》第六册，第 929 页。

②　同上书，第 1077 页。

③　同上书，第 1077—1078 页。

容的过程。而心不断充盈的内容,就是人之本质(性)。王夫之认为:"吾心之神明虽己所固有,而本变动不居。若不穷理以知性,则变动不居者不能极其神明之用也固矣。心原是不恒底,有恒性而后有恒心。有恒性以恒其心,而后吾之神明皆致之于所知之性,乃以极夫全体大用,具众理而应万事之才无不致矣。"①心之能动地去认识事物以获得其理,以物之理而充实为心的内容,此内容的不断凝结,就成为心之性——心之恒定的本质。这也就是心能动地实现自身之意,它意味着人之能动的自身实现活动,是人获得自身本质的前提和基础。这是性日生而日成之说包含的基本意蕴。

王夫之哲学具有复杂性。他有一个基于气本论的宇宙论前提,常常使其他对于道德哲学的讨论歧蔓百出。比如,王夫之既然讲人性的自我创造,那么,普遍性之同就不应当是道德哲学的目标,但王夫之有一个不自觉的"求同"倾向:"性者,人之同也;命于天者同,则君子之性即众人之性也。众人不知性,君子知性;众人不养性,君子养性;是君子之所性者,非众人之所性也。声色臭味安佚,众人所性也。仁义礼智,君子所性也。"②圣人与君子之"性同"而知、行相异,这个思路就会陷入理智抽象的普遍性与具体行事的个体性相矛盾的悖谬之中。不过,王夫之的立足点还是在于切己之具体修为上,以为这是人区别于动物的主要之处:"天道自天也,人道自人也。人有其道,圣者尽之,则践形尽性而至于命也。圣贤之教,下以别人于物,而上不欲人之躐等于天。天则自然矣,物则自然矣。蜂蚁之义,相鼠之礼,不假修为矣,任天故也。过持自然之说,欲以合天,恐名天而实物也,危矣哉!"③只能从人自身的道德行动本身来区别人和动物,乃至区别圣贤君子与众人,还将人从纯任自然天性的谬见之中解脱出来,这就是我们如此理解王夫之道德哲学的基础所在。

---

① 王夫之:《船山全书》第六册,第 1105—1106 页。

② 同上书,第 1129—1130 页。

③ 同上书,第 1130 页。不过,王夫之论人与动物的区别,有许多不同的说法,比如:(1)他也说人与动物的区别在性,而性之别在于才之异(同上书,第 1072 页);(2)他强调思是孟子哲学的重要创见,认为思是人与动物区别之处(同上书,第 1096 页)。

　　总之，虽然其间有着气本宇宙论的拉杂之处，但王夫之在诠释孟子道德哲学的过程中，强调不能以认知主义的拟物之论来理解人性，并基于天人相与的整体之诚来凸显人的继-成活动，将善作为性的前提，并提出以诚代善，最后将道德哲学的目的归于个体创造性的自我生成本身，这些都将孟子道德哲学推进到了一个更高更深的阶段。

第十一章　气化、工夫与性善

——黄宗羲《孟子师说》对孟子道德哲学的诠释

　　黄宗羲自述《孟子师说》是因为其师刘宗周对四书的阐释独缺《孟子》，所以依他自己对老师思想的理解而代为撰述："先师子刘子于《大学》有《统义》，于《中庸》有《慎独义》，于《论语》有《学案》，皆其微言所寄，独《孟子》无成书。羲读《刘子遗书》，潜心有年，粗识先师宗旨所在，窃取其意，因成《孟子师说》七卷，以补所未备，或不能无所出入，以俟知先生之学者纠其谬云。"①尽管他主观上是"代师立言"，客观上也受到其师影响，但我们还是可以大体上将《孟子师说》视为其本人思想的体现。②在一般论者看来，黄宗羲有"盈天地皆心也"与"盈天地皆气也"的矛盾③，在一定意义上是看到了黄氏哲学的复杂性一面。但是，立足于"一本"论的立场，这二者并非一个简单的

----

　　①　黄宗羲：《孟子师说》，《黄宗羲全集》第一册，第48页。

　　②　刘述先：《黄宗羲心学的定位》，浙江古籍出版社，2006年，第134页。梳理从王阳明经刘宗周到黄宗羲的心学脉络，是一个很重要的问题，牟宗三有《从陆象山到刘蕺山》（上海古籍出版社，2001年），但并未纳入黄宗羲（其他著作偶涉黄宗羲，也多否定之词），殊为遗憾。杨国荣（《王学通论：从王阳明到熊十力》，华东师范大学出版社，2003年）则从王阳明心学到现代熊十力，展开了对于心学系统的严密梳理，其中专章讨论黄宗羲，将其置于心学的整体脉络中，阐述黄宗羲逸出王学并终结王学的理论意蕴。

　　③　沈善洪：《黄宗羲全集序》，《黄宗羲全集》第一册，第13—23页。

分别范围或界域的问题,而是一个更为基础性的道德生存论奠基问题。

　　历史地看,对孟子道德哲学的诠释蕴涵着两个基本的矛盾。一是道德生存与宇宙世界的矛盾,或者伦理存在之域与自在自然的矛盾。这个矛盾,在宋明儒学的主流中,大多以本体-宇宙论的模式来加以阐释。而本体-宇宙论的模式不但无法合理地诠释人自身的存在,也遮蔽、湮没了整体世界的自在性。二是先天本体与现实工夫的矛盾,或者是现实生命存在与超验或先天实体之间的矛盾。先天本体或超越实体的进路,将活泼的人生囚禁起来,实质上反而是反人生的。黄宗羲通过区分伦理存在之域与自在自然,对本体-宇宙论模式的诠释范围加以限制,而分别安顿了"盈天地皆心也"与"盈天地皆气也"的说法,重新释放出世界整体的自在性;并在工夫论的讨论中,将生命的生机流行不已视为真正的工夫,以生命的气机流行不已消解了凌越生命本身的先天本体或超越实体。进而,在理解性善问题上,立基于伦理存在之域与自在自然的分界,黄宗羲强调:活泼的生机流行之生命存在之实,就是人之性的起点;而生命之生机流行不息,即是主体自为地肯定自身生命展开之善。只有从生命活动过程的自为肯定角度,才能合理地理解性善。黄宗羲明确强调:性善只是就人自身的存在而言,而不得就宇宙整体和其他万物而言;而人自身源初的生命绽放之实,就是行事之不断绝,就是善之本身,人生根本无以为恶。从而,在对孟子性善论道德哲学的诠释中,黄宗羲给出了富于新意的理解。

一、伦理之境与自在之化

　　简单地说,何以有如此一个世界,这个问题并非孔子和孟子关注的中心。但在儒学的后续展开中,从两汉到现代新儒学,都力图在理论上解决伦理世界与自然世界的关系问题,并在总体倾向上采取了本体-宇宙论意义上的天人合一之论,即以在本体论上将天地世界伦理化的方式,来为人自身的伦理存在奠定根基。如此进路,其最大的问题在于:一方面以自为的伦理存在消弭了世界的自在维度；另一方面，以本体论预设瓦解了人的现实存在。黄宗羲诠释孟子哲学，基本上从属于宋明理学的整体框架，即基于人自身的伦理存在而论天地整体的气化生物具有伦理意蕴。

《孟子师说》开篇即说："天地以生物为心，仁也。其流行次序万变而不紊者，义也。仁是乾元，义是坤元，乾坤毁则无以为天地矣。故国之所以治，天下之所以平，舍仁义更无他道……七篇以此为头脑：'未有仁而遗其亲者也，未有义而后其君者也。'正言仁义功用，天地赖以常运而不息，人纪赖以接续而不坠。"①《孟子》开篇为梁惠王说仁义，就原文看，只是在道德-政治哲学上，突出道义论色彩，强调仁义的绝对性，以及阐明仁义对于社会、国家之"大利"（并非单纯仁义带来功利，而是仁义避免了功利自身的自相矛盾）。黄宗羲的解释基本沿袭了朱熹的说法，以人类伦理存在的仁义，直接套上一个本体-宇宙论的帽子。朱熹尽管在解释这一章的时候，仅仅说"仁义根于人心之固有，天理之公也。利心生于物我之相形，人欲之私也"②，但在解释《孟子·公孙丑上》"不忍人之心"时，则明确说："天地以生物为心，而所生之物因各得夫天地生物之心以为心，所以人皆有不忍人之心也。"③朱熹在解释《中庸》首章第一句"天命之谓性"时说："天以阴阳五行化生万物，气以成形，而理亦赋焉。"④又总结《中庸》首章之旨说："道之本原出于天而不可易，其实体备于己而不可离。"⑤朱熹如此致思，"把气作为仁体的实体，把生生和爱都看作是气的不息流行的自然结果，这一宇宙观是宋代哲学仁体论的一个重要形态"⑥。以"天"作为最终极的实体来为人的伦理存在奠基，既有人自身存在的必然性，也有思辨自身的必然性。由此，两重必然性引向了自然必然性。但此伦理化了的自然必然性本身并非自在自然的必然性。

不过，朱熹的理气二元架构里，因理与气之间的形上与形下鸿沟、心

---

① 黄宗羲：《孟子师说》，《黄宗羲全集》第一册，第49页。

② 朱熹：《四书章句集注》，第202页。

③ 同上书，第237页。

④ 同上书，第17页。

⑤ 同上书，第18页。

⑥ 陈来：《仁学本体论》，第181页。

（气）与理裂为两茬，世界整体与人类及其个体的存在，都是理气彼此外在挂搭的体现，最后既无法合理阐释人的现实存在，也无法合理说明人与物的区别。黄宗羲，经由刘宗周，坚持了阳明心气一体、心理一体的原则，力图避免朱熹的矛盾。黄宗羲解释"浩然之气"章说："天地间只有一气充周，生人生物。人禀是气以生，心即气之灵处，所谓'知在气上'也。心体流行……凉盛而寒则为冬，寒衰则复为春。万古如是，若有界限于间，流行而不失其序，是即理也。理不可见，见之于气；性不可见，见之于心；心即气也。心失其养，则狂澜横溢，流行而失其序矣。养气即是养心，然言养心犹觉难把捉，言养气则动作威仪，且昼呼吸，实可持循也。佛氏'明心见性'，以为无能生气，故必推原于生气之本，其所谓'本来面目'，'父母未生以前'，'语言道断，心行路绝'，皆是也。至于参话头则壅遏其气，使不流行。离气以求心性，吾不知所明者何心，所见者何性也。人身虽一气之流行，流行之中，必有主宰。主宰不在流行之外，即流行之有条理者。自其变者而观之谓之流行，自其不变者而观之谓之主宰。养气者使主宰常存，则血气化为义理；失其主宰，则义理化为血气，所差在毫厘之间。"[1]就孟子本身而言，在其道德哲学中，浩然之气本身并不明显地与天地之气相关，而只是个体一身所有之气，比如朱熹就说："浩然，盛大流行之貌。气，即所谓体之充者。本自浩然，失养故馁，惟孟子为善养之以复其初也。"[2]但这个个体自身之气，经由道德工夫之修养，浩然而充塞天地之间。用今天哲学的话来说，就是孟子认为（且为后世儒家所不断强化和突出），经过个体对自身内在自然之气的完全而彻底之伦理转化，可以进而至于实现对天地世界整体的伦理转化，即将整体天地世界的自在自然完全地转化为伦理之域的自为存在。

　　但黄宗羲的解释有一些不同的意蕴在其中：气不仅是个体身体之中的内在自然，而是兼有外在自然的自在流行之气——它以流入主体的方式与人相关，又以流出主体的方式与人陌异；心即是在如此之气的流入流出之流行中，觉而自为主宰，即在流行中持守自身而转化为有序的伦理存在（即合

_____

① 黄宗羲：《孟子师说》，《黄宗羲全集》第一册，第60—61页。
② 朱熹：《四书章句集注》，第231页。

于理义的存在）；但是，如此自为自觉的主宰与转化，并不指向与气化流行相隔绝的客观之理世界或主观之观念世界，而是融于气化流行不已之绵延；如此绵延不绝的气化流行，既是生命存在的本然与应然，也是天地世界的本然与自在。伦理存在之域并非一个坚凝死煞之地，而是流行不已之地。这根源于生命本身的生长与展开本质。因此，伦理存在之域为着自身的生长与展开可能，无论在内在自然与外在自然的意义上，都有着不可完全加以转化的自在而深邃之处。万古如是的"气化流行"，其中有着一个"界限"，此界限基本的意涵就是勾勒出了伦理之境与自在大化的分野。

　　因此，在黄宗羲看来，所谓浩然之气，既非天地之气源初浩然（在浩然作为伦理意义上的自为而言），亦非只是人自身一体之内的气经过修养而外化塞于天地之间，而是本来自在流通："人自有生以后，一呼一吸，尚与天地通。"①人与天地自在的一气流通，是能养浩然之气的前提。但"自在的一气流通"，并非"自为的伦理化的一气流通"，而有着将自在之气与自为之气相区隔的含义。

　　如此区隔，便在本体-宇宙论的视野中撕开一条裂缝。黄宗羲解释《孟子》"明堂"章说："上帝也者，近人理者也。人于万物乃一物。假令天若有知，其宰制生育，未必圆颅方趾、耳鼻食息如人者也。今名之帝，以人事天，引天以自近，亲之也。"②祭祖以通天或上帝，这有宗教上的意义。但在哲学义理上看，黄宗羲在此并没有将人与天或上帝直接等同。换言之，尽管在本体-宇宙论上囫囵而言，可以说以"天地生物之心"为人之心，但在现实的伦理存在上，本体上的同一并不就等于宇宙论上的一如。黄宗羲明确看到了人以自身的伦理存在，引天而近于人自身的伦理存在之域，使人的伦理存在可以有一个起始上的根源、有一个归宿上的目的；但就天自身而言，天并不就是人的伦理化存在所能囊括，"假令""未必""人于万物乃一物"等用语表明，黄宗羲在本体-宇宙论的视野中，有着将伦理存在与世界及万物之自在存在加以区分的意识。

---

① 黄宗羲：《孟子师说》，《黄宗羲全集》第一册，第 65 页。
② 同上书，第 54 页。

　　因此,黄宗羲在基本袭用朱熹"气化生物"之宇宙生成论而言之际,也自觉地作出了天地与人道之间的细微之别:"天以气化流行而生人物,纯是一团和气。人物禀之即为知觉,知觉之精者灵明而为人,知觉之粗者昏浊而为物。人之灵明,恻隐羞恶辞让是非,合下具足,不囿于形气之内;禽兽之昏浊,所知所觉,不出于饮食牡牝之间,为形气所锢,原是截然分别,非如佛氏浑人物为一途,共一轮回托舍也。其相去虽远,然一点灵明,所谓'道心惟微'也。天地之大,不在昆仑旁薄,而在葭灰之微阳;人道之大,不在经纶参赞,而在空隙之微明。"①黄宗羲所论"天地之大"有"微阳","人道之大"有"微明",阳和明,是属人存在的自为方面,但此自为方面是"微"而有其限度,如此昭示出"微之外的大"有其自在性,这个越出微之外的自在性,不但是天地之自在性,而且是人道之自在性。在本体-宇宙论意义上来讨论人和世界的存在,有着严格的限度,不能肆意地扩大论域范围,尤其不能用伦理之域消解无限世界自身的自在与自然。

　　实质上,黄宗羲的思考进路,逻辑地引向对本体-宇宙论诠释人之道德生存的质疑与否定。他诠释《孟子》"生之谓性"章说:"无气外之理,'生之谓性',未尝不是。然气自流行变化,而变化之中,有贞一而不变者,是则所谓理也性也。告子唯以阴阳五行化生万物者谓之性,是以入于儱侗,已开后世禅宗路径。故孟子先喻白以验之,而后以牛犬别白之。盖天之生物万有不齐,其质既异,则性亦异,牛犬之知觉,自异乎人之知觉;浸假而草木,则有生意而无知觉矣;浸假而瓦石,则有形质而无生意矣。若一概以儱侗之性言之,未有不同人道于牛犬者也。"②黄宗羲自觉认识到,"天地生物"的本体-宇宙论模式在解释人和万物的区别上捉襟见肘。他尽管还没有最终抛弃这一进路,但毕竟揭示了人与万物的差别,在于现实的知觉运动本身之差异(进而言之,是现实生存活动本身生成的超越),而不是天生的差异。在本体-宇宙论的视域下,无数现实差异的事物,却有一个普遍而共同的本体,如此便陷入现实差异与思辨本体之间的矛盾。因此,将人和世界从虚悬的超越本

---

①　黄宗羲:《孟子师说》,《黄宗羲全集》第一册,第 111 页。

②　同上书,第 133 页。

体之束缚中解放出来,指向人自身活生生的现实生命存在活动,既是哲学自身思考的要求,也是人自身存在的要求。

在人性论的争议上,宋明儒学中有一个"谁是告子"的问题,对此问题的回答,在分疏人与物、心与理等关系上,最终昭示出一条合理区分伦理存在与自在自然之界限的思路。从气化生物的本体-宇宙论模式出发来解释人自身,黄宗羲在讨论《孟子》"食色,性也"章时,对于"谁是告子"的问题有一个说明:"'食色,性也',即是以阴阳五行化生者为性,其所谓仁者,亦不过煦煦之气,不参善不善于其间;其所谓义,方是天地万物之理。告子以心之所有不过知觉,而天高地下万物散殊,不以吾之存亡为有无,故必求之于外。孟子以为有我而后有天地万物,以我之心区别天地万物而为理,苟此心之存,则此理自明,更不必沿门乞火也。告子之言,总是一意;孟子辨之,亦总是一意。晦翁乃云'告子之词屡屈,而屡变其说以求胜',是尚不知告子落处,何以定其案哉!他日,象山死,晦翁曰:'可惜死了告子。'象山谓心即理也,正与告子相反。孟子之所以辨告子者,恰是此意。而硬坐以告子,不亦冤乎!"[1]"告子不识天理之真,明觉自然,随感而通,自有条理,即谓之天理也,先儒之不以理归于知觉者,其实与告子之说一也。"[2]显然,黄宗羲以朱熹为告子。这里更为重要的是,黄宗羲认为,告子与孟子所说的是两个不同角度或不同视野的问题,亦即,告子是从外在自在自然的角度理解人和万物,而孟子是从内在伦理存在的角度理解人和万物。朱熹没有看到告子立论所在指向"外在",只是在本体-宇宙论的模式下将外在自在自然加以伦理化,而将伦理之域内在之理转为外在化之理,从而与告子如出一辙地"指向外在"。伦理存在之域作为人的主体性内在之域,并不能跨越为自在自然的外在之域;以思辨的虚悬方式在本体-宇宙论上跨越内在主体性的伦理存在之域与外在自在性的自然之域,实质上一方面是将人的内在主体性推而为外在之物,另一方面也是将外在自在性的自然化而为内在之物。尽管在人自身的历史性存在中,自然之间与伦理之境随着人类生存活动的展开而不断

---

[1]　黄宗羲:《孟子师说》,《黄宗羲全集》第一册,第 134 页。

[2]　同上书,第 132 页。

彼此交融渗透,但任何特定历史阶段以及任何具体个体都必然总是有着外在自在自然对内在自为主体性的限制,而不可能完全消弭二者之间的界限。

因此,虽然在本体-宇宙论上,"人与天虽有形色之隔,而气未尝不相通"①,在此意义上,可以说"盈天地间,一气而已矣"②;但在伦理之在与自在自然之间各有其理:"纲常伦物之则,世人以此为天地万物公共之理,用之范围世教,故曰命也。所以后之儒者穷理之学,必从公共处穷之。而吾之所有者唯知觉耳,孟子言此理是人所固有,指出性真,不向天地万物上求,故不谓之命也。"③在此,黄宗羲认为,纲常伦物之理与天地万物公共之理并非一物,人所固有的性真之理,不向天地万物上求。纲常伦物之理是伦理存在之域的原则,而天地万物公共之理则是自在自然的原则;前者是自为的,后者则是自在的,"黄氏通过区分理智当然者与天地万物之理而把先验之知圈定在当然之则的范围内,并相应地在一定程度上将在物之理划出了天赋之域"。④将伦理存在之域与自在自然区划开来,从而限制了本体-宇宙论的诠释限度,也就使得伦理存在之域自身得到了更为准确的彰示。

而在伦理存在之域,心是一切得以显现的根据,可以说"盈天地皆心也"⑤,由此,也可以说"万物皆备于我"(《孟子·尽心上》):"盈天地之间无所谓万物,万物皆因我而名。如父便是吾之父,君便是吾之君,君父二字,可推之为身外乎? 然必实有孝父之心,而后成其为吾之父;实有忠君之心,而后成其为吾之君。此所谓'反身而诚',才见得万物非万物,我非我,浑然一体,此身在天地间,无少欠缺,何乐如之!"⑥伦理存在之域作为人的自为生存境界,其间一切事物之有意义的命名,都以心之能动而自觉的赋义为基础。一切经由自觉能动之心赋义的事物,进入伦理存在之域,构成有条理和秩序的意义世界。就此而论,这是心学传统的延续,但黄宗羲的意义在于,他并没

① 黄宗羲:《孟子师说》,《黄宗羲全集》第一册,第 148 页。
② 黄宗羲:《明儒学案》,《黄宗羲全集》第八册,第 899 页。
③ 黄宗羲:《孟子师说》,《黄宗羲全集》第一册,第 161 页。
④ 杨国荣:《王学通论:从王阳明到熊十力》,第 190 页。
⑤ 黄宗羲:《明儒学案》自序,《黄宗羲全集》第七册,第 3 页。
⑥ 黄宗羲:《孟子师说》,《黄宗羲全集》第一册,第 149—150 页。

有以此伦理存在的意义世界弥漫一切，没有以此湮没世界整体的自在性与自然性。而自在性与自然性的让与，使自由个性得以可能。

从而，通过区分伦理存在之域与自在自然，黄宗羲"盈天地皆心也"与"盈天地皆气也"之间的紧张也就获得解决：前者突出心是自为自觉的伦理存在之境的内在根据，后者则彰显天地作为整体的外在自在自然性不能为内在之心所消解。如此，在流行不息的自在之化与自为贞定的伦理存在之间，人的主体性与自然世界的自在性之间，就在人自身的历史性存在过程中，展现为相合而又相分、相分而又不断相合的历史进程。

二、工夫乃在于让心体流行

在伦理存在与自在自然有所合而又彼此相异的意义上，人自身的存在相应地有着伦理存在与自然存在之别。在道德哲学中，无论是人自身内在的自在自然，还是人之外的外在自然，自为的伦理存在与自在存在之间，二者分离与关联的基础都建基于工夫。

工夫展开在伦理存在之域，但是，工夫又牵涉自在之域。在此意义上，工夫一方面要保持人在伦理存在之域的"主宰"，另一方面又要保持伦理存在之域的开放性，使自在而差异之物得以流入流出。合而言之，即工夫之要在于保持心体之流行。在心即气的基础上，如此工夫，主要就是养气。如上文所引，黄宗羲解释"浩然之气"而论"不动心"说："人身虽一气之流行，流行之中，必有主宰。主宰不在流行之外，即流行之有条理者。自其变者而观之谓之流行，自其不变者而观之谓之主宰。养气者使主宰常存，则血气化为义理；失其主宰，则义理化为血气，所差在毫厘之间。黝在胜人，舍在自胜，只在不动心处着力。使此心滞于一隅，而堵塞其流行之体，不知其主宰原来不动，又何容费动手脚也。只是行所无事，便是不动心。"①流行是变与不变的

①　黄宗羲：《孟子师说》，《黄宗羲全集》第一册，第61页。

统一,变即是流行之不可遏止的出出入入,不变就是出出入入之觉而有序(有条理)。养气之工夫,就是保持觉而有序,并不断化自然之血气为理义之伦理;同时,使得觉而有序之伦理化存在,不断充盈自身之内容,即向广袤流行开放自身,让流行不断捎入新的内容而不偏滞一隅。如此,工夫就具有双重指向:一方面是自为自觉之内在夯实与扩充,另一方面是向外在自在自然的无边深邃与广袤开放自身。二者的统一,就是有着人的自为存在渗透其中的气化流行之整体。换言之,工夫不单是要自为地生成一个自觉之我,而且要在自为自觉之域开放出自在流行出入的通道。

养气之所成,就是有内容之志的生成。在此意义上,心即气,也就是志即气,养气工夫也就是持志工夫。黄宗羲说:"志即气之精明者是也,原是合一,岂可分如何是志,如何是气。'无暴其气',便是持志功夫,若离气而言持志,未免捉捏虚空,如何养得?"①以气为志的内容,这有深意。在孟子道德哲学的历史展开中,心往往取得压倒性的凸出,而气则常被湮没了。气是无时不流动的,在工夫论的意义上,流行不已之气,就是活生生的生命存在活动本身。道德修养的实功,是活生生的生命之富于生机与生气的绽放,而非理智清明的某种知性世界的孤守,也非直觉空灵的某种神秘境界的玩弄。气之动,缤纷而涌荡,这就是伦理化生存的真正精神内容——志——的真正内容。在此意义上,所谓持志,就是让生命之气的涌荡不断充盈自身,不断焕然自身。而以气作为心或志的内容,乃至于以养气为养心,深一层的意义就在于,在作为主体性存在的人自身释放出自在性之维。生命的展开,只有与自在的气化流行通为一体,让逸出自觉自为的自在之化捎带新颖之物不断流入而化为自为,让自觉自为之物不断流出而化为自在自然,生命才是真正充满生机和活力的。

因此,养气与持志,就是让生命存在保持鲜活生机,这就是行事不断之意。而行事,就是"集义"的工夫,黄宗羲解释《孟子》"集义"说:"'集义'者,应事接物,无非心体之流行。心不可见,见之于事,行所无事,则即事即义

---

① 黄宗羲:《孟子师说》,《黄宗羲全集》第一册,第62页。

也。心之集于事者,是乃集于义矣。有源之水,有本之木,其气生生不穷。"①
以即事即义来阐释"集义",这是黄宗羲有所创见之论。工夫在于心体之流
行,心体之流行就是即事即义。朱熹说:"义者,心之制、事之宜也。"②事与
心、事与义、心与义,都有着二分之嫌:"'义袭'者,高下散殊,一物有一义,模
仿迹象以求之,正朱子所谓'欲事事皆合于义'也。'袭袭'之'袭',羊质虎
皮,不相黏合。"③这种二分,都是在气之流行不息之外求理、在事无时不行之
外求义,一言以蔽之,都是在生命活动本身之外去把捉虚悬的理或心。

　　为了凸显对空灵孤另之理世界或心世界的拒斥,黄宗羲认为行事即是
工夫本身,甚至反对言敬:"'必有事焉',正是存养工夫,不出于敬","有事不
论动静语默,只此一事也"。④生命即是气之流行不息,就是人之行事不断或
必有事焉而勿正,勿忘勿助:"'正'是把捉之病,'忘'是间断之病,'助'是急
迫之病。"⑤在一定意义上,"忘"和"助"就是"正"之病痛的两个方面。"正"就
是脱离"必有事焉"的生命活动,以主观观念的造作而虚构出某种理本体或
心本体,并以之为生之本质,枯守此理本体、心本体而忘却活生生的生命存
在本身,这是忘;或者以此理本体或心本体为高悬之鹄的,强行逼迫活生生
的生命存在以入其藩篱,这是助。拒斥忘与助,就是笃行其事。而事的本
质,就是自在与自为、自觉与自然的浑然为一,如此而生命盎然流行。

　　孟子有所谓"四端",朱熹解释说:"端,绪也。因其情之发,而性之本然
可得而见,犹有物在中而绪见于外也。"⑥所谓端,孟子本来在论心,朱熹的解
释却转而为性本情用,并由"用"以反推设定一个"在中"的本体。脱离心自
身活泼的生机绽现,而理智构造出性本体(理本体)而为心之活动的基础,这

　　①　黄宗羲:《孟子师说》,《黄宗羲全集》第一册,第 62 页。

　　②　朱熹:《四书章句集注》,第 201 页。

　　③　黄宗羲:《孟子师说》,《黄宗羲全集》第一册,第 62 页。

　　④　同上书,第 63 页。黄宗羲反对空言敬,更反对言"静",他引孙淇澳的话说:"天下之大本无
可指名,儒者遂有主静之说。夫主静者,依然存想别名耳,而于心中之静如何主也? 以为常惺惺是一
法,毋乃涉于空虚无着乎?"(黄宗羲:《孟子师说》,《黄宗羲全集》第一册,第 93—94 页)

　　⑤　黄宗羲:《孟子师说》,《黄宗羲全集》第一册,第 63 页。

　　⑥　朱熹:《四书章句集注》,第 238 页。

其实就是忘或助的表现。黄宗羲注意到《孟子》既说"恻隐之心,仁之端也"
(《孟子·公孙丑上》),又说"恻隐之心,仁也"(《孟子·告子上》),他批评朱
熹以端绪推论性本体的说法,而提出了一个新的见解:"恻隐之心,仁也。恻
隐之心,仁之端也。说者以为端绪见外耳。此中仍自不出来,与仁也语意稍
伤,不知人皆有不忍人之心,只说得仁的一端。因就仁推义礼智去,故曰'四
端',如四体判下一般。孟子最说得分明,后人错看了,又以诬仁也,因以孟
子诬《中庸》未发为性,已发为情,虽喙长三尺,向谁说? 满腔子皆恻隐之心,
以人身八万四千毫窍,在在灵通知痛痒心,便是恻隐之心。凡乍见孺子感动
之心,皆从知痛痒心一体分出来。朱子云'知痛是人心,恻隐是道心',太分
晰。恻隐是知痛表德。"①以心身活动之整体本有灵通感知为基础,以仁义礼
智为此整体之各为"一端",而不是以仁义礼智四端作为心身活动整体的本
体论根据,这是一个对"四端说"较有意义的新解。人身有四万八千毫窍,都
是灵通感应的,其实然而本然之绽放,就在心之流行不息之动。心之流行不
息之动,即仁,而义礼智则是心之动机一体而有的不同方面:"恻隐心,动貌,
即性之生机,故属喜,非哀伤也。辞让心,秩貌,即性之长机,故属乐,非严肃
也。羞恶心,克貌,即性之收机,故属怒,非奋发也。是非心,湛貌,即性之藏
机,故属哀,非分辨也。四德相为表里,生中有克,克中有生,发中有藏,藏中
有发。人之初念最真,从不思不虑而来。即是性天,稍一转念,便属神识用
事。'乍见'者,初念也,下三者皆是转念。"②以"乍见"为心动初念之真几,而
拒斥"转念"虚构,并把仁作为发端,义礼智则与仁为一体而四者相生相克以
成就为"动-秩-克-湛"的生机流行。动是源初处,动而展开必有其序,循序而
自为检束克制,有所取有所舍,所取为是,所舍为非,这都是清明在躬而昭明
不昧的湛然之在——而没有虚悬的超越本体遮蔽、掩匿。

　　如此"动-秩-克-湛"一体流行的源动生命,工夫就是扩充而不遏生命之
流行:"满腔子是恻隐之心,此意周流而无间断……扩充之道,存养此心,使

---

① 黄宗羲:《孟子师说》,《黄宗羲全集》第一册,第68页。
② 同上。

之周流不息。"①扩充存养此心使之周流不息,即是让心处于流行不息之中。人生就是如此气机之流行不息,工夫之实,就在保持、扩充此生命之流行不已。如果在气机流行不已的人生之外或之上去寻求人性,那就是错谬的工夫,是求死的工夫,而非求生的工夫。黄宗羲批评生机流行之外觅体之论,说:"李见罗著《道性善编》:'单言恻隐之心四者,不可竟谓之性,性是藏于中者',先儒之旧说皆如此。故求性者,比求之人生以上,至于'心行路绝'而后已,不得不以悟为极,则即朱子之'一旦豁然贯通',亦未免堕此蹊径。佛者云'有物先天地,无形本寂寥,能为万象主,不逐四时凋',恰是此意,此儒佛之界限所以不清也。不知舍四端之外何从见性?仁义礼智之名,因四端而后有,非四端之前先有一仁义礼智之在中也。'鸡三足''臧三耳',谓二足二耳有运而行之者,则为三矣。四端之外,悬空求一物以主之,亦何以异于是哉?"②真正的工夫,是生命的工夫,而非理智虚构的造作。在生命气机流行不已本身之外,虚构实体来作为生命的根据或主宰,这是生命的反面,而非生命本身。他进一步解释"湛然清明之在"说:"忠宪又云:'人心湛然无一物时,乃是仁义礼智也。'羲以为乍见之倾,一物不着,正是湛然。若空守此心,求见本体,便是禅学矣。"③由此可见,在诠释孟子"四端说"时,黄宗羲显明地表现出拒斥先天本体或超验实体的态度。这在工夫与本体的关系上,可以视为一个积极的进路,其最后的真意,就是在精神本体与生命存在的关系上,拒斥脱离生命存在的精神实体,将灵动的生命从僵死的超越本体中释放出来。

如此生命存在之实,也即是在日常生活中的事亲从兄之活动。《孟子·离娄上》说:"仁之实,事亲是也;义之实,从兄是也。智之实,知斯二者,弗去是也;礼之实,节文斯二者是也;乐之实,乐斯二者。"黄宗羲批评朱熹以花实之实解释这个"实",他说:"此实字乃是虚实之实,非花实也。盖仁义是虚,事亲从兄是实。仁义不可见,事亲从兄始可见。孟子言此,则

---

① 黄宗羲:《孟子师说》,《黄宗羲全集》第一册,第69页。

② 同上。

③ 同上书,第70页。

仁义始有着落，不堕于恍惚想像耳。正恐求仁义者，无从下手，验之当下即是，未有明切于此者也。"①事亲从兄作为生命存在之实，是生命具有本质性的方面，尽管并非其全体与所有方面。但从强调"事从"之活动为实、拒斥仁义礼智之虚名而言，黄宗羲无疑将工夫还原为生命活动的切实展开，而非缥缈心体或性体之类的静修敬持。即便先立一个心体的王阳明，在此也受到黄宗羲的批评："先儒多以性中曷尝有孝弟来，于是先有仁义而后有孝弟，故孝弟为为仁之本，无乃先名而后实欤？即如阳明言'以此纯乎天理之心，发之事父便是孝，发之事君便是忠'，'只在此心去人欲、存天理上用功便是'，亦与孟子之言不相似。"②工夫只是事亲从兄之实行，然后才有实行基础上的反思以及定名，而不是相反。究实而言，所谓超越实体或先天本体，就是以虚名或空概念来囚禁活生生的生命流行。

工夫的意义即在于此：实事实工而生机流行不已。但学人与常人各有造作，脱离实事实工之生机流行而放心，于是有所谓求放心。即此"求放心"，其实并非捐弃耳目别求本体，恰好就是悬置理智造作虚构而返回于耳目之生机流行："先儒之求放心者，大概捐耳目，去心智，反观此澄湛之本体。澄湛之体，堕于空寂，其应事接物，乃俟念头起处，辨其善恶而出之，则是求放心大段无益也。且守此空寂，商贾不行，后不省方，孟子又何必言'义，人路'乎！盖此心当恻隐时自能恻隐，当羞恶时自能羞恶，浑然不著，于人为惺惺独知，旋乾转坤，俱不出此自然之流动，才是心存而不放，稍有起炉作灶，便是放心。"③表面上，求放心的意思，就是防止放心即可。但其中值得注意的是"不出此自然之流动"，放心的原因就在于"出此自然之流动"，即是常人殉耳目，学人求事功或理念而断了此流行。求放心工夫的实工，就是让此生机如其自身地"自然流动"，或返回到生命之生机的自然流动。

而在自为的伦理存在之域，工夫切忌引向无形无影的悬空之地，而要任人生之自化："道无形体。精义入神，即在洒扫应对之内，巧即在规矩之中，

---

① 黄宗羲：《孟子师说》，《黄宗羲全集》第一册，第 102 页。

② 同上。

③ 同上书，第 141 页。

上达即在下学,不容言说,一经道破,便作光景玩弄,根本便不帖帖地。庄子曰:'北溟有鱼曰鲲,化而为鹏,九万里风斯在下。'然听其自化也,使之化,则非能鹏也。"①工夫在"让"人生自化,就是任其生机流行不息。让人生自化的工夫,便是在自为之中让与自在,在自觉之中让渡出自然。概念或名词的世界,似乎是自觉自为的极致,但也使人生陷入逼仄的极致。

依此而论工夫与本体之关系,则没有生机流行之实实在在的展开之功,便无所谓生命之本体:"必须工夫,才还本体"②;"夫求识本体,即是工夫,无工夫而言本体,只是想像卜度而已,非真本体也"③;"本体工夫分不开的,有本体自有工夫,无工夫即无本体"④;"不使真工夫,却没有真本体"。⑤由此而进一步,黄宗羲在心气一体、理气合一的立场上,突出生命本身的生机流行,便走向了对于心学本体之先验性的消解:"心无本体,工夫所至,即其本体。"⑥生命存在展开为过程,作为生命存在之真理的本体,只能在生命的展开过程之中逐渐生成,而不能先于生命存在过程。⑦而在生命存在的展开过程中,"心本来是用而不是体,但是精神随着工夫而展开,在性和天道的交互作用中成为德性的主体,成为性情所依持者,那么它在千变万化中间有一个独特的坚定性、一贯性,这种个性化的自由的精神就具有了本体论的意义"。⑧如此本体论意义的自由个性,就是自为与自在、自觉与自然统一的人格。

黄宗羲对本体先验性或超越实体的消解,不但是对伦理存在之域中人自身生命的解放——每一生命都经由自由而自在的生命绽放过程而生成自身;而且也是对自在自然的解放——通过在伦理存在之域对本体的消解,也

① 黄宗羲:《孟子师说》,《黄宗羲全集》第一册,第158页。
② 同上书,第139页。
③ 黄宗羲:《明儒学案》卷六十,《黄宗羲全集》第八册,第843页。
④ 同上书,第843—844页。
⑤ 同上书,第845页。
⑥ 黄宗羲:《明儒学案》自序,《黄宗羲全集》第七册,第3页。
⑦ 参见冯契《中国古代哲学的逻辑发展》下册,第1030—1034页。
⑧ 冯契:《人的自由和真善美》,第325页。

就解开了伦理之域对自然世界的囚禁,让自然世界回到自身的自在性之中。如此进路,与现代新儒家批评黄宗羲丢掉超越实体而丧失超越进路具有完全不同的意蕴。①

三、人心无所为恶

从黄宗羲阐释孟子道德哲学的主旨倾向而言,他认为生命就是气机之流行不已,就是心体流行不已。在此基础上,性之所以为性,善之所以善,可以得到一个更为恰适的理解,即生命之气流行不已之过程本身,其不断流行指向对自身的深邃化与广袤化,就是生命存在之善。简言之,心体流行作为生命之气流行不息的自我肯定,就是善的最为基本的意涵。脱离活泼的生命存在之实,而以先天本体或超验实体为心为性,以之为善,这无与于生命存在之实的性与善,实质上根本就不是性或善。

要明性为何物,看起来很容易,但历史与现实总是昧于性之为物。黄宗羲注《孟子》"天下之言性也"章说:"凡人之心,当恻隐自能恻隐,当羞恶自能羞恶,不待勉强,自然流行,所谓'故'也。然石火电光,涓流易灭,必能体之,若火之始燃,泉之始达,而后谓之利。其所以不利者,只为起炉作灶,无事生事。常人有常人之起作,学人有学人之起作。一动于纳交要誉,便是常人之起作;舍却当下,浅者求之事功,深者求之玄虚,便是学人之起作,所谓'凿'也。只为此小智作,崇凿以求通,天下所以啧啧多事,皆因性之不明也。"②"故"是生命存在之既存,利是顺既存而肯定性地展开。论性,就奠基于此"生命既有"及其"不断展开"。但常人与学人,都在此"既有与展开"之统一的现实人生之外,任由理智去造作、虚构、杜撰一个什么东西来作为"人之本

---

① 参见刘述先《论黄宗羲对于孟子的理解》(附录),载《黄宗羲心学的定位》,第133—147页。
② 黄宗羲:《孟子师说》,《黄宗羲全集》第一册,第117页。

性"，如此就完全将性之所以为性引向歧途而晦暗不明了。

从何处开始说性，黄宗羲认为先儒都有错失："先儒之言性情者，大略性是体，情是用；性是静，情是动；性是未发，情是已发。程子曰'人生而静以上，不容说。才说性时，他已不是性也'，则性是一件悬空之物。其实孟子之言，明白显易，因恻隐、羞恶、恭敬、是非之发，而名之为仁义礼智，离情无以见性，仁义礼智是后起之名，故曰仁义礼智根于心。若恻隐、羞恶、恭敬、是非之先，另有源头为仁义礼智，则当云心根于仁义礼智矣。是故'性情'二字，分析不得，此理气合一之说也。体则情性皆体，用则情性皆用，以至动静已未发皆然……恻隐、羞恶、恭敬、是非之心，不待发而始有也。"①不能在"不容说"以上去为人生找个头脑。人生之"始有"即是"已有所有"而非"一无所有"，真实的源初的生命存在之实，即是"活泼的生命已然有所绽放"，这就是活生生的恻隐、羞恶、恭敬、是非之具体而实有，由此具体实有才在伦理存在之域衍生了仁义礼智之名（不能反过来以仁义礼智之名为实有而推衍现实人生）。

生命之既有与展开的统一，就是生命气机之流行不已。立足于生命气机流行不息，黄宗羲引周敦颐而言性善，说："《通书》云性者，刚柔善恶中而已矣。刚柔皆善，有过不及，则流而为恶，是则人心无所为恶。止有过不及而已。此过不及亦从性来。故程子言恶亦不可不谓之性也，仍不碍性之为善。"②生命只要存在并不断存在而展开，就是必然为善。这是生命的本然之实，亦即本然之性。所谓恶，只有回置于活泼的生命流行之整体过程，才能显露。生命之恶并不能自行显露，只有生命自身在自为肯定的善之展开中，作为虚构造作生命之外的先天本体与超越实体之过而恶，及作为无所觉悟的冥行妄作之不及而恶，才能被显现为恶。因此，善恶皆在人的现实生存上说，所谓的先天善恶，都是不知所云的东西。黄宗羲坚持刘宗周以性为后天现实之物的观点："先师蕺山曰：'古人言性，皆主后天，毕竟离气

---

① 黄宗羲：《孟子师说》，《黄宗羲全集》第一册，第136—137页。

② 同上书，第68页。

质无所谓性者。'"①宋明儒论性,都引《礼记》"人生而静以上不容说",但实际上,大多论性倾向依然是在"人生而静以上"立论,虚构出一个无人无物、无天无地的"人之本质"来范围无数生动而差异的活泼之生命。黄宗羲在此立场鲜明:论人之性,只能就具体现实的活泼的人生而言。如此活泼的人生,其性也就是形体之具体而现实的活动,亦即事即义之活动。

在黄宗羲看来,心体流行或生命气机流行,涵着自在与自为或自然与自觉、伦理之域与自在之域两个不同的方面。因此,性善的问题也就相应地关联着如何看待二者关系的问题。"朱子云:'《易》言继善,是指未生以前;孟子言性善,是指已生之后。'此语极说得分明。盖一阴一阳之流行往来,必有过有不及,宁有可齐之理? 然全是一团生气,其生气所聚,自然福善祸淫,一息如是,终古如是,不然,则生灭息矣。此万有不齐中,一点真主宰,谓之'至善',故曰'继之者善也'。'继'是继续,所谓'于穆不已'。及到成之而为性,则万有不齐,人有人之性,物有物之性,草木有草木之性,金石有金石之性,一本而万殊,如野葛鸩鸟之毒恶,亦不可不谓之性。孟子'性善',单就人分上说。生而禀于清,生而禀于浊,不可言清者是性,浊者非性。然虽至浊之中,一点真心埋没不得,故人为万物之灵也。孟子破口道出善字,告子只知性原于天,合人物而言之,所以更推不去。"②黄宗羲明确说,性善只是就人的存在而言。以朱熹为典型表现的本体-宇宙论,悬设一个先天超越的善本体,以伦理存在之域湮没自在自然,在解释人的现实存在之善上,左支右绌,乃至无法恰切地区分人和动物的存在。黄宗羲对此进行了自觉的划分,即性善只是在伦理存在之域而言,只是就人自身心体流行之自为成就而言善,"成之者性"才称为性善。黄宗羲批评朱熹说:"孟子之言性善,亦是据人性言之,不以此通之于物也,若谓人物皆禀天地之理以为性,人得其全,物得其偏,便不是。夫所谓理者,仁义礼智是也。禽兽何尝有是? 如虎狼之残忍,牛犬之顽钝,皆不可不谓之性,具此知觉,即具此性。晦翁言'人物气犹相

---

① 黄宗羲:《孟子师说》,《黄宗羲全集》第一册,第77页。

② 同上。

近，而理绝不同'，不知物之知觉，绝非人之知觉，其不同先在乎气也。"①在伦理存在之域，在心即气的基础上，黄宗羲这段解释所具有的意义是顺理成章的。善和伦理之理只有在伦理存在之域，对人的存在而言才有意义。人与动物的区别，是现实生存活动，是气机流行之别。人是自觉自为之气机流行，所以善；物是盲目本能之气机流行，所以无所谓善。

人之自觉自为的气机流行，虽然有着自然自在的一面，但总体上显现出"能动性的自我成就"。如此，能成即是善，所成就是性。在此意义上，人自身的现实生命存在活动之不绝展开，或心体之流行不已，人由之不断地自生自取，自我造就本质，就是以善成性或善以成性。不能把性视为脱离善的某种东西，以为善只是性的不完全体现。"宋沈作喆曰：'圆觉自性也，而性非圆觉也。圆觉性所有也，谓圆觉为性则可，谓性为圆觉则执一而废百矣。性无所不在也，孟子'道性善'，善自性也，而性非善也，善性所有也。圆觉与善，岂足以尽性哉？'此说似是而非，毕竟到无善无恶而止，吾人日用常行，何处非善之充满，即何时非性之流行，舍善之外，更何可言？"②如果以觉和善为某种性质，那么觉和善自然不能穷尽生命的全部内容；但是，如果以为现实生命本身尚不足以言觉和善，而虚构一个本性来做觉和善的根基，则此脱离现实生命的性就不是真的善。在黄宗羲看来，如沈作喆这样的话头，听起来好听，根本上是错误的。因为，在道德生存论上，性并非先天本来凝然定在之物，而是有待于生成与造就的；而所谓善，就是生命气机之流行不已之实，就是在活泼的生命流行之中，有主宰而自为展开自身之存在。生命除却觉而行、行而觉之不断行事以造就自我之外，别无一物。

善即生命力动之实，也就是诚。《孟子·离娄上》讨论诚身与明善，就与生命本然之力动融合而论："居下位而不获于上，民不可得而治也；获于上有道，不信于友，弗获于上矣；信于友有道，事亲弗悦，弗信于友矣；悦亲有道，反身不诚，不悦于亲矣；诚身有道，不明乎善，不诚其身矣。是故诚者，天之道也；思诚者，人之道也。至诚而不动者，未之有也；不诚，未有能动

① 黄宗羲：《孟子师说》，《黄宗羲全集》第一册，第 135 页。

② 同上书，第 79 页。

者也。"黄宗羲点题说:"善即是诚,明善所以明其诚者耳……孟子性善之说,终是稳当。"①生命源初即处于力动展开之中,也就是心体自始便流行不息——生命鲜活而在,这是一个命定而无可致诘的道德生存论起点。如此源初既已鲜活跃然之在的生命,处于自身觉悟之中。跃然绽放而在,觉然自持而行,觉悟与行动的浑然一体,就是生命展开之善,也就是生命流行不已之至诚而实。

《易传》所谓"继之者善",是至善,是宇宙论上的气机流行"于穆不已"的实然而定然之自在,与伦理存在之域的自为自觉之相续相通的一体而在。伦理存在与自在大化的相同点都在于"流行不已"。但人之心体流行不已,是自为自主的自觉行动,其自为肯定的流行即是性之所以为善;而自在自然的大化流行,只是如其大化流行而逸出了人之自觉自为之域。如此自在的大化流行,是人和万物(包括一切动物)获得自然生命的共同根源;但人和万物的现实差异,除了最为简单的肯定有一大化流行作为共同根源之外,不能再说出更多的东西,只能让其回到其自身的自在自然状态。在伦理之境,人现实地成就出自身之异于万物之性而为善,或者说人经由自觉自为地展开自身之生命流行的善之存在,而成就自身之性。从此伦理之境以观自在自然,自在自然具有不能被伦理之善赅括的无边幽深与广袤,但此无边幽深与广袤,在伦理之境保持自身开放性之际,恰好开通并担保了人能自我创造而成就自身之性的可能性。由此而言,人生而上的那个流入人之中并流出人之外的大化流行,就具有至善的意味;如此至善,恰好就是自为自觉之性善的界限所在,彰显出一个自在之域以作为性善得以展开的可能通道。

相应于如上所述工夫之即在于"让生命自化"而生机流行,善即是此自为流行本身之不绝如缕地自觉展开,性则是在此过程中不断凝成的精神性内容,而此内容又反过来促进生机流行之不息。生命不息且不断磅礴与深邃自身,就是生命存在之善;而人之不以自身伦理存在之善而遏阻自在大化之自然流行,并让自身向自在自然敞开,无边幽深与广袤之自在大化如其自身而出入"自我"而流行,即为至善。保持自身之自为与任物之自在的统一,

---

① 黄宗羲:《孟子师说》,《黄宗羲全集》第一册,第94页。

这就是一个无以为恶的世界。

总而言之,黄宗羲承继宋明理学而展开对孟子道德哲学的诠释,从自在与自为、自觉与自然的统一出发,在自为的伦理之域与自在的自然之境之间做出划界,拒斥先天本体或超越实体对于人之现实生命的束缚。他强调工夫既是持守存在之自为,也是面向自在之开放;善不但是伦理存在之域生命之自为肯定的展开,也是让自在自然之大化流行不被遏阻。由此,黄宗羲将人从先天实体或超越本体的束缚中解救出来,将自在自然从伦理的囚禁中解放出来,而开启了儒家道德哲学向前展开的可能。①

---

① 由此而言,刘述先及其皈依的牟宗三式对"超越之体"的追求对黄宗羲的否定和"悲剧式"理解,便体现为一种理论与生命的倒退。参见刘述先《黄宗羲心学的定位》,第106—132页。

第十二章 "一本"与"性善"
——论戴震对孟子道德本体论的圆融与展开

　　胡适概括说戴震是八百年来中国思想史上与朱熹、王阳明并列的三个极重要人物之一,甚至说他是朱熹之后第一个大思想家、大哲学家。[1]戴震的哲学思想,主要体现在围绕"孟子"之名[2],博采六经,对孔、孟之言所作的思考之中。孟子倡言性善论,为人的道德生存活动奠定了基础。戴震抽勒出"一本"论与性善论来深化孟子的道德本体论[3],在三个方面对孟子道德哲学做出了富有意义的展开:其一,在道德存在论的视野下,人的道德存在与自然存在之间常相背离。如何在人的整体性生存中安顿道德和自然,孟子语焉不详。戴震通过对孟子不甚引人注目的"一本"论的强调,突出了道德和自然基于"行事"的统一。其二,对孟子的性善论,历代主流理解都倾向认为

---

　　① 胡适:《戴东原的哲学》,安徽教育出版社,1999年,第139、144页。

　　② 戴震最初撰写了《原善》三卷,就"善"的主题而言,即是出于孟子所谓善;后陆续改写为《绪言》,并进一步题名为《孟子私淑录》,最后定稿为《孟子字义疏证》。四本书中,尤以《孟子字义疏证》最为圆熟、完备,是其哲学上的"晚年定论"。虽有论者认为戴震仅仅是借用孟子之名,其所论则并非纯粹是讨论孟子哲学本身的问题(如岑溢成《戴震孟子学的基础》,载黄俊杰主编《孟子思想的历史发展》,"中研院"中国文哲研究所,1995年),但本书只是就戴震对孟子思想的理解路径作一哲学分析,以显示其中蕴涵的若干值得注意的哲思,故不对戴震思想与孟子本身思想的异同作讨论。

　　③ 岑溢成认为,"一本"论是戴震人性论的形式方面,性善论则是其实质方面,见岑溢成《戴震孟子学的基础》,载黄俊杰主编《孟子思想的历史发展》,第211页。

是先天本体自身内在圆满自足,本体自身之本质即善。在道德与自然"一本"于"行事"的基础上,戴震强调道德主体经由自觉行动实现自然与必然之间的连续性展开,即继继不已之展开即善的根本所在。从而,戴震用"人以善为性"取代了简单的"人之性善"。其三,孟子哲学对于道德主体性的高扬,突出了道德行动的个体性担当;但是,孟子又以"心之所同然"强调道德原则的普遍性。在孟子哲学中,个体性与普遍性具有一定的模糊性与相当的紧张关系。在后世主流(尤其宋明理学)理解中,普遍主义、本质主义的理解不断加强。戴震则明确强调,现实的差异性与多样性本身就是本体论性的,他悬置了本体的普遍性,鲜明地突出了道德生存活动的个体性。由以上三方面来看,虽然戴震的孟子学说常常逸出孟子哲学本身的范围,但从理论自身而言,其"一本"论与性善论无疑也是对孟子道德哲学的深化。

一、"一本"的奠基:道德与自然统一于具体行事

"本"的意思,《说文解字》认为是树木的根部。在哲学上,"本"表示"万物之所从出",与"本"相对的物,则是本或本根所生者。①在《孟子》中,所谓"一本",原本是批评墨家兼爱学说的:

> 夷子曰:"儒者之道,古之人'若保赤子'。此言何谓也? 之则以为爱无差等,施由亲始。"徐子以告孟子。孟子曰:"夫夷子,信以为人之亲其兄之子为若亲其邻之赤子乎? 彼有取尔也。赤子匍匐将入井,非赤子之罪也。且天之生物也,使之一本,而夷子二本故也。"(《孟子·滕文公上》)

对此,朱熹说:"且人物之生,必各本于父母而无二,乃自然之理,若天使

---

① 　张岱年:《中国哲学大纲》,中国社会科学出版社,1985年,第8、10页。

之然也。故其爱由此立,而推以及人,自有差等。今如夷子之言,则是视其父母本无异于路人,但其施之之序,姑自此始耳。非二本而何哉?"①照朱熹的理解,墨者(夷子)"二本"在于割裂了两种根据:观念上,自己之父母与路人之父母被视为"等同"的,此一等同之所依据,不同于在具体践行上从自己之父母开始此一行动之所根据。简言之,"视父母路人为一之本"与"施行所始之本",二者是彼此相异、分离的。观念的本体依据与行动的本体根据,应当为一,这是孟子"一本"论的基本意思。在孟子哲学中,这个"一本"即"必有事焉而勿正"的具体行事活动本身。②但是,在后世的解释中,即如朱熹的理气论框架的解释,因为将观念抽象扭曲为脱离具体现实的独立存在(净洁空阔的理世界),与现实具体人生之身体性的气血活动之间(气性的人欲或私欲人生)割裂为二,胶葛谬说,纷纭无定,几乎都是"二本"之说。戴震以为,宋儒与荀子都将道德行动所遵循的理义(礼义)与人自身的存在(性)之间割裂为二,陷入"二本",而非孟子之"一本":"循理者非别有一事,曰'此之谓理',与饮食男女之发乎情欲者分而为二也,即此饮食男女,其行之而是为循理,行之而非为悖理而已矣。此理生于心知之明,宋儒视之为一物,曰'不离乎气质,而亦不杂乎气质',于是不得不与心知血气分而为二,尊理而以心为之舍。究其归,虽以性名之,不过因孟子之言,从而为之说耳,实外之也,以为天与之,视荀子以为圣与之,言不同而二之则同。天之生物也,使之一本,荀子推以礼义与性为二本,宋儒以理与气质为二本,老聃、庄周、释氏以神与形体为二本。然而荀子推崇礼义,宋儒推崇理,于圣人之教不害也,不知性耳。老聃、庄周、释氏,守己自足,不惟不知性而已,实害于圣人之教者也。"③

　　荀子之失,以礼义与性为"二本";宋儒之失,以理与气为"二本";老庄释

---

　　①　朱熹:《四书章句集注》,第262—263页。

　　②　"行事"概念在孟子哲学的本体论地位,在《孟子·公孙丑上》"知言养气"章中,有一个基本的论述:"必有事焉而勿正,心勿忘,勿助长。""正",据焦循,作"止"解(见焦循《孟子正义》上,第204页)。而在《孟子·万章上》中,孟子在讨论舜何以得天下的问题时,强调了"行事"。具体论述参见郭美华《境界的整体性及其展开——孟子"不动心"的意蕴重析》,《中国哲学史》2011年第3期。

　　③　戴震:《绪言》卷下,《戴震全书》第六册,黄山书社,2010年,第134—135页。

氏与告子之失,以形神为"二本"。道德与生命、理与气、形与神,严格言之,是有区别的,戴震在此融为一处言之。他尤为关注的是:将道德行动的根据——理义(礼义)——视为一个脱离具体现实的、抽象的独立自在之物,与行动自身基于饮食男女之情欲的驱动相割裂,也就是将人的整体存在割裂为二,从而外在的理义对人之生存活动就完全是外在强加、外在的强制约束。戴震坚决反对宋儒人性二重说将气禀和理义分而为二,而特为突出生命自身存在之"一本":"古人言性,但以气禀言,未尝明言理义为性,盖不待言而可知也。至孟子时,异说纷起,以理义为圣人治天下之具,设此一法以强之从,害道之言皆由外理义而生。人但知耳之于声、目之于色、鼻之于臭、口之于味为性,而不知心之于理义,亦犹耳目鼻口之于声色臭味也,故曰'至于心独无所同然乎',盖就其所知以证明其所不知,举声色臭味之欲归之耳目鼻口,举理义之好归之心,皆内也,非外也,比而合之以解天下之惑,俾晓然无疑于理义之为性,害道之言庶几可以息矣。孟子明人心之通于理义,与耳目鼻口之通于声色臭味,咸根于性,非由后起。后儒见孟子言性,则曰理义,则曰仁义礼智,不得其说,遂于气禀之外增一义理之性,归之孟子矣。"① 就人的生存实情而言,具体而现实的人,总是身体性存在与心思性存在的统一,虽则心思对于身体的主宰与支配体现了人的主体性,但是身体感官与心思之官,二者是作为一个相互勾连的整体而绽露人自身的存在的。脱离二者在具体现实之中的活生生勾连,抽象地将感官作为纯粹生物性的本能欲望,而将心思作为纯粹的道德根源,这都是思辨的虚构与错觉。活生生的具体的人,就是在身体感官与心思之官的"活生生的勾连"中展现自身的。活生生的人就是身体性气禀与心思之理义的共同基础("一本")。

在戴震看来,身体性气禀与心思之理义的"一本",实质上即统一于具体之事物:"就事物言,非事物之外别有理义也;'有物必有则',以其则正其物,如是而已矣。就人心而言,非别有理以予之而具于心也;心之神明,于事物咸足以知其不易之则,譬有光皆能照,而中理者,乃其光盛,其照不谬也。"②

---

① 戴震:《孟子字义疏证》卷上,"理"条,《戴震全书》第六册,第 155 页。
② 同上书,第 156 页。

传统以事训物,戴震事物连用,事物当然不是科学意义上的自在客观之物,
而是与人的具体活动一体的自为之物。事物关联于人之所作为的事情,理
义即内在于事情之条理,戴震说:"味与声色,在物不在我,接于我之血气,能
辨之而悦之……理义在事情之条分缕析,接于我之心知,能辨而悦之。"①以
事情自身为理义与血气心知之所本("一本"),这无疑区别于宋明理学心与
理、理与气二分之旧说。事情总是人作为主体之所行,戴震明确指出道德之
理义根于人之"行事":"圣贤之道德,即其行事。释、老乃别有其心所独得之
道德。圣贤之理义,即事情之至是无憾,后儒乃别有一物焉,与生俱生而制
夫事。古人之学在行事,在通民之欲,体民之情,故学成而民赖以生。后儒
冥心求理,其绳以理严于商、韩之法,故学成而民情不知,天下自此多迂儒,
及其责民也,民莫能辩。彼方自以为理得,而天下受其害者众也!"②以活生
生的行事活动作为理义之所本,无疑更为切中孟子道德哲学的本意。

　　不过,戴震也有一些说法,似乎将心知与理义归结为身体血气本身,以
血气为心知、理义之本:"天下惟一本,无所外。有血气,则有心知;有心知,
则学以进于神明,一本然也。有血气心知,则发乎血气心知之自然者,明之
尽,使无几微之失,斯无往而非仁义,一本然也。"③究实而言,血气心知源初
绽现之一体不离,融于具体之行事,才是真正的"一本"。戴震文意倾向以血
气之身体性存在为心知之理义的依据(本),如此之"一本",有着自然生物主
义色彩。这也表明,戴震哲学在道德本体问题上,虽多有创发,但仍有不彻
底性。

二、以善为性:源起与展开的统一

　　以具体行事为理义与血气之"一本",就摈除了将善理解为一种抽象而

---

① 戴震:《孟子字义疏证》卷上,"理"条,《戴震全书》第六册,第 154 页。

② 戴震:《与某书》,《戴震全书》第六册,第 479 页。

③ 戴震:《孟子字义疏证》卷上,"理"条,《戴震全书》第六册,第 170 页。

普遍的理智规定性的可能,也就不能将善视为脱离行动的一种源初本然状态,更不能看作某种抽象的思辨本体的僵死属性,从而才能将善理解为一种实现。实质而言,将善理解为一种活生生的实现,是理解性善的一个根本方向。孟子之后对于性善论的理解,宋儒程颢所论,可以说是理解性善的立足点。①就这里的关切而言,程颢以《易传》的"继善成性"来理解孟子性善论的说法,值得注意:"凡人说性,只是说'继之者善'也,孟子言人性善是也。夫所谓'继之者善也'者,犹水流而就下也。"②"'生生之谓易',是天之所以为道也。天只是以生为道,继此生理者,即是善也。善便有一个元底意思,'元者善之长',万物皆有春意,便是'继之者善也'。'成之者性也',成却待它万物自成其性须得。"③继如水流之就下,即是连续不绝的展开不已之意;生生而继之,既是开启之端,又是继以展开,善就是开启之端与展开过程的统一;善是继承其端而绵延不绝之展开本身,性则是由此展开过程而自我成就所得。以继承而绵延展开为善,以展开之所成就为性,这是以善论性的基本理路。

戴震以"天地继承不隔"来理解本体论意义上的善,延续了程颢以《易传》"继之者善"来诠释孟子性善论的观点:"'继之者善也',言乎人物之生,其善则与天地继承不隔者也。"④所谓与天地"继承不隔",即是说善基于一个自身绵延连续的过程。人的存在及其继续存在,是人存在的实然,《易传》以"继之者善""成之者性"为说,戴震解释说:"《易》言天道而下及人物,不徒曰'成之者性',而先曰'继之者善'。继谓人物于天地其善固继承不隔也;善者,称其纯粹中正之名;性者,指其实体实事之名。"⑤戴震之意,《易传》所突出之"继",强调人之实体实事(性)之绵延不绝的自身实现,对此自身实现之

---

① 程颢论性,有几个论点可以视为理解人性论尤其理解孟子性善论的基本点:(1)人生而静以上不容说;(2)"生之谓性"不可否认;(3)性气一体;(4)性无内外;(5)继之者善。其中的核心就是以"继"言"善",即以实现过程本身的绵延作为性善的本质所在。

② 程颢、程颐:《河南程氏遗书·二先生语一》,《二程集》,第10页。

③ 同上书,第29页。

④ 戴震:《读易系辞论性》,《戴震全书》第六册,第346—347页。

⑤ 戴震:《孟子字义疏证》卷下,"道"条,《戴震全书》第六册,第199页。

绵延不绝的自为肯定即是"善"。

　　所谓性之实体实事，在戴震看来，即指任何具体的个体主体，总是身体性血气与心思（心知）的统一，两者融合为一个整体，其实现就是所谓善。戴震说："欲者，血气之自然，其好是懿德也，心知之自然，此孟子所以言性善。心知之自然，未有不悦理义者，未能尽得合理义耳。由血气之自然，而审察之以知其必然，是之谓理义；自然之与必然，非二事也。就其自然，明之尽而无几微之失焉，是其必然也。如是而后无憾，如是而后安，是乃自然之极则。若任其自然而流于失，转丧其自然，而非自然也；故归于必然，适完成其自然。夫人之生也，血气心知而已矣。"①明于必然，是人与动物的区别："夫人之异于物者，人能明于必然，百物之生各遂其自然也。"②所谓自然，是指生存延续的基本本能欲望（生存之实然），必然则是生存之本能欲望的限制或制约法则与规范（生存之应然）。这里有三层要义：其一，血气与心知原始即为一体，生命之本能欲望与其实现，同对自身的觉悟及其限制是一本而有的；其二，必然性的应然规范，是为了生存之本能欲望的更好更多的实现，而非对之加以遏绝或扼杀，必然之应然规范并不以自然之实然为手段、自为目的而独立存在；其三，由自然之实然而达于必然之应然，是一个自身一致、自我完善的过程，二者在过程中的统一，是活生生的个体作为整体的自我实现。综合三个方面的意义，在戴震看来，就是孟子性善论的要义。如果善的根源性含义在于主体之自我完善，那么，自然与必然在过程中的统一作为个体之自我实现，即是以善为性。在此，血气与心知的统一整体与二者彼此融而为一的具体展开过程，是理解善的基础。脱离了血气心知在自身实现过程的具体统一，设定先天的生物学本能与先天性道德本体，都是抽象的虚构。对自我实现着的人而言，"人性本善并不是什么了不起的，而更重要的是，人之所为即变成了人的本性"。③

　　基于必然之应然乃对于自然之实然的实现与完成，戴震明确反对必然

---

①　戴震：《孟子字义疏证》卷上，"理"条，《戴震全书》第六册，第 169 页。

②　同上书，第 166—167 页。

③　[美]安乐哲：《孟子的人性概念：它意味着人的本性吗？》，载[美]江文思、安乐哲编《孟子心性之学》，第 108 页。

而应然之理的独立存在:"人之心知,于人伦日用,随在而知恻隐,知羞恶,知恭敬辞让,知是非,端绪可举,此之谓性善。于其知恻隐,则扩而充之,仁无不尽;于其知羞恶,则扩而充之,义无不尽;于其知恭敬辞让,则扩而充之,礼无不尽;于其知是非,则扩而充之,智无不尽。仁义礼智,懿德之目也。孟子言'今人乍见孺子将入于井,皆有怵惕恻隐之心',然则所谓恻隐、所谓仁者,非心知之外别'如有物焉藏于心'也。"①仁义礼智,在孟子那里,尚有"根于心"的先天性倾向的理解可能,但在戴震不离于人伦日用的意义上,扩充的含义则有了隐微的转折:扩充在道德先天论的理解中,是由内而外——从先天如何实现于后天经验;而在戴震的理解中,更多地是由此及彼——从"此时此地之此事"扩及"彼时彼地之彼事"。从而,作为生命存在之应然要求的规范、法则,在强调人之"人伦日用"的经验实现的意义上,就不可能被抽象思辨地虚构为独立自存的理世界:"古圣贤所谓仁义礼智,不求于所谓欲之外,不离乎血气心知,而后儒以为别如有物凑泊附着以为性,由杂乎老、庄、释氏之言,昧于六经、孔、孟之言故也。"②将人性视为独立于活生生的真实之人的独立存在,这是理学的虚妄抽象。

将理视为独立自存之物,成为超越人与万物的普遍本体,造成一种悖论:似乎人和万物都是同样的善的存在物。戴震于此明确指出:"孟子不曰'性无有不善',而曰'人无有不善'。性者,飞潜动植之通名;性善者,论人之性也……自古及今,统人物与百物之性以为言,气类各殊是也。专言乎血气之伦,不独气类各殊,而知觉亦殊。人以有理义,异于禽兽,实人之知觉大远乎物则然,此孟子所谓性善。"③具体而现实的人,其身体性血气与运思之心知,从其绽现自身之源初,即有别于人之外的禽兽百物。在戴震看来,孟子所谓性善,就是将此一源初具体而现实的别于百物之差异实现出来。那种认为人的身体性血气与禽兽百物一致的观念,是悖于人的现实存在的错误假设。戴震所谓人与禽兽之别,是一种具体而现实的区别,而非抽象的理智

---

① 戴震:《孟子字义疏证》卷中,"性"条,《戴震全书》第六册,第181—182页。
② 同上书,第182页。
③ 同上书,第188—189页。

规定的差别。在朱熹的理气架构的理解中,在人物之别上①,搅扰为说,混杂不清,实质就是将具体而现实的人物之别抽象化为观念领域内的区别。②戴震反对抽象虚构出脱离人伦日用的理或法则,反过来置于现实人伦日用之先,明确指出自然之达其必然,是"乃要其后,非原其先"③——人的自身实现,不是用理智抽象以回溯于一个玄虚不实的"先在本原",而是以具体的切己行事活动有所成就于现实。

　　孟子关于性命之辩有一个说法,即"口之于味也,目之于色也,耳之于声也,鼻之于臭也,四肢之于安佚也,性也,有命焉,君子不谓性也。仁之于父子也,义之于君臣也,礼之于宾主也,知之于贤者也,圣人之于天道也,命也,有性焉,君子不谓命也"(《孟子·尽心下》)。戴震解释说:"'谓[性]'犹云'借口于性'耳。君子不借口于性以逞其欲,不借口于命之限之而不尽其材……不谓性非不谓之性,不谓命非不谓之命。由此言之,孟子所谓性,即口之于味、目之于色、耳之于声、鼻之于臭、四肢之于安佚为性;所谓人无有不善,即能知其限而不踰之为善,即血气心知能底于无失之为善;所谓仁义礼智,即以名其血气心知,所谓原于天地之化者之能协于天地之德也。"④孟子原意,在于突出人在自身实现过程的能动选择本身,将此能动的选择视为人之本质的基础之一。戴震则以虽"谓之性"而"不谓性",虽"谓之命"而"不谓命"来突出这一点,并给出一个关于"善"的深刻说明:以不断突破限制以实现自身与不逞欲越界的统一为善。一方面,人当竭力实现自身,不以外在限制为借口而懈怠;另一方面,人当自觉于本能欲望及其限制而有尺度地实现自身,不能借口其为天生之本能而越界逞欲。如此,以突破外在之限制而

---

　　① 比如《答黄商伯》:"论万物之一原,则理同而气异;观万物之异体,则气犹相近而理绝不同。气之异者,纯驳之不齐;理之异者,偏全之或异"(朱熹:《晦庵先生朱文公文集》卷四十六,《朱子全书》第22册,第2130页)。

　　② 休谟认为,形而上学家们"通常都用词语来代替观念,并且在他们推理中用谈论来代替思想。我们用词语来代替观念,乃是因为两者往往那样密切地联系着,致使心灵容易将它们混淆起来"。休谟这里所说观念或思想,是指实际的经验,而词语或谈论则是指抽象的理智(见[英]休谟《人性论》,第77页)。

　　③ 戴震:《绪言》上,《戴震全书》第六册,第87页。

　　④ 戴震:《孟子字义疏证》卷中,"性"条,《戴震全书》第六册,第191—192页。

予以自身以内在的限制为善,在血气心知一体、理欲一体的意义上,戴震无疑推进了孟子哲学关于善的观念。

自然与必然在展开过程中的统一,戴震强调作为具体主体的多样性统一的实现,即突出涵摄生理欲望的整体性实现。就人之存在而言,这样的整体性实现无疑使善的意蕴具有更为丰富生动的特点。不过,在活生生的具体主体作为整体的自我实现过程中,善表现为此一主体不断升华了的自觉的自身肯定。其中,必然的自觉会越发取得相对的独立性,并且慢慢具有对于生命历程进一步展开的主宰与支配权能,而必然性的自觉越发在更好的意义上彰显着人之为人的高贵与尊严。简言之,对道德应当的自觉及其在生命历程中的积淀逐渐具有了本体论意义。这一点,却多少被戴震忽视了。

三、普遍性的悬置与个体性的厘定

主体本于其具体行事而完善自身,这是性善的本义。在孟子的义理架构中,一方面,孟子特别强调道德主体自身的个体性担当。但另一方面,又有所谓"心之所同然"的说法:"心之所同然者,何也? 谓理也,义也。圣人先得我心之所同然耳"(《孟子·告子上》)。"心之所同然"的确切意涵颇难确定,但多被理解为某种普遍性。如朱熹认为,"心之所同然"就是某一个体之行为合于普遍之规范,并得到所有主体的普遍认可:"'心之所同然者,理也,义也。'且如人之为事,自家处之当于义,人莫不以为然,无有不道好者。"① 所以,在朱熹看来,所谓"同然",即是普遍性的理义或理义的普遍性:"理义是人所同者","义理都是众人公共物事"。② 此普遍公共之理,独立存在于所有个体之外,存在于事情之外。戴震对宋儒将理视为独立存在的"如有物焉"

---

① 　朱熹:《朱子语类》第四册,第 1390 页。
② 　同上书,第 1391 页。

表示反对,他明确指出:"心之所同然始谓之理,谓之义,则未至于同然,存乎其人之意见,非理也,非义也。凡一人以为然,天下万世皆曰'是不可易也',此之谓同然。"①就思想与文化的历史与现实而言,从未出现"一人以为然"而"天下万世皆奉为不可置疑的普遍性之理"的情形。相反,很多人却把自身狭隘而偏私之个人意见当作所谓普遍的理,戴震批评为"以意见当理":"人莫患乎蔽而自智,任其意见,执之为理义。吾惧乎求理义者以意见当之,孰知民受其祸之所终极也哉!"②宋以来儒者所谓"天理如有物焉得于天而具于心",就是以意见当理:"夫以理为'如有物焉,得于天而具于心',未有不以意见当之者也。"③"自宋以来相习成俗,则以理为'如有物焉,得于天而具于心',因以心之意见当之也。"④戴震之所论,在正反两重意义上对普遍性加以悬置:其一,从思想自身的历史来看,一人以为然而众人奉为不可易者的普遍真理从未出现过;其二,历史与现实中所谓的"普遍的公理",究实而言,无一不是某些个体挟一己之私意而僭越为所谓公共普遍之理。

与朱熹理学将心所同然之理视为普遍公共的独立存在事物恰好相反,戴震将"理"界定为具体事物彼此之间细微之别:"理者,察之而几微必区以别之名也,是故谓之分理。"⑤他并引许慎《说文解字》说:"'知分理之可相别异也。'古人所谓理,未有如后儒之所谓理者矣。"⑥后儒,尤其宋儒,将理视为万物的普遍性本质,是所以"使物为一"者。戴震则明确指出,所谓理,是所以"使物为异"者。

将"理"界定为"万物各如其区分"⑦,注重万物彼此之不同或差异性,但这并不是说万物彼此隔绝而成为孤立的原子式存在,毋宁说,"区分之理"更为关注的是人之类存在的个体性及其相互关联的统一,是在主体之间的相

---

① 戴震:《孟子字义疏证》卷上,"理"条,《戴震全书》第六册,第 151 页。
② 同上。
③ 同上书,第 153 页。
④ 同上书,第 152 页。
⑤ 同上书,第 149 页。
⑥ 同上。
⑦ 同上书,第 151 页。

互关联之中得以确定的。戴震引入"情"来加以说明:"以我絜之人,则理明。天理云者,言乎自然之分理也。自然之分理,以我之情絜人之情,而无不得其平也……在己与人皆谓之情,无过情无不及情之谓理。"①在我与他人之间,各自之情都恰如其分地得以实现,就是理。也可以反过来说,所谓理,就是使我和他人都能恰如其分地实现自身之情。脱离每一个体自身之情恰如其分的实现,无所谓理。分析地看,孟子所谓"心之所同然者谓理也谓义也",其中一方面内涵着心自身的活动本身,另一方面蕴涵着心在自身活动中认可与接受的秩序与规范。因此,"心之所同然"可以分为"心之所然"(心作为理智力量之所认可与接收的秩序与规范)之同,与"心之然"(心之活动本身)之同两个方面。从认识论上说,"心之所然"通常指抽象的普遍性结论;而"心之然"则指认识活动本身。在道德生存论上,"心之所然"指与道德认知相应的普遍秩序与规范;"心之然"则指道德活动本身。简言之,"心之所同然"可以表达为:道德生存活动本身的相同以及道德生存活动中道德认知所认可与接受的规范或秩序之同。"心之然"的道德活动主要体现为觉悟着的行动或行动中的觉悟,"心之所然"则主要体现为行动的秩序或规范,两者统一在行动中。在抽象理智看来,秩序或规范可以脱离具体道德活动的独存,并以此"脱离"而彰显其超越于众多具体个体的"普遍性""绝对性"。但是,这样超越的绝对普遍性,常常是平凡生活之人难以理解的。虽不可理解,但仍需遵循,"民可使由之,不可使知之"(《论语·泰伯》)。对此,朱熹有个说法:"盖民但可使由之耳,至于知之,必待自觉,非可使也。"②抽象的普遍性规范或原则,只能强使人于表面行动上或口头上遵从,但不可使其心真切地"知"之,知只能依赖"自觉"。所谓知只能依赖自觉,其意是说知就是自知自觉,不存在所谓他知他觉。自知自觉只能指向自身的切己行动,而不能指向脱离行动的超越性原则或规范。

就戴震所理解的情得其平的主体间关系而言,他强调"理使得每一个体之情各自得到自身恰如其分的实现"。而每一个体之恰如其分的自身实现,

---

① 戴震:《孟子字义疏证》卷上,"理"条,《戴震全书》第六册,第150—151页。

② 朱熹:《朱子全书》第22册,第1768页。

一方面是每一个体对自身生存活动的主体性，另一方面是每一个体之区别于他人的实现自身的个体性。戴震明确以理作为道德生存活动之个体性的担保，以义作为道德生存活动之主体性的担保："举理，以见心能区分；举义，以见心能裁断。"①区分表明每一个体之不同于他者而具有个体性，裁断则是每一个体对自身生存活动的主体性担当。所以，在戴震看来，所谓"同然"，在实质上就是说每一个体的道德生存活动都具有个体性与主体性。无疑，从差异性的个体道德生存活动出发，就消解了抽象而玄虚的普遍性公理；而强调每一个体对自身道德生存的担当与主宰，则瓦解了独立于具体道德个体主体之外的那个客观自在的"净洁空阔的世界"。

对道德生存活动的个体性，戴震解释孔子"恕"道说："曰'所不欲'，曰'所恶'，不过人之常情，不言理而理尽于此。惟以情絜情，故其于事也，非心出一意见以处之。苟舍情而求理，其所谓理，无非意见也。未有任其意见而不惑斯民也。"②一方面，自觉于一切所谓理都是他人之意见而不以其意见妨碍自身之自我实现；另一方面，自觉于自身所见之局限，而不以自身所见之意见为理，而能"让"他者得以实现其自身。一旦失却对其情之觉悟，而以意见当理，就会导致某些个体用自身之意见当作凌驾于所有人之上的"公共普遍之理"，从而扼杀其他个体实现自身的可能，此即戴震所谓"以理杀人"："圣人之道，使天下无不达之情，求遂其欲而天下治。后儒不知情之至于纤微无憾，是谓理。而其所谓理者，同于酷吏之所谓法。酷吏以法杀人，后儒以理杀人，浸浸乎舍法而论理。死矣，更无可救矣！"③将理从事中分裂开来，以自己之意见当作理，必然也就会阻碍和扼杀他人由其行事以达其情："理与事分为二而与意见合为一，是以害事。"④在道德生存论上，"以理杀人"意味着一些个体以自身之在湮没扼杀了他者之在，它成就的不是所谓"普遍性"自身（姑妄用之），而是扭曲、膨胀了的特殊个体性。真正的个体性是意见止于其自身而不僭越为理。

① 戴震：《孟子字义疏证》卷上，"理"条，《戴震全书》第六册，第151页。
② 同上书，第153页。
③ 戴震：《与某书》，《戴震全书》第六册，第479页。
④ 戴震：《孟子字义疏证》卷上，"理"条，《戴震全书》第六册，第158页。

就道德生存活动的主体性担当而言,戴震消解了独立而先在的"净洁空阔的理世界",在身体与心知的统一中彰显道德活动本身的切己性。在孟子对于"心之所同然"的讨论中,表面上以"口之于味也,有同耆焉;耳之于声也,有同听焉;目之于色也,有同美焉"(《孟子·告子上》)为类比,论者多在类比意义上,以为眼耳口鼻有生物学上的先天共同倾向,来论证心也有先天性的普遍共同本质。这种对于感官与心官的割裂式理解为戴震所批评。他说:"盖耳之能听,目之能视,鼻之能臭,口之知味,魄之为也,所谓灵也,阴主受者也;心之精爽,有思辄通,魂之为也,所谓神也,阳主施者也。主施者断,主受者听,故孟子曰:'耳目之官不思,心之官则思。'是思者,心之能也。"①在戴震看来,孟子之所以能从耳目口鼻之所同而论心之所同,恰好在于,每一个体之感官与心思,在其具体活动中,都是统一为一整体而实现的。换言之,道德生存活动的主体性,一个重要方面即在于其身体性活动本身,就渗透了心思之明觉的主宰与支配。人的感官与肢体活动,并非如禽兽一样的本能蠕动,而是在心思主宰之下的、合于人之本质的举动。

戴震之突出差异性、个体性与主体性,无疑具有区别于宋明理学的"近代性"。他明确批评了宋明儒学的"复性说",反对"复其初":"形体之长大也,资于饮食之养,乃长日加益,非'复其初';德性资于学问,进而圣智,非'复其初',明也。"②不过,他消解普遍性单纯突出个体性,并未完全合理地说明普遍性与个体性的关系。从理论上说,就每一个体之区别于他者实现自身而言,这是多样性或差异性;但就所有个体都能"同样地"如此实现自身而言,这又是统一性或普遍性。就其担保所有个体之实现而言,理是普遍性的;就其即是每一个体之自身实现而言,理是个体性的。就其是每一个体之自身担当与主宰而言,义是主体性的;就其担保每一个体都能成为自身之主体而言,义又具有客观性的一面。在个体与他人基于相互制约关系而展开的历史中,在特定的历史阶段,理义作为传统或规范往往具有相对于此一历史阶段的主体的普遍性、超越性与客观性。在普遍性与个体性的关系上,二

---

①　戴震:《孟子字义疏证》卷上,"理"条,《戴震全书》第六册,第154页。

②　同上书,第165页。

者的相互性及二者关系展开的历史性,并未为戴震所注意。

需要注意的是,戴震在以"一本"论"性善"之际,多少有些忽视孟子哲学中极为重要的"心"这一概念。《孟子字义疏证》没有关于"心"的单独条目。一方面,这表明他力图在自然与必然的转化过程中消解对心的先验化、超越化理解;另一方面,这也表明戴震对孟子由心之活动及其展开而实现人性缺乏充分自觉。因此,戴震所谓"一本"与"性善",虽显露出基于不可或息之"具体行事活动"而展开的意蕴,但并未彻底而充分地自觉于此。在其论述中,对有心思之具体行事活动的基础性意义,尚有不少纠缠不清乃至忽略之处。在许多地方,戴震始终未能完全彻底摆脱那种虚构的自然宇宙论取向,常从思辨的宇宙论构造来说明世界以及其间的人和万物,比如他特别重视以《大戴礼记》"分于道谓之命,形于一谓之性"①来说明天地万物与人的分化,从而陷入自然主义取向之中。

从思想与现实和历史的互动来看,戴震哲学在道德问题上对行动、身体、欲望、情感等的突出,对善的重新诠释,对个体性的强调,以及对普遍性的消解,无疑折射出那个时代中国社会生活"近代化"及与之相应的思想启蒙。哲学思考一方面因应着时代变迁而更新着自身,另一方面也基于自身内在的逻辑而发展着自身。然而,在明清之际的社会生活变迁,虽有征兆而并未彻底;相应地,在哲学思想上,对于"近代化"观念诸如欲望、情感、本能等的合理性的强调,虽绽放却未能盛开。因此,总体上,戴震哲学的基本概念、思考框架、问题意识等各方面,依然处处受到传统窠臼的束缚。

---

① 戴震:《孟子字义疏证》卷上,"天道"条,《戴震全书》第六册,第 173 页。

下　篇

第十三章　儒学政治与普遍主义

——就孟子政治哲学与赵寻教授商榷

政治哲学的核心关注之一,是普遍的正义秩序与具体的价值之善的关系问题。中国自身现实政治问题的思考有着多样性的资源,比如西方世界的政治模式及其观念支撑、中国古代的政治模式及其观念传统,以及作为意识形态主导的马克思主义-社会主义的政治实践及其理论等。尽管不同的历史时代与不同的民族国家,具体的政治结构模式都有着内容上的差别,但就历史与现实政治实践的例示而言,人类社会的政治设计,其趋势不断指向着普遍政治秩序与具体道德价值的适度分离。

从儒学立场而言,道德与政治及基于儒学的普遍主义,其具体的内涵,必须得到更为清晰的阐释与澄清。对此两个问题,赵寻教授以孟子为中心提出自己的一些主张。这些主张,赵教授以《孟子:儒学普遍主义的可能与基础》为题,发表在 2017 年 1 月 20 日《文汇学人》。①

总体上看,赵教授的宏文几个基本的方面,我都高度赞同且受益良多:坚持自由的基本立场,不以特殊主义苟合强权专制的伪说为然,对于自圣倾

---

① 赵寻:《孟子:儒学普遍主义的可能与基础》,《文汇学人》2017 年 1 月 20 日。下面引用的原文,都出自该文。另外,赵教授以《古今自由:道德与权利的分野》为题,有一部分观点摘录发表在 2016 年 12 月 8 日《南方周末》,但因为篇幅太小,其具体论点和论证都没有得到清晰展示。

向的政治儒学加以拒斥,而且对于政治必须使得社会成为可能、使每个人能自我完善之论等。但是,在道德与政治的关系问题上,赵教授认为,道德(儒家道德)与政治是本质一致的,政治必须以道德之善为根基并指向道德之善。对此,我认为,我们必须看到道德与政治的本质相异性,二者必须彼此适度分离,道德之善与政治秩序二者各自面对不同问题,有不同界域。同时,对孟子儒学的普遍主义问题,赵教授认为孟子哲学以一个人例示了普遍之人的存在,但没有注意到孟子所谓"心之所同然"命题,其实蕴涵着道德上个体生存的内容差异性与形式普遍性的划分。从而,赵教授所谓孟子的儒学普遍主义,也就成为某种特殊主义的言说。

一、道德与政治——孟子哲学所彰显的领域究竟何在?

赵教授此文的一个主要针对点,是所谓"政治儒学的敌孟子"倾向。但是,其中的论证理路有些绕,需要抒一抒:

(1)历史上,孟子被视为迂腐而不切实际的道德主义;

(2)时下以政治儒学反对心性儒学,从而就否定了孟子,否定孟子也就是用政治否定道德;

(3)赵教授认为,否定了孟子哲学的所谓政治儒学,是反道德的(将政治视为武力和强制的领域);

(4)赵教授反对政治与道德的截然划分(尽管二者之间有一定分际),孟子要求政治必须合于道德是一种很自然的古典观念;

(5)孟子的"道德"哲学强调政治的起点是仁心的恢复,而非完满的道德——"或者说,自由意志的觉醒与自由实践之要求,这完全是政治的,这是一个更强的论点";

(6)赵教授借用柏林的话来说,正确的政治观认为"政治论不过是道德哲学的一个分支";

(7)以宋代社会政治为早期现代性,以孟子思想为宋代社会政治制度与具体做法的思想渊源和理论奠基；

（8）孟子对孔子的阐释，使教化成为政治的最高实现，实现了"天下化成"与"个人典范"的统一。

显然，这就是将孟子哲学视为"真正的政治哲学"——"以政治作为人的完善与发展之道，亦以人之完善和发展作为政治的目标"。

撇开以孟子道德哲学与宋代政治之间关系论证的不严谨，也不论宋代社会政治究竟是不是现代性的，在赵教授如此明确的"政治哲学"理解中，不那么明确的问题是：政治究竟是人的目的还是人是政治的目的？我想赵教授肯定要强调人自身的存在、发展与完善才是政治的目的。当然，赵教授会说，一个自我完善的人，如果是有道德的，就必然要担当政治责任，督促政治之合于道德——这是"合情合理"的想法。但是，此外，赵教授的说法里面，还会显示出一些更强的"政治色彩"——道德只有进入政治并使政治得以完善，才是道德自身的最终完善。这后一层的意义，则是以政治为道德的目的，而非道德是政治的目的了。

我一向对政治哲学比较疏远。在潜意识里，我一直觉得有些政治哲学的论调在真正的问题上错失太过于深远。尽管政治哲学与权力政治并非同一回事，但是，政治哲学对于权力本身的理解与诠释是一个基本的政治哲学立场。

面对政治权力，如果持有道德理想主义，就只有一种可能：这种道德一定内在蕴涵着自相矛盾之处。我坚信，道德不可能成为政治的基础，也不可能成为政治合法性的根基。[①]当然，赵教授可能会就此申说：政治必须是合于道德的，必须是道德的实现，政治才是合理的。尽管政治与道德具有各种复杂的关联，但直接将政治与道德的本质等而齐之，则是典型道德理

---

①　这一论点，在同时参加邹城会议的赵广明教授那里，得到明确的突出强调，参见赵广明《从现代视野看血缘道德与公共秩序》，《南方周末》2017 年 1 月 12 日。赵广明教授强调自由是道德与政治二者共同的根基，比较突出普遍道德法则的内在自律与政治秩序之外在强制二者相对立的一面，注意到个体道德与公共政治秩序的界限，但似乎没有注意到政治秩序本身的道德属性，比如正义秩序本身可以促进个体公共道德观的养成，并有助于社会风尚的教化，以及具体政治人物个体之道德对于其践行、遵循政治秩序具有关联性等。

想主义的政治观,忽视了政治与道德二者的本质差异——政治以利益和权力为核心关切,而道德则是以道和义为中心。传统儒者的王霸义利之辩突出了二者的对峙,但大多儒者始终陷于道德理想主义乌托邦,幻想以道德来驾驭、驯服以及转化政治。赵教授之意似乎多少仍有着道德理想主义色彩。

政治场域是一个利益与力量纷争之所,目标是形成一个最为透明而普遍的秩序。只有不同的多元利益和力量之间能够相互制衡并彼此妥协,那样一个政治上的普遍秩序才能产生。如此秩序,使多元利益与力量争斗不至于让人之自足自成的生存可能性丧失殆尽(各得其合于相互制约意义下的基本利益满足于此)。赵教授在论述孟子的普遍主义意义时,特别地说明,不是北宋社会的现实需要促进了孟子学的兴起,而是孟子哲学自身的内在理路蕴涵着后来者思考的基础。这种论调具有一定的片面性。北宋儒学的兴起与北宋社会现实整体的发展,至少是相互渗透、相互影响的关系。①撇开具体历史的考察不论,单纯从社会政治秩序生成基础来看,一个社会的政治秩序的真正基础,什么时候是由抽象观念产生的? 社会的政治秩序,本质上立基于社会内部多元利益的相互制衡、彼此妥协,而非单纯从抽象的观念来建构出来。政治领域中利益与力量的多元性,是多元思想绽放的土壤;多元思想的绽放,反过来促进政治秩序保障社会的多元自由。就此而言,具体历史与现实中,政治与思想之间其实共有一个当下社会生活的根基,并相互投射与相互渗透。但单纯诉诸一个抽象的哲学传统或是天命、天道观念来作为政治秩序的根源,不但不合于历史事实,也把思想对历史事实的事后诠释颠倒为事先奠基。

思想可以秉持着对权力政治的批判性警惕,但是,思想不能僭越地以为可以由自己生成或决定政治。道德作为思想与个体生存相结合之物,尤其在自身持守对权力的思想警觉与在自身切己践行中体现自己的本质。

就传统思想而言,简单地看,道家在其与政治权力的相互关系中,秉持

---

① 可参见卢国龙《宋儒微言:多元政治哲学的批判与重建》"绪论",第1—40页。

批判、拒斥、远离而求自然自足的态度，根本上具有弱意义上的无政府主义色调的"小国寡民"取向，但并没有完全否决有限性社会性秩序的制约问题。

法家则完全拥抱权力，强调以力量控制社会及他人，以谋最大利益作为政治的基本内容，主宰者与被主宰者同时认可并分享着这同一个观念——所以，这就是普遍性力量宰制的无所谓精神性与自性的强权政治。

儒者强调区别于政治的道德-教化生存，但是，由于众多儒者强调某种普遍道德性精神及其外推实现，这在底子里应和于法家的强权政治之普遍力量。而且，一些儒者常常会倾向与强权媾和，将道德和思想视为为之背书的伎俩。如此，这使得儒者本真的非政治性道德-教化生活（特指区别于以权力和律法为中心之政治场域的道德-教化领域），亦即那种介于道家与法家的道德-教化场域被湮没了。

这个道德-教化的领域，在孔子与孟子的最为核心的论述中得以绽现，在赵教授的文章里，也若隐若现——比如宋代相对独立于权力政治控制的士人在野、教民养民、书院勃兴之民间社会的兴起。但赵教授又笼统地称之为"政治社会"，将道德-教化之域与政治场域混为一处，而没有彻底领悟孔子和孟子念兹在兹的修德-教化之域独立于权力政治的深意。

从本质上说，以权力和利益为核心关切的政治，与道德本质相异。政治的道德性不是因为它基于道德而建立，或者说道德能将政治转化为道德-政治，从而二者具有本质一致性，使政治秩序合于道德性地建立；而是说，政治能被限制于不侵越道德与自然生存的界限之内，当政治以限制自身的方式使每个人的道德得以可能，不干预或妨碍个人的自我道德完善，使个体道德保持其自由独立，这样的政治是符合道德的——这种符合道德的政治，本质上是以道德与政治相分、不让政治凌越道德的意思。将一个具有完全否定性意义的政治生活转换为人的本质性生活，或者视为道德生活的更高状态，我一向很难接受。我拒绝政治是人的生命本性和必然内容的说法。赵教授或许会强调，一个不担当社会-政治责任的思考者是一个犬儒主义者，但是，这个批评本身是错误的——一个真正的思考者不可能认可"扭曲的现实政治安排"。面对邪恶的政治现实，柏拉图认为，一个哲思者可能具有的最好命运,有时候就是安静而无恶地死去。①

权力政治、金钱与技术形成的"在精神上的空虚无实"之物,成为所有人的"普遍而共同的生命内容",这是无法忍受的。人类生活应当走向一个更为深邃的、本质的目标——经由浅浮政治、宰制技术而走向每个人的自身。政治应当限制自身对于人的生命内容与本质的侵蚀。尽管并非每一个人都能有本己的生命内容,但政治不能成为所有人、每个人的生命之本质的内容。政治不是目的,不是本质。人,每一个人,才是目的,才是本质。

政治的关切应该是简单透明的,是人所共知的,因为它不涉及什么深邃的、精神性的东西。其基本的方面,即是否定性的限制性秩序而已。

当然,追求自我实现而参与政治的方式,可以有多样性。但是,一个真正的儒者和致思者,除了持续不断的批判之外,我不知道还有什么更本质的方式。让独立于权力政治与技术专制之域敞现出来,这是一个思者的本职所在。让政治开出、让与每个人走向自身的通道,而非堵塞各成其己之道而完全使得所有人引归政治的唯一广场,这才是一个儒者应该具有的思考,或者才是一个思考着的儒者。②

因为蔽于这个道德与政治的"本质相悖",赵教授此文在孟子哲学一个基本点上就只能避重就轻,并且难免陷入自相矛盾之中。孟子讨论过王道仁政,通常以为王道仁政的基础是治国者或当政者(掌有权力者)的仁心(不忍人之心或良知)——一个治国者有善心,以善心行事施政,岂不就是王道仁政么? 孟子也说,一个有如此善心之人实现王道仁政,易如反掌:"先王有不忍人之心,斯有不忍人之政矣。以不忍人之心,行不忍人之政,治天下可运之掌上"(《孟子·公孙丑上》)。很多人会忘记,整个《孟子》文本的开篇,孟子与梁惠王的对话的基础——治国者关注的政治权力与利益,而孟子劝导的是道义,二者以冲突的方式彰显出来。在《孟子》开篇孟子与梁惠王的

---

① 参见[古希腊]柏拉图《理想国》第六卷,郭斌和、张竹明译,商务印书馆,1986 年,第 149—177 页。

② 现在,儒学、儒家、儒教、儒者等概念用得很杂乱,具体含义都没法确定。在极为狭义的立场上,我自己大概只接受"儒者"的概念——基于自由的学思修德而"学不厌、诲不倦"是儒者的基本生存样式。

对话中，实质上，孟子针对的现实前提是"利欲追求及其悖谬"——利欲追求带来利欲自身的不能满足，由此凸显与之本质相异的道德之义。

在孟子的性善论道德哲学与其政治哲学之间，当大多数人仅仅片面地关注孟子认为君王（掌权者）由其善性或善心而行善政（王道仁政）之际，其实湮没了孟子另一个很重要的问题取向——政治制度本身的善，是人性善的前提。这本身就是孟子的追问：人性善（普遍的人性善），那么社会之恶来自哪里？显然，孟子提到了这样的答案——每个人都会循其自身而实现其自身而为善，那么，一个人之为恶，"其势则然也"（《孟子·告子上》）。很多人会以为这个看法是荀子的观点，这是有些肤浅的。对任何个体而言，那个能扭转、扭曲其自身之善而为恶的外在之"势"，主要指向权力政治本身。这就是孟子政治哲学中之所以蕴涵深沉的对于权力之恶的批判与反抗的根由。荀子的立场是，普通人之本能不能自我节制而善，而易于引向社会整体的恶，所以强调圣人神道设教、立法以教化民众、约束民众——也就是说，在荀子这里才是圣人（君王）以善性/善心而实行善政，荀子赞扬、高举了君王，但贬抑、压低了普通人。在孟子那里，所有人、每个人都是善的，他的话头却是不断批评梁惠王、齐宣王等君侯，批评他们不能由善性/善心以行仁政；反而对百姓的衣食住行之欲进行合理性辩护，并进而指出，恰好是梁惠王、齐宣王等如此现实的恶政，使得天下之民不能"依据其本性而完善自身"——使得所有人（尤其普通百姓）不能成其为善，就是治国者施政的不善。因此，在孟子政治哲学中，政治的恶，恰好成为道德之善不能实现自身的现实阻碍或障碍。简言之，在孟子，一个很重要的视角是——政治之恶，妨碍了每一个体道德之善的自我实现。赵教授可能接受了常识性的意见，以为孟子以道德之善来论证政治合理性或合理性政治（王道仁政），这太过于直观而失之肤浅了。孟子哲学中的政治思想更为深刻之处，是需要看到现实政治对性善加以扭曲和遮蔽的恶。换句话说，性善首先不是政治建构原则，而是政治批判原则。从而，道德之从政治权力退却之处获得自身场域，便是一个极为合理的推论。

由于赵教授没有看到性善本身的批判性意义，反而片面地关注其在君王那里的建构性意义，从而就走向了他主张的自由哲学的反面——一般人需要有恒产才能有恒心,这恒产需要外在的"给予"和"担保",这恒心也就需要外在的"建立"与"强加"。因此,赵教授不仅舍不得扔掉"圣人"这个多余而累赘的概念,还得反过来强调孔子之非王而圣,强调圣人让百姓"恢复仁心"。只要是在道德与政治本质一致性的意义上来理解道德与政治,那么,道德之自化自成,便会转变成权力政治对道德的非道德性外在强加。

孟子哲学中的道德与政治相悖之主张,可以有一个可能的现代解读——就是普遍而良善的政治安排,必须以所有人、每个人的自我实现并完善其本性为目的。现实政治易于以其恶而阻碍个体道德之善的实现,因此,政治哲学的核心之点,不是对道德善的实现,而是对自身之恶的限制或克服。从而,经由孟子在道德与政治之间的"背离",才可能找到现代自由与传统思想之间的共同纽节。

在《史记·孟子荀卿列传》里,司马迁说:"是以所如者不合,退而与万章之徒序《诗》《书》,述仲尼之意,作《孟子》七篇。"这本是一个历史性与事实性的启示,与孔子晚年之回归一样,昭示了一个"区别并独立于权力政治的诗思修德之域"。但孟子本人器宇轩昂,他对杨朱、墨子及其后学(比如夷子)以及农家(如许行)的夸张批评,使思想自身相濡以沫的、独立于权力的共存未能彰显。在《论语》中,孔子对泰伯、殷之三贤以及所遇众多隐者的态度及言说,意在表明,孔子对道家或隐者之流的那个"领域"充满着敬意,这个敬意恰好是因为孔子的志业所在,就是在隐者所生活的领域与权力政治宰制的领域之间,造就一个友爱的自觉修德、共同学习、教学相长的"教-学-思-修"一体的"人文"世界。赵教授自然不会从教化与政治的独立来理解,因此,他就认为教就是政治的内容。以教为政治的内容,这个观点一出来,赵教授一开始表达的"自由立场"便大打折扣了——政治对教化的扭曲,难道还不足以说明教化之应当独立于政治?

德-教的人文世界,当然需要坚韧的担当才能捍卫,但那不是因为权力政治的鄙弃而然,而是因为自珍而得。以道德、教化和思想作为政治的内容,忽视或掩盖其利益与权力争斗之本质,最后就是扼杀道德以及人本身。这与所谓政治儒学,不过是五十步笑百步。

二、普遍性与个体性——孟子的普遍主义究竟是什么意思?

　　赵文有些含糊地说:"我们认为,孟子以对'道德与政治'的分/合为起点,基于个体自由、权利与文明秩序的政治见地与制度设计,方堪称之为政治的儒学。它不仅不是特殊主义的历史陈迹,而且预留着对未来的启示和奠基,我们因而称之为'儒学普遍主义的可能和基础'。"在如此模糊的叙述中,普遍主义之与孟子哲学的关系和意涵,隐晦不明。

　　(1)一方面,赵教授说"普遍主义乃儒学的根本义理所在";另一方面,他又认为"孟子对儒学普遍主义之未来的奠基"。如此论断蕴涵着模糊之处:究竟孟子哲学本身就"已经"是普遍主义的,还是说能从孟子哲学中发现儒学在"未来"(但尚未)具有普遍主义的某些根基?

　　(2)一方面,"我们没有必要完全依靠孟子来证立儒学普遍主义";另一方面,用孟子来证成普遍主义是针对"否认自由、民主等现代观念在儒学的存在,是目前的普遍现象,一些人甚至公开为'特殊主义'张目"。这个意思是说,孟子哲学中只是勉强拿出"普遍主义"特征来应对特殊主义么? 而这个勉强的"普遍主义",内涵即是具有自由、民主之类普遍观念么? 如前所述,赵教授以宋代为早期现代性,宋明儒者在宋代已经广泛地建设各种职业的平等性、乡村自治等的社会之域。赵教授大概是说这种走向社会的现代性是普遍的,而孟子的思想是宋代儒者建构社会的思想根基,这就是孟子儒学普遍性的含义。但是,这个论证本身的力度还欠充分。这不免让人觉得,孟子之普遍主义与自由民主观念之间的"联系"不够紧密,乃至只是毫无证明力的外在牵合。

　　(3)赵教授的文章有删节,但在刊印出来的行文之间,已经有些敏锐地看到:孟子一方面强调"圣人与我同类""圣人先得我心之所同然"的普遍主义取向;另一方面,又以愿学孔子为例,突出"堂堂正正做个人"的个体性之一面。可能由于篇幅限制,也由于前面政治角度的过分强化,这里,赵文并没有完全勾勒出普遍主义与个体主义的合理"界限"及相应"内涵",最后以为孟子继承孔子而"化成天下",并将自身成就为"一个'人'的典范"。我猜测,最后这个说法是故意为之——孔子究竟是"一个人"还是"一个典范"?这并不好回答。因为这与自由、权利的"未来普遍主义"之间的关系,并没有得到清晰的厘定。

就普遍主义与个体存在的关系而言,我们借用康德与孟子的比较来做一个简单的分析。在认识论范围之内,康德认为,理智与理性具有层次的不同。理智是范畴的能力,理性是理念的能力。理性的理念是理智的认识所不能抵达的,是使理智的概念认识得以"统一为"知识整体的基础(而实际上的知识不可能抵达彻底的整体)。

在康德,对象世界与自我主体都是不可知的物自体。但不可知并不等于不存在。康德划分可知世界与物自体一个很重要的原因,就是为人的道德存在找出根据。(当然,其中也还有科学认知的普遍必然性根据,以及信仰的可能根据。)

就自我作为物自体而言,它意味着,"由自身开启一个自我决定的行动及其结果",亦即自由才是道德的基础,而非认识论领域之内的因果律所决定。在《实践理性批判》中,康德提出"实践的客观性/实在性"以区别于"认识的客观性/实在性"。本来,在康德,所谓客观实在性,实质的意义是指"普遍有效性"。这一点对知识来说,很好理解,但对道德来说,则存在着困境。自由的存在不是一个知识论问题,而是一个道德哲学的问题。在认识论领域,是人为自然立法,这个普遍一致性可以在主体之间达成;但在道德领域,人是为自己立法,这个普遍性如何可能呢? 因此,在康德这里,很麻烦的事情就是自由的个体性道德存在如何得到知识论上的普遍性表达的问题。

以"普遍立法原则"为例,康德的意思是一个道德行动主体,他在某种具体境遇中行动,要引用一条规则来约束自己的行为,这条规则需要具有一种"普遍性质"——别人,所有其他人在如此情境下,能而且必须采用这条规则,一个人才能"依据这条规则而行动"。规则一旦是可以普遍化的,就是法则。所以,简单地说,普遍立法原则的意思就是一个具体主体使用普遍法则来约束自己的行为;只有行为出自对普遍法则的遵守,才能是道德的。

在理解的时候,我们可能片面地注意到法则的"普遍性",而忽略此一普遍法则的"自我立法的个体主体性"。

实质上,自我立法而成普遍法则,是在道德之域对知识性表达的一个接纳与限制。作为道德生存的主体是不可知的物自体,因此,自由及其丰韵的内容本身就不是普遍化的知识所能表达的。但一个人呈现在他人眼里,他人又只能从知识性的角度来加以理解。这就需要一个最低程度的、无内容的、空的形式意义上的普遍法则,比如今天的宪法原则,这个法则可以得到知识性的理解,但它只是让或使得每一个体去自由存在得以可能,而并不构成每一个体自由存在的主要内容或其本质内容。(这一点结合自律和意志自由就更能理解了。)

如果我们在推论的时候,将普遍法则理解为每一个体的生命内容及其本质,就会出现问题(比如不同语境、不同个体的生命内容完全迥异,究竟如何采用同一条普遍法则);如果仅仅理解为最低限度的知识论上的普遍性,即空无内容的形式原则——有点类似今天所说的程序性原则,使得自由个体的生命内容充盈而殊化为非知识论的个体性得以可能,那么,这些问题就会得到消解。(它只意味着一个规则或秩序的形式要求,具体内容则是完全属己的、不可普遍化为知识的自为自觉之物。)

在孔子哲学的主题中,仁的实现问题也可以做如此理解。比如孔子回答颜回问仁,强调仁是"克己复礼为仁"与"为仁由己而不由人"统一。基本意蕴就是以普遍的社会礼仪(道德规范)约束自身行为,进而打开每个人自己成就自己的通道并走向自我实现,而不陷自身于为他人普遍认可的知识之域。(能动的自我实现与摈弃求为人知,这是孔子道德哲学的突出之点。)

在孟子这里,问题得到更为深入地理解。一方面,孟子批评了在认知主义的视野中,那种普遍主义视角对于个体差异性的湮没。在与告子"生之谓性"的辩论中,告子以"一切白物都是白色的"的这种认识论上的普遍主义立场,来理解人之生与犬牛之生,也就是用某种认知主义立场上的"普遍生物学特性"来湮没了犬牛与人的差别(甚至犬与牛的区别,乃至白雪、白羽与白玉之白对雪、羽、玉差异的湮没)。人性不能是认知主义那种定义式的某种普遍之物,而是否定了普遍之后的那个非知识性的内在丰盈。但是,一个人成为不可以知识方式把握的"个体自身",他必须是在最低限度的理智认识的普遍性基础上才得以可能,个体是在作为类之分子基础上的自我实现与自我完善,而不能是从"人之类本质上"的倒退为禽兽的那种与众不同。所以,孟子强调,有理智之思的个体主体,在眼、耳、口的一般欲望追求上有普遍的相似性,在心思自身的追求上有普遍的一致性(即有所谓"心所同然之理义")。但是,这个理义是形式上的优先,它本身只是空无内容的,真正的内容是遵循这一原则而自由自主地去创造自身之所得(成为出类拔萃之自我)。①

在这个意义上,康德的普遍道德律令与孔子和孟子的道德哲学是可以相联系而相通的。不过,康德似乎更为强调普遍道德律令的超越性,往往使得个体道德生命成为一个僵死教条的表现工具而已。就此而言,孔孟道德哲学更多类似于亚里士多德的美德观,要求切己践行与修养,把自己造就为一个充满德行的鲜活的个体。

而且,值得进一步注意的是,孟子"心之所同然"的普遍主义,有两个重要的体现:一是具体普遍性,二是器用普遍性。两者使得克服和走出认知主义普遍性得以可能,并促成政治的普遍性秩序担保道德的个体性。

所谓具体普遍性,在《孟子》中,主要体现为典型事件例示,即在两个具体个体彼此完全差异的行事活动对彰中,比如,《孟子·离娄下》有两个很有意思的讨论。一个故事说,禹治洪水而救天下溺者、稷救天下饥饿者,两个人三过家门而不入,颜回"当乱世,居于陋巷。一箪食,一瓢饮。人不堪其忧,颜子不改其乐,孔子贤之",三个人具体行事完全不同。另一个故事说:曾子居武城,有寇盗来了,他自己逃走了,让人看好他的东西,寇盗离开了他就返回;子思居卫,寇盗来了并不是自己走,而是一起抗击。两个人行事完全相反,甚至有学生提出质疑。而对于这两个故事,孟子都得出结论说"易地则皆然"(《孟子·离娄下》)。这就是突出基于差异性的具体情境性,这种

---

① 实际上,戴震对孟子"心之所同然"的普遍主义,有一个表现面上肯定而实质上否定的解释,由此,我分析出孟子"心之所同然"具有空形式的普遍性与内容的个体性双重含义。关于对孟子"心之所同然"的普遍主义内涵的分析,可以参见郭美华《"一本"与"性善"——论戴震对孟子道德本体论的圆融与展开》,《哲学研究》2014 年第 12 期(也可参见本书第十二章)。

意义上的普遍性，就是具体普遍性——它突出的是将原则涵融于每一个体切于自身独特环境的自我实现。

对于器用普遍性，孟子有很多说法，这主要与规矩有关：

> 权，然后知轻重。度，然后知长短。物皆然，心为甚。（《孟子·梁惠王上》）
>
> 羿之教人射，必志于彀；学者亦必志于彀。大匠诲人，必以规矩；学者亦必以规矩。（《孟子·告子上》）
>
> 大匠不为拙工改废绳墨，羿不为拙射变其彀率。君子引而不发，跃如也。中道而立，能者从之。（《孟子·尽心上》）
>
> 离娄之明，公输子之巧，不以规矩，不能成方员。（《孟子·离娄上》）
>
> 规矩，方员之至也。（《孟子·离娄上》）

规是作圆形的工具或器具，矩是画方形的工具或器具，它们都是具体性器物，它们本身，规并不圆，矩并不方。在古希腊柏拉图为代表的理智思辨哲学中，作为方和圆之极致或最完美体现者，不是某种具体的制方画圆的工具或器具（规或矩），而是纯粹的理念（或本相）：方的理念就是绝对的方，圆的理念就是绝对的圆。在现实的具体方圆之物以外，去构造绝对纯粹的方圆理念，在孟子看来，就是"凿"，就是自私用智，孟子对此进行了很严厉的批评："所恶于智者，为其凿也"（《孟子·离娄下》）。孟子强调由规矩以成方圆，有一个本质性的环节就是要每一个体自己切实去"做"或"行事"：不使用规矩以具体其制作，就没有方圆之物；不去切己权衡度量，便没有事物的轻重长短，心的实现活动尤其如此。以具体的器具之使用为基础来理解普遍性，这就是器用普遍性。器用普遍性避免了一个绝对独立的抽象观念世界，突出了基于切己行动的个体生命存在本身。这对于今天的技术专制对个体生命的剥夺而言，无疑是一个有益的启迪。

无论具体普遍性还是器用普遍性，都是对于孟子心之所同然之普遍性的体现，而其实质性的意蕴就在于将空的普遍性形式作为内容的个体性生存的前提或担保。

　　当然，我们不是苛求赵教授对《孟子》文本所内蕴的普遍性论述有详细而深入的专题化探讨；但在政治作为"形式或法则的普遍性"，与道德作为"实质或内容的个体性"之间，如果没有做出分疏，那么，所说自由与道德，两者就都落空了。

　　赵文反对特殊主义，但没有看到他自己所谓普遍主义的有限性与适用界域。实质上，如果不能分开内容的个体主义与法则的普遍主义，所谓的特殊主义，只是一种变形的普遍主义；相应地，所谓的普遍主义，也只能是一种扭曲的特殊主义。

　　孟子哲学当然具有多元解读的空间和可能性，但仅就赵教授《孟子：儒学普遍主义的可能与基础》一文涉及的道德与政治即孟子儒学的普遍主义问题而言，以上的分歧实际上折射出政治哲学本身的复杂性。但不管如何，政治要建构普遍的政治秩序，就必须与具体的道德善保持一定的疏离；否则，以特定的道德价值之善作为政治秩序的本质内容，那么，此一政治秩序就不可能是普遍而正义的。

第十四章　论孟子哲学中的"自我"

——基于冯契"平民化自由人格"理论的理解

　　孟子哲学无疑可以有很多不同的诠释,在最低限度的意义上,基于个人的特殊阅读与思考经验,笔者注目于从"自我"来解读孟子的一些思想。这个"自我"的观念,"从价值论角度来说,对自我认识有个很重要的问题:'自我'既是具体的存在,同时也具有作为自我之本质。对人生的真理性认识,要求把人作为主体,人生是'我'作为主体的活动。作为主体的'我',首先是个实践主体"。[①]自我就是那个具体活生生的行动。就当下而论,"我"在书写"孟子"——这里面有两个纠缠的"自我":孟子作为其自我,以及书写孟子之自我的自我。通过揭示孟子哲学中"自我"的特殊意蕴,我们将拒斥普遍主义的概念式理解,而走向单一或独己的自我之活生生的在。

　　孟子是一种特异的"骨气",我们不能,更不必把他归类为某种"流派",以获取先于其自身作为"独特个体"的"先在规定性"。尽管语言的叙述与论证总是显得处于"普遍性的窠臼"之中,而我们对孟子的"当下阐释",总是受制于诠释学自身的普遍主义"冲动"。加达默尔说"人之为人的显著特征就在于,他脱离了直接性和本能性的东西",但是,他又不太妥当地强调,人通过教化而不断"向普遍性提升","人类教化的一般本质就是使自身成为一个

---

　　①　冯契:《人的自由和真善美》,第18页。

普遍的精神存在"。①毋庸置疑，在脱离直接性与本能性这一点上，所有人都具有一定的"共性"。但是，成为具有共性的"人"或"人类"的分子，并不是每一个人接受教化、进行学思修德的最终目的；接受教化与学思修德的最终目的，是成为一个"不可名言"（语言对对象的把握就基于概念的普遍性）的"自身"——一个具有自身性的活生生的此在。②换句话说，就是造就自身成为一个具有个性的"人格"。人格的理想或理想的人格，是哲学思考的基本问题之一。当代哲学家冯契将哲学史上的认识论问题归结为四个，认为第四个就是理想人格的培养问题："第四，人能否获得自由？也可以换一个提法，自由人格或理想人格如何培养？"③冯契这个看法是对中西哲学史的总结，他以理想人格作为第四个问题纳入认识论视野，称为"广义认识论"，具有统一认识论与伦理学的"生存论"意味。值得注意的是，在生存论意味上的理想人格，于冯契而言，其不言而喻的基本内容就是"自由"。这种自由的人格理想，结合近代以来的哲学革命，与拒斥权威主义和独断论相一致，冯契称为"平民化的自由人格"："平民化的自由人格是近代人对培养新人的要求，与古代人要使人成为圣贤、成为英雄不同。近代人的理想人格不是高不可攀的，而是普通人通过努力可以达到的。我们所要培养的新人是一种平民化的自由人格，并不要求培养全智全能的圣人，也不承认有终极意义的觉悟和绝对意义的自由。不能把人神化，人都是普普通通的人，人有缺点、会犯错误，但是要求走向自由、要求自由劳动是人的本质。人总是要求走向真、善、美统一的理想境，这种境界不是遥远的形而上学领域。理想、自由是过

---

① ［德］汉斯-格奥尔格·加达默尔：《真理与方法：哲学诠释学的基本特征》上卷，第14页。

② 冯契认为，自我有两重性：一方面是可以用语言表达的"自我之为自我的本质特征"，另一方面是难以用语言表达的"具体存在"。语言表达注重的是普遍本质，不可用语言表达而诉诸体验、直觉的则是个性化的"具体存在"（参见冯契《人的自由和真善美》，第188页）。

③ 冯契：《中国古代哲学的逻辑发展》上册，第40页。冯契认为，哲学史上的认识论问题大体可以归结为四个，其他三个分别是：（1）感觉能否给与客观实在？（2）普遍必然的科学知识何以可能？（理论思维能否达到科学真理？用康德的话说就是"纯粹数学和自然科学知识何以可能?"）（3）逻辑思维能否把握具体真理？（用康德的话说就是"形而上学"作为科学何以可能?）（同上书，第39页）

程,自由人格正是在过程中间展开的,每个人都有个性,要'各因其性情之所近'地来培养。"①拒斥圣贤、拒斥英雄是近代哲学革命的内在要求,平民化的自由人格,是平凡而普通的、自由而个性的。这样的人格,是过程中的个性,不能以抽象的外在普遍性来"形塑"每一个人,而是因其自身内在的个性而成就每一个人。

在冯契看来,近代关于自我的理想人格发生了根本的变化:"按照传统的看法,如孟子主张'人皆可以为尧舜',禅宗讲'即心即佛',王阳明讲'满街都是圣人',都是有一个划一的标准,要求人成为纯金一般的理想人格。近代的观念不是用一个划一的标准来衡量人,不是要求每个人都成为那种毫无特色的'醇儒'(朱熹语),而是提倡多样化的人才。"②从近代以来追求平民化的自由人格这一理想出发,否定整齐划一的千篇一律而注重多样化的具体个性,我们对孟子思想的诠释就具有了一种新的意境。我们就不会再将个体之人不断地回溯到、还原为脱离具体存在的超越天道,以虚幻的"天人合一"论来确定人的所谓"真实"存在——湮没个体之后的天人合一状态所谓真实存在状态,实质上反而是虚假的存在,那是以虚假当作真实。从而,我们将对孟子哲学中关于自我的双重性加以显露:一方面,既显露其潜蕴的、指向自由个体人格生成的内容——具有内容的"自我";另一方面,也显露孟子哲学中对于自我的遮蔽,即为普遍本质压垮了的作为无内容的虚妄自我。简言之,我们既要由创造性的诠释而彰显孟子哲学中蕴涵的"自我",也要揭示其中对"自我"的湮没。

一、绍三圣与学孔子:"孟子"作为自我的"历史性"生成

孟子的思想体现在《孟子》中。《孟子》的文本具有两重性:一方面,它

---

① 冯契:《人的自由和真善美》,第309—310页。
② 同上书,第192页。

仅仅是"孟子"那个独一个体的言说；另一方面，《孟子》作为文字流传物具有脱离于"孟子"那个独特个体的独立性。因此，在我们对《孟子》文本中所说的"孟子"加以阐释时，就要力图避免因为文本的独立性而将"孟子之自我"解释为脱离孟子的"普遍自我"。当然，由于语言文字的"公共性"以及不同个体生存的"相与性"，"孟子自我"与"普遍自我"之间具有着某些内在性关联。由此，《孟子》对于"孟子自我"的"言说"具有一定的"启示性相通"。

史称孟子"好辩"，《孟子·滕文公下》有一段孟子解释自己何以"好辩"的文字。《孟子》中，孟子本人将"好辩"视为"绍三圣"的自我贞定——"绍"具有双重意义：一方面是继承，另一方面是创新。结合起来说，孟子以三圣之所为为自己之为自己的历史性前提，即在历史变迁中确立"自我"。

> 公都子曰："外人皆称夫子好辩，敢问何也？"孟子曰："予岂好辩哉？予不得已也。天下之生久矣，一治一乱。当尧之时，水逆行，泛滥于中国。蛇龙居之，民无所定。下者为巢，上者为营窟。《书》曰：'洚水警余。'洚水者，洪水也。使禹治之，禹掘地而注之海，驱蛇龙而放之菹。水由地中行，江、淮、河、汉是也。险阻既远，鸟兽之害人者消，然后人得平土而居之。尧舜既没，圣人之道衰。暴君代作，坏宫室以为污池，民无所安息；弃田以为园囿，使民不得衣食。邪说暴行又作，园囿、污池、沛泽多而禽兽至。及纣之身，天下又大乱。周公相武王，诛纣伐奄，三年讨其君，驱飞廉于海隅而戮之。灭国者五十，驱虎、豹、犀、象而远之。天下大悦。《书》曰：'丕显哉，文王谟！丕承哉，武王烈！佑启我后人，咸以正无缺。'世衰道微，邪说暴行有作，臣弑其君者有之，子弑其父者有之。孔子惧，作《春秋》。《春秋》，天子之事也。是故孔子曰：'知我者其惟《春秋》乎！罪我者其惟《春秋》乎！'圣王不作，诸侯放恣，处士横议，杨朱、墨翟之言盈天下。天下之言，不归杨，则归墨。杨氏为我，是无君也；墨氏兼爱，是无父也。无父无君，是禽兽也。公明仪曰：'庖有肥肉，厩有肥马，民有饥色，野有饿莩，此率兽而食人也。'杨墨之道不

息,孔子之道不著,是邪说诬民,充塞仁义也。仁义充塞,则率兽食人,人将相食。吾为此惧,闲先圣之道,距杨墨,放淫辞,邪说者不得作。作于其心,害于其事;作于其事,害于其政。圣人复起,不易吾言矣。昔者禹抑洪水而天下平,周公兼夷狄驱猛兽而百姓宁,孔子成《春秋》而乱臣贼子惧。《诗》云:'戎狄是膺,荆舒是惩,则莫我敢承。'无父无君,是周公所膺也。我亦欲正人心,息邪说,距诐行,放淫辞,以承三圣者,岂好辩哉?予不得已也。能言距杨墨者,圣人之徒也。"(《孟子·滕文公下》)

孟子自许所承的"三圣者",不是尧、舜、禹或尧、舜、禹、汤、文、武、周公任何其他三个"圣人组合",而是禹、周公、孔子这一特殊的组合(尤其孟子本人还特别突出过"尧舜禹汤文武周公孔子"的这个脉络①)。这是有深意的。在《孟子·万章》中,禹其实是一个标志性的"圣人":他受禅让而得天下,但是,他开启了传子不传贤的非"禅让"之制。这一制度在孔子降生之先,已然运行良久,是孔子之为孔子的"天命"——让许多后儒唏嘘不已的孔子不得其位,在孟子其实已经视之为天命。所谓天命,孟子理解为"莫知为而为者,天也;莫之致而至者,命也"(《孟子·万章上》)。禹还是某种具有神话传说性质的"神圣道德与权力"的统一物,因此,他也就活在某种抽象而模糊的"统一状态之中",即禹经过"疏浚水流",使水回到水所应当去往之地(江河湖海)而显露大地,让大地成为"人"可以安家之地。这个"人"具有抽象的整体性,或仅仅是抽象的整体性的人。

水流之去往其所而让大地显露,却并不仅是让"人"可以生活在大地上,人之外的禽兽尤其威胁人自身的猛兽乃至于类似于人的存在物(夷狄)还羼杂于大地。于是,对周公而言,其自身便在于将大地上混杂于人的禽兽与夷狄驱逐出"人群",使得人能无杂于"非人"而在大地建立家园。

然而,人群作为一个群体聚居在大地,人群内部却有着败坏人之为人的存在者,尤其是那些身居高位手握权柄者,本来应该成为人之为人的最高实现,却成为人之为人的最大败坏者,孔子作《春秋》不外乎就是要用"语言的

---

① 参见《孟子·尽心下》。

叙述"来揭露于"彼",并昭示人之为人敞露于"此"——"文在兹"①（人之为人
的本质不在彼而在此）。

孟子好辩是对孔子"文在兹"的"历史性"继承。禹"拥有权力",周公可
以拥有权力而还政于成王,孔子有德而文,孟子之所愿则是"学孔子"。学孔
子的前提就是从"权力"场自觉地撤回,所以孟子明确以对土地的争夺为表
现的权力争斗,是"率兽食人"（《孟子·梁惠王上》）,作为孔门之徒"羞比于
管晏"（《孟子·公孙丑上》）、"不道齐桓晋文之事"（《孟子·梁惠王上》）。在
孟子看来,如此退却于"权力场"而开启儒家本真的"道德教化场域",这是儒
家之为儒家的"天命"必然性——不必更不可再究诘的起点。因此,疏远于
"权力",便有了最为基本的自我要素——让思想摆脱于力量而拥有"自由"。
自觉地摆脱权力束缚,不是说我们在"现实"中不受权力的侵夺,而是说,作
为思想者,我们让自身的思想成为与权力迥然相异的力量。孟子明确具有
的这种自觉疏远于权力的意识,使得思想能"由其自身展开"而有的"自由",
是自我的首要含义。

自觉摆脱权力束缚而学孔子,其要义就是走向真正的"自我"。《孟子·
公孙丑上》第二章,公孙丑与孟子由讨论"不动心"到"知言养气",转到讨论
"学孔子",具体文本有很多东西值得深入分析,我们仅仅注意公孙丑将孟子
与孔子学生相比孟子表示不屑之后,公孙丑又提出孔子之外的其他圣人来
论圣人之同异,孟子此际说"乃所愿,则学孔子也":

> 曰:"伯夷、伊尹何如?"曰:"不同道。非其君不事,非其民不使;治
> 则进,乱则退,伯夷也。何事非君,何使非民;治亦进,乱亦进,伊尹也。
> 可以仕则仕,可以止则止,可以久则久,可以速则速,孔子也。皆古圣人
> 也,吾未能有行焉;乃所愿,则学孔子也。""伯夷、伊尹于孔子,若是班

---

① 《论语·子罕》:"文王既没,文不在兹乎? 天之将丧斯文也,后起者不得与于斯文也;天之未
丧斯文也,匡人其如予何?""兹"无疑首先指向的是孔子在具体时空中的自身,"在兹"就是对此的明
觉。结合孔子对于桓魋（权势者之表征）的否定,我们可以注意,孔子的说法蕴涵着"匡人无文""桓魋
无德",而文、德恰好就是儒家之为儒家的要义。

乎?"曰:"否。自有生民以来,未有孔子也。"曰:"然则有同与?"曰:"有。
得百里之地而君之,皆能以朝诸侯有天下。行一不义、杀一不辜而得天
下,皆不为也。是则同。"曰:"敢问其所以异?"曰:"宰我、子贡、有若智
足以知圣人。污,不至阿其所好。宰我曰:'以予观于夫子,贤于尧舜远
矣。'子贡曰:'见其礼而知其政,闻其乐而知其德。由百世之后,等百世
之王,莫之能违也。自生民以来,未有夫子也。'有若曰:'岂惟民哉?麒
麟之于走兽,凤凰之于飞鸟,太山之于丘垤,河海之于行潦,类也。圣人
之于民,亦类也。出于其类,拔乎其萃,自生民以来,未有盛于孔子
也。'"(《孟子·公孙丑上》)

就道德的普遍原则通常以否定性戒令为表现而言,孟子认为孔子与伯
夷、伊尹等圣人"一样地"不去做"行不义杀不辜"之事。①在一定意义上,作为
人的类本质,往往表现在这种普遍性的道德律令之中。作为否定性的规定,
这些普遍律令只是消极地划出"人之所不能为者",而并不积极地给出"人之
所能为者"。普遍律令表现了人的普遍类本质,只有遵循这些普遍律令,一
个存在物才成为"人";但是,成为人只是区别于禽兽(当然包括区别于神),
而并未使得人成为一个"自己"或"自我"。在孟子看来,学孔子的意义却是
要"出于其类,拔乎其萃"——作为人并成为自己之"自我"。圣人在其是普
遍之"人"的意义上,都是一样的;但在各为其自己之"自我"的意义上,又是
彼此不同的。可以言说者,往往是普遍性的东西;不可言说者,大多就是"出
类拔萃"的"自有人以来从来没有过的东西"。

孟子所自觉"承继"三圣人的历史性与"学孔子",其实质指向对自我的
一个更高的要求:一个人作为"自我"而活着,不要单单成为普遍概念所描述
的一般"存在物",而要经由自身活出一点"盛于"历史、"盛于"他人的东西,

---

① 如果联系上文的分析,所有高位掌握权力者,有谁可能没有做过"行不义杀不辜"之事? 可
见,尽管《孟子》中有对于什么"周武王"的辩护以及"以生道杀民而不怨"(《孟子·尽心上》)的说法,
那不过是孟子对孔子之前的历史的一个说明,而"天命必然性"确认之后的儒家担当中,他在根本上
是否定杀人的——杀人是权力掌有者的行径。

一种是经由自身的存在才有的东西,一种属于自身的独一无二的东西。①这在冯契的平民化自由人格理论中,就被强调为"自由个性":"在无机界,个体间的差别人们往往加以忽略,因为对人来说,这种个体性往往并不重要。当然,与人关系密切的,如地球、太阳、长江、黄河等,其个性仍为人们所注意。在有机界,一般也主要注意其群体、类、族,只是对人关系密切者,如手植的花木,家养的狗、猫,才注意其个体特性。但对于人类本身,情况则不同。我们不能像对待木石、猫狗那样对待人。人是一个个的个体,每一个人都有个性,每一个人本身都应看作目的,都有要求自由的本质。这是很重要的一点。"②成为一个独特的自我,是孟子以大禹、周公、孔子为历史性先导而彰显真意。经由历史性而成就自身的具体性,就是一个"单一"的存在者:"人作为具体存在要求被看作个体,而不仅是类的分子和一个社会细胞,也不只是许多'殊相'的集合。人作为独立存在的个体是'单一'的,而殊相是指一般的特殊化。"③这意味着,孟子的思考成就了孟子之自我本身。生存的真正目的,就是成为前无古人、后无来者的自我,而不是成为一个某种普遍本质的例子或某种超越存在物的表征,更不是成为某些现实中的大能者(英雄或伟人)的"炮灰式工具"。就此而言,我们对那种将政治权力上的帝王或英雄作为最重要的伟人来加以崇拜的说法,就要表示严厉的反对。④

---

　　① 《孟子》中有几处的"圣人之道一也"的说法,比如《孟子·离娄下》有"先圣后圣,其揆一也"以及"易地皆然"的说法:"舜生于诸冯,迁于负夏,卒于鸣条,东夷之人也。文王生于岐周,卒于毕郢,西夷之人也。地之相去也,千有余里,世之相后也,千有余岁。得志行乎中国,若合符节。先圣后圣,其揆一也。""禹、稷、颜子易地则皆然。""曾子、子思易地则皆然。"这种"一"或"皆然"之说,尽管有引向普遍之原则的可能,但是,如果联系文本所说的"实例实行",所谓"一"或"皆然",都是指向一种虚的普遍而归于实的个体性(比如语言叙述中的"每个人都与众不同"这句话,普遍性就是虚的,而个体性则是实的)。另外,要注意,当然,作为"学孔子"而成"自我",疏远于权力而自由,其道路则具有"儒"的普遍性,即学文修德。文教与修行,成为儒者的一个共同"入口"。
　　② 冯契:《人的自由和真善美》,第54页。
　　③ 同上书,第202页。
　　④ 卡莱尔将权力的最高掌有者"帝王"视为最重要的伟人,认为帝王是所有"英雄气质"的集大成者,比如教师、传教士之类也都集中于其一身,他统帅我们,告诉我们每天每时应该做什么(参见[英]卡莱尔《英雄与英雄崇拜》,何欣译,辽宁教育出版社,1998年,第222页)。

二、四端与思：自我的内在生成

作为自我，它有其历史性根据，更有其自身内在的根据。历史性根据，突出了其"时间性"上的历史文化背景；自身内在根据，则是其非时间性的心性或本体根据。

这种根据，孟子称为"良知良能"："人之所不学而能者，其良能也；所不虑而知者，其良知也。孩提之童，无不知爱其亲者；及其长也，无不知敬其兄也。亲亲，仁也；敬长，义也。无他，达之天下也"（《孟子·尽心上》）。所谓良知良能，因为他们是不依赖学习、思虑的，有着先验主义的色彩。不过，更重要的是孟子由此强调的是仁义的内在性。在孟子与告子的争论中，有一个仁义之内外的争论。告子认为是仁内义外，认为爱发乎本然，是内在的，而义对于本然之爱的约束，对于爱自身而言，是外在的。但孟子认为："行吾敬，故谓之内也"（《孟子·告子上》）。真正的道德行为，是出乎人之自觉，发乎人之自愿，源乎人之自得的——基于道德行为主体的内在道德意识状态的自觉自愿自得才有真正的道德行为。

道德行为关联着人的心和身的关系。孟子用"天之所与"来说明身心二者之间的统一而内在的关系。孟子认为，人作为心和形（身）的统一体，二者都是天生就有的，但在二者之间，心作为主宰者支配着形体或身体："耳目之官不思，而蔽于物，物交物，则引之而已矣。心之官则思，思则得之，不思则不得也。此天之所与我者，先立乎其大者，则其小者弗能夺也。此为大人而已矣"（《孟子·告子上》）。身心之统一，就是一个真正道德行为主体——"自我"。在自我中，能思之心与能感之官有着主从、大小的关系，能思之心是大体，能感之官是小体。身体或小体由心体或大体所主宰，感觉由思所支配，这就是一个有道德的"大人"。二者的这种关系，是"思则得之""不思则不得"——以为思是能自得其自身的力量，而身体则不是能自得其自身的力量，这是自我内在性的突出之点，表达了笛卡尔"我思故我在"的某些意蕴。

身心的内在统一关系，使得道德意识、道德法则显现为"天生固有"之物。孟子用四端之心或四心来表达这种天生固有的内在道德性：

> 乃若其情，则可以为善矣，乃所谓善也。若夫为不善，非才之罪也。恻隐之心，人皆有之；羞恶之心，人皆有之；恭敬之心，人皆有之；是非之心，人皆有之。恻隐之心，仁也；羞恶之心，义也；恭敬之心，礼也；是非之心，智也。仁义礼智，非由外铄我也，我固有之也，弗思耳矣。故曰："求则得之，舍则失之。"或相倍蓰而无算者，不能尽其才者也。《诗》曰："天生蒸民，有物有则。民之秉夷，好是懿德。"孔子曰："为此诗者，其知道乎！故有物必有则，民之秉夷也，故好是懿德。"（《孟子·告子上》）①

值得注意的是，孟子提出了作为真正道德行为的几个要点：第一，作为具体道德内容的仁义礼智，根源于固有而非外铄的恻隐、羞恶、辞让、是非之心，能思之心与所思的内容是一体而统一的，并不存在一个能思之心从自身之外去引入、袭取外在规范或原则的问题。第二，固有而非外铄，体现在能思

---

① 在《孟子·公孙丑上》中，孟子使用的是"四端之心"而非"四心"："人皆有不忍人之心。先王有不忍人之心，斯有不忍人之政矣。以不忍人之心，行不忍人之政，治天下可运之掌上。所以谓人皆有不忍人之心者，今人乍见孺子将入于井，皆有怵惕恻隐之心。非所以内交于孺子之父母也，非所以要誉于乡党朋友也，非恶其声而然也。由是观之，无恻隐之心，非人也；无羞恶之心，非人也；无辞让之心，非人也；无是非之心，非人也。恻隐之心，仁之端也；羞恶之心，义之端也；辞让之心，礼之端也；是非之心，智之端也。人之有是四端也，犹其有四体也。有是四端而自谓不能者，自贼者也；谓其君不能者，贼其君者也。凡有四端于我者，知皆扩而充之矣，若火之始然，泉之始达。苟能充之，足以保四海；苟不充之，不足以事父母。"因为这段引文没有突出道德意识及其法则"固有而非外铄"，没有强调"思"，所以引文使用了《告子上》的文本。需要说明的是，论者多有注意《公孙丑上》以四心为四端的说法，与《告子上》直接以四心为四德的说法具有差异，但尚未有一个确切的解释。我认为，这根据于《孟子》文本的内在秩序，《公孙丑》一篇在《梁惠王》即事言义基础上，进一步在即行事而显义。就行事而言，能思之心当然只具有"作为起点"的意蕴。而通过《滕文公》对善和"一本"的彰显、《离娄》对规矩的阐发、《万章》对圣人之具体性行事的描述，转而到《告子》《尽心》对心性的讨论，这有一个道德"展开的过程"与致思的"逻辑行程"，作为思与行展开过程结果的能思之心，本身就是有内容的，所以可以直接将四心视为四德；而在思与行展开之起点，四心则只是四端。而且，这里还需要提醒的是，四端之心，本身就是有所展开而未足的起点状态，而非无所萌蘖的"种子"式"本体"。

之心实际的"运思"之中,而"运思"关联着"求则得之舍则失之"的具体活动。第三,在具体求则得之的活动中运思,便能"即事集义"——彰显"有物有则"。

在具体的行事活动中运思而获得"义"(道德规范或原则),是自我内在性的很重要的内容。这一点,使得我们不滑入一个错误的理解之中。这个错误的理解就是:以为道德观念、道德原则是作为超越的东西,存在于一个先验的作为实体的心灵之中。在孟子看来,自我首先是在具体行事活动之中的运思或运思在具体行事活动之中。这就是"必有事焉而勿忘勿助"的意思:

> 我故曰,告子未尝知义,以其外之也。必有事焉而勿正,心勿忘,勿助长也。无若宋人然:宋人有闵其苗之不长而揠之者,芒芒然归。谓其人曰:"今日病矣,予助苗长矣。"其子趋而往视之,苗则槁矣。天下之不助苗长者寡矣。以为无益而舍之者,不耘苗者也;助之长者,揠苗者也。非徒无益,而又害之。(《孟子·公孙丑上》)①

据焦循《孟子正义》,"正"训"止","必有事焉而勿忘勿助"就是行事不止而心思相俱。心即是思的力量,思与行事的一体相融不离,一方面不能舍而不耘(心忘而无思),另一方面是不能揠苗助长(心脱离具体行事而自私用智杜撰一个抽象的理智世界)。心思在行事中,义在事中,行动的展开就是不断实现着的真实"自我"。如尼采所说,不要在行动之外虚构实体:"在作为、行动、过程背后并没有一个'存在';'行动者'只是被想象附加给行动的——行动就是一切"。②

孟子以思和行动的融而为一来说明道德的自我,放在平民化的自由人格理论中来理解,更能显其真意。平民化的自由人格,一方面强调以自我意

---

① 在《孟子·万章上》,孟子回答学生尧禅让天下于舜,说是天与之,天如何与之,孟子回答说"天不言,以行与事示之而已矣"。对于"行事"概念的强调,于此也可见一斑。

② [德]尼采:《论道德的谱系》,周红译,生活·读书·新知三联书店,1992年,第28页。

识之思为主要内容,有一个"我"作为主体:"从现实汲取理想。把理想化为现实的活动的主体是'我'或者'自我',每个人、每个群体都有一个'我'——自我意识或群体意识(大我)……'我'既是逻辑思维的主体,又是行动、感觉的主体,也是意志、情感的主体。它是一个统一的人格,表现为行动的一贯性及在行动基础上意识的一贯性"①;但是,另一方面,冯契强调基于化自在之物为为我之物的交互作用过程,作为主体的自我又不是源初固有的实体,而是不断生成的:"精神不是离开物质的另外一个实体,精神是贯穿于意识活动之中的有秩序的结构。所以在现实的精神作用之外并没有潜伏着一个心(精神)的实体。但在所有现实的精神作用之中,贯彻着一个昭明灵觉的'我',这就是意识主体,就是良心、良知。黄宗羲说:'心无本体,工夫所至,即是本体。''工夫'是指精神修养、精神活动,心的本质就是工夫所达到的有序的结构,此外别无精神实体。"②自我是基于觉悟之思与自主行动相融而有的逐渐生成物,它由自身成为自身。每个人都运思,每个人都活动,每个人都生存,他造就自己与自己的世界(作为境界):平民化的自由人格是多数人可以达到的,这样的人格"也体现类的本质和历史联系,但是首先要求成为自由的个性。自由的个性就不仅是类的分子,不仅是社会联系中的细胞,而且他有独特的一贯性、坚定性,这种独特的性质使他和同类的其他分子相区别。在纷繁的社会联系中间保持其独立性。'我'在我所创造的价值领域里或我所享受的精神生活中是一个主宰者。'我'主宰着这个领域,这些创造物、价值是我的精神的创造,是我的精神的表现。这样,'我'作为自由的个性具有本体论的意义。"③我自为目的地活着,我活着的全部就是我活生生的思修学行的属己性。

　　不过,孟子的良知、良能,用平民化自由人格的观念来看,有其先验主义的倾向:"孟子讲性善说,以为人的天性中有善端,通过后天的学习、修养,尽心知性、存心养性,人就可以达到圣人的境界。孟子的这种学说,是一种先

---

①　冯契:《人的自由和真善美》,第 8 页。

②　同上书,第 84 页。

③　同上书,第 320—321 页。

验论的复性说,因为在他看来,'万物皆备于我',人本来即有仁义礼智,而这就是天性。"①

用先验性的良知良能之善,来担保所有人趋向善的普遍性,一方面掩盖了现实的个体差异性,另一方面也就忽略真正的行动与真实自我的实现,从而走向普遍性,并易于陷入英雄主义圣人观的窠臼。

三、舍我其谁与无父无君:从神圣走向平凡

孟子有很多豪气而迂腐的话语,这些话语显示,作为古典儒学对自我人格的阐述,距离近现代化之后的"平民化的自由人格"尚有一段距离,需要我们加以分析。

孟子说自己的志愿是"学孔子",孔子之学,下学而上达,下学是具体的学思修行,这可以是每一个自我或个体的事情。然而,就上达而言,其目标却是"人皆可以为尧舜"(《孟子·告子下》)。个性成为抵达普遍性的环节或手段,这却不是真正的自由自我。自由人格的人,不是一般的本质,也不是符合某个典型的样式,而是"一个个的人","道德行为所要对待的,也是一个个的人,不把一个个的人视为目的,即离开了道德的根本原则——人道原则"。②孟子那里,成为像圣人一样的人是目的,而不是成为自己是目的:"子服尧之服,诵尧之言,行尧之行,是尧而已矣;子服桀之服,诵桀之言,行桀之行,是桀而已矣"(《孟子·告子下》)。这就把自我淹溺了。

在孟子看来,有一种在少数个体之间神秘传承的东西:

> 由尧舜至于汤,五百有余岁,若禹、皋陶,则见而知之;若汤,则闻而知之。由汤至于文王,五百有余岁,若伊尹、莱朱,则见而知之;若文王,

---

① 冯契:《人的自由和真善美》,第33—34页。
② 同上书,第60—61页。

　　则闻而知之。由文王至于孔子，五百有余岁，若太公望、散宜生，则见而
　　知之；若孔子，则闻而知之。由孔子而来至于今，百有余岁，去圣人之
　　世，若此其未远也；近圣人之居，若此其甚也，然而无有乎尔，则亦无有
　　乎尔。(《孟子·尽心下》)

本来是五百年必有王者起，但孟子说他时间、空间上距离孔子都那么"近"，
但那个尧、舜、禹、汤至于孔子的"之"，都没有了，他按捺不住要起来"传承"
"担当""彰显"之。这个说法与《论语·尧曰》有继承性，称为后来韩愈肇端、
宋明理学大张其说的"道统论"。这个说法，也被说成张载那样的箴言："为
天地立心，为生民立命，为往圣继绝学，为万世开太平。"这个说法，在今天都
还有很强的生命力，是很值得忧虑的。平民化的自由人格，遵循近代以来的
启蒙理性，服膺康德所说的"成熟而自觉地运用自己理性"[1]之说。不能经由
理性运思而公开、透明展示自身的这个神秘的"之"(道)，便是应当受到拒
斥的。

　　道统担当，总是在有限自我与无限天道之间，正如余英时所分析的，构
筑了一个神秘的"通道"。[2]孟子说："尽其心者，知其性也。知其性，则知天
矣。存其心，养其性，所以事天也"(《孟子·尽心上》)。[3]在人的内在之心与
超越的天之间，有一个神秘的通道，使得心思可以抵达天。心思能通向天，
勾销了现实行动自身的必要性意义，反过来以天作为超越实体的"预置"诠
释"心(思)"本身。而天的预置，使得自我的一切现实生存活动及其展开内
容都没有新意。现实的活动，不过就是"固已有之"之物、"原本具有之物"的
显露——"扩而充之"而已。没有什么创新和个性的造诣，一切原本就具备
于我——"万物皆备于我"(《孟子·尽心上》)，只需反求便一切皆得。从自
我心思走向天，反过来从天解释自我，最后又归之于"反求诸己"。在天的赋

---

　　①　[德]康德：《答复这个问题：什么是启蒙运动?》，载《历史理性批判文集》，何兆武译，商务印
书馆，1996年，第22—31页。
　　②　余英时：《论天人之际：中国古代思想起源试探》，第54—62页。
　　③　当然，这里也可以深入而曲折地作出另外一种非"天人合一"的诠释，参见郭美华《古典儒学
的生存论阐释》第三章。

予与人的求索之间，如此神秘关联，显得逻辑紊乱、秩序混淆。

有这个内在于自身之内的"天"，这个即我即天的存在者，便容易走向自由与力行的反面，而表现出谩骂妄断："天下之言，不归杨，则归墨。杨氏为我，是无君也；墨氏兼爱，是无父也。无父无君，是禽兽也"（《孟子·滕文公下》）。有普遍主义倾向，就容易走向英雄主义圣人观；圣人观就容易忽略不同的观点意见的"平等自由而有序"的争论与多样性绽放而"自居评判者"。如此，孟子思想就走向权威主义的天命世界观："'天命'就是真善美的本体，'知天命''顺天命'、与天命合一而'从心所欲不逾矩'，就是最高的人生理想；而体现'天命'的尧舜三代就是'王道乐土'的理想世界。"①如果将"如欲平治天下，当今之世，舍我其谁也？"（《孟子·公孙丑下》）与"人皆可以为尧舜"（《孟子·告子下》）结合起来看，一方面只有某些英雄式个体可以在其自我与天道之间交通，而一般人无与于天道，另一方面又说每个人都可以成为尧舜（尧舜不过就是那为数不多的列于英雄榜的圣人），这样可以得出的结论就很令人疑惧——要么是欺骗式许诺给每个人成圣的希望，要么是以普遍化的一律式存在样态吞灭个体自我。这种没有多样性的自我实现的"自我"，是某些人的膨胀的自我。这种膨胀了的自我，引天以自雄，进而反过来把自我僭越为天。英雄主义圣人观，不外乎就是这样的把戏，以为圣人就是这个世间的光明火种，众人就是等待圣人/英雄点燃的燃料而已。②在孟子以伊尹为例所说的"使先知觉后知，使先觉觉后觉"（《孟子·万章上》）的言说中，尽管我们可以从广义的文德教化意义加以诠释，但孟子主要是在"政治教育"意义来说的，在政治权力影子下的"先知先觉"对于"后知后觉"的关系，无疑就是光明和燃料的关系，这是悖于自由人格的英雄主义主张。平民化自由人格的基础，是广义认识论基础上的"意见之平等而自由的广泛讨论"。冯契先生特别重视意见的自由争论，强调认识论的充分展开是本体论和真理观的基础，强调自由的百家争鸣是认识论展开的重要乃至本质性环节。

基于此，就相应地拒斥超越的英雄。

---

① 冯契：《人的自由和真善美》，第 148 页。

② ［英］卡莱尔：《英雄与英雄崇拜》，第一章。

拒斥英雄是近代以来哲学革命的一个自觉意识,现代大儒熊十力就明确说要"黜英雄"。①就哲学自身的本质而言,它从思自身的展开以获得自身的本质和内容,并不可能以自身之外的任何力量作为自身的依据。孟子尽管突出思②,但是,在根底上,还是带有鲜明的独断主义与权威主义的色彩。权威主义意义下的自我,并不是每一个人都能达到的,即我即天或即天即我的存在者,有点神人结合的色彩,实质上只是少数人"专断"的东西。但是,"自由人格是平民化的,是多数人可以达到的。这样的人格也体现类的本质和历史的联系,但是首先是要求成为自由的个性。自由的个性就不仅是类的分子,不仅是社会联系中的细胞,而且他有独特的一贯性、坚定性,这种独特的性质使他和同类的其他分子相区别,在纷繁的社会联系中间保持着其独立性。'我'在我所创造的价值领域里或我所享受的精神世界中是一个主宰者。'我'主宰着这个领域,这些创造物、价值是我的精神的创造,是我的精神的表现。这样,'我'作为自由的个性具有本体论的意义。"③这样的自由个性,作为其自身价值世界的"本体",也就是自身多样性的全面实现,"具有本体论意义的自由的个性是知意情统一,真善美统一的全面发展的人格"。④每个人都与众不同,不单是说每个人"天生与人不同",而且是"后天生成与众不同",这就要求每个人将自身的个性全面发展出来,"个性不全面发展那就不是自由发展"。⑤如果任何一个人的现实人生都已经被"先定地给予了",那么,现实之人的无比丰富多样性还有什么意义? 一个人活着的意义,就是因为他能将自身造就为一个独一无二的存在者,一个不可入的、不能为抽象普遍的概念简单概括的"自我"。只有允许每个人自身的差异性、多样性如其自身实现出来,自由而真实的"自我"才是可能。

冯契对孟子关于自我的观念有一个基本的论断,他说:"孟子很强调个

---

① 熊十力:《熊十力全集》第一卷,湖北教育出版社,2001 年,第 36 页。

② 《孟子》中出现"思"达 40 多次,其中尤其以《告子上》中的几处以"弗思耳矣"反衬的思之重要性值得注意。

③ 冯契:《人的自由和真善美》,第 321 页。

④ 同上书,第 325 页。

⑤ 同上书,第 326 页。

性尊严,他说'万物皆备于我,反身而诚,乐莫大焉'(《孟子·尽心上》)。这个'我'可以成为'贫贱不能移,富贵不能淫,威武不能屈'的大丈夫。但他讲性善说,人性来自天命,个人是宇宙的缩影,故一个人由'尽心''知性'而可以'知天'。这样讲人性论,注意的还是在于人之异于禽兽的本质,是个人所从属的本质。在儒家那里,个人的具体的存在从属于本质;伦理道德关系是人类的本质,对这种本质的认识才是真理性的认识,这就多少忽视了个人的存在。"①在此意义上,无论是以尧舜为楷模的英雄主义倾向,还是以天道为僭称的"欺骗式"湮没,孟子哲学中的自我,都很容易沦为虚无之物。在冯契平民化的自由人格理论看来,就人的存在而论,"个性是人这种精神主体有别于其他物质的东西的本质特征,离开了精神主体,就谈不上自由的个性。在自然界中,个人被看作类的分子、群的细胞,这严格说来都不是个性。自由人的精神才真正是个性的,或要求成为个性的"。②因此,拒斥了政治意义上的权力英雄,这是孟子儒学的宝贵之处;但是,在文化之思的领域,又陷入文化"圣人观"(文化英雄主义),这又是孟子儒学的值得警惕之处。因此,需要经过很多转化,才能抵达我们期望的自由个性。

---

① 冯契:《人的自由和真善美》,第 189—190 页。
② 同上书,第 285 页。

第十五章　良知的迷醉
——以《孟子》中"酒"为中心的讨论

生命存在的状态有显和隐的不同面相。就这个角度而言,良知更为突出理性之明觉,是显的一面;而迷醉则更为侧重情绪之体验,是隐的一面。但是,更为深入地看,良知之在其自身而孤零,则可能显现为迷而不醉;醉,就其消融自身与回返自身而言,则呈现为澄明而不迷。在道德生存之域,良知作为明觉,意味着生命存在的透明与敞亮;迷醉则意味着生命的幽深与潜隐。实际上,生命存在是作为隐-显、幽-明、迷-觉、醒-醉等等共生的整体,如果片面地彰显任何一方面,都会造成生命整体的瓦解与分裂。没有良知明觉的人生,是黑暗昏昧的;但没有迷醉沉沦的人生,则是虚妄不实的。孟子突出良知,与孔子对酒有所肯定不同,孟子有着对酒明确拒绝的态度。

饶有趣味的是,《孟子》文本中有九次引用"酒"字,并且,孟子鲜明地将"酒"与"德"联系在一起加以言说。其中,孟子为了突出道德自身的纯粹性与崇高性,表达出对酒的拒斥与否定。对"酒"的如此拒斥与否定,我们可以称为"孟子式拒酒"。"孟子式拒酒"彰显的道德观,表面上似乎是理性主义的;但是,因为混淆了理性明觉与情感沉醉的界限,片面地以理性明觉淹没情感沉醉,实质上是主观主义和独断论的。在政治上,通过道德与政治的一致性来拒斥、否定酒,不但不能保证政治的合道德性,反而掩盖了其不合道德性,成了专权的辩护,引向政治的迷惘。我们可以通过对《孟子》中关涉

"酒"之文本的分析,看出在孟子道德哲学中的一些潜隐倾向,即孟子强调主体的道德觉悟,以区分在我者与在外者为基础(《孟子·尽心上》),突出道德主体性或道德自我①,要求反求诸己(《孟子·公孙丑上》与《孟子·离娄上》)、求其放心(《孟子·告子上》)。但是,如此反求诸己的道德自我,最后却又以神秘主义的方式,将自我膨胀为知天的天人合一者,而消解了天的客观性与自在性;对道德德性的重视,转而为"浩然之气"(《孟子·公孙丑上》)和"万物皆备于我"(《孟子·尽心上》),消解了外物的自在性。对于一己道德价值的强化,进而走向对他者差异性的否定与湮没。如此,孟子的良知,以绝对的光明趋求,反而走向了绝对的迷醉,或者说迷而不醉——让天下、万物或他者迷于一己之主观,而不能让自身沉醉消融于大全之世界,也不能让他者回到其自身。孟子良知显现出某些事物(道德自我与道德价值)的同时,也隐藏了很多事物(自在的世界整体、自在的万物与自在的他者)——一定意义上,可以说,孟子显现了"作为道德主体之我",掩匿了作为所有人、所有物共存的"广袤生活世界",以及这个世界的"差异物"。因此,以拒斥酒而凸显道德纯粹性的主张存在着某种遮蔽。在单纯的觉而不醉的道德主张中,存在着某种可能的"迷";而在真正的醉而不觉的情感沉沦中,则存在着某种可能的"明"。

一、"酒"是日常生活的基本内容

酒与日常生活的联系,可以表现为诸多不同的样式,比如个人嗜好、礼仪祭祀、宴请酬酢等。一般而言,酒源自粮食而又是粮食的某种转化消耗形

---

①　孟子对性、命的理解,有一个"君子不谓"与"君子谓之"的区分(《孟子·尽心下》),这个区分的关键在于,人自身的主体性自由选择是人之性命(人之本质)的更为本质之处,或者说是人之本质之为本质的基础;同时,孟子对所欲、所乐和所性也有一个区别(《孟子·尽心上》),也是突出君子(作为学有所得的有德者),其本质的基础是能动的选择和自主的行动。这都是作为"在我者"之道德自我或道德主体的突出之处。

式。在等级社会,粮食的生产与其占有和消费具有分离、异化。作为粮食转化形式的酒,也同样具有与其生产相分离、相异化的占有和消费。尽管存在着分离、异化,但是酒作为基本生存资料(粮食)的转化形式,是人类的日常生活中的基本方面与基本内容。在《孟子》中,酒也以与日常生活不可脱离的形式表现出来。

孝是日常人伦的基本方面,孟子亦如孔子一样强调孝。在儒家对孝行的赞扬中,曾子具有典型意义。在孝行中,孟子较为醒目地提到,为父(母)提供酒是一个重要的表现:

> 孟子曰:"事孰为大?事亲为大;守孰为大?守身为大。不失其身而能事其亲者,吾闻之矣;失其身而能事其亲者,吾未之闻也。孰不为事?事亲,事之本也;孰不为守?守身,守之本也。曾子养曾皙,必有酒肉。将彻,必请所与。问有余,必曰'有'。曾皙死,曾元养曾子,必有酒肉。将彻,不请所与。问有余,曰'亡矣'。将以复进也,此所谓养口体者也。若曾子,则可谓养志也。事亲若曾子者,可也。"(《孟子·离娄上》)

曾子养曾皙"必有酒肉",因为对曾子孝行的肯定,这里也可以看出酒并非仅仅具有否定性的意义,至少可以视为在孝行中的基本食物。《孟子》另外有一则故事说,齐国有个男人出去偷食人家祭祀的食物,谎称是其朋友的款待,每次"必餍酒肉而后反":

> 齐人有一妻一妾而处室者,其良人出,则必餍酒肉而后反。其妻问所与饮食者,则尽富贵也。其妻告其妾曰:"良人出,则必餍酒肉而后反;问其与饮食者,尽富贵也,而未尝有显者来,吾将瞷良人之所之也。"蚤起,施从良人之所之,徧国中无与立谈者。卒之东郭墦间,之祭者,乞其余;不足,又顾而之他。此其为餍足之道也。(《孟子·离娄下》)

这里有意思的是,齐人之小人行径与偷食祭祀的酒肉有关。一方面,祭祀中有酒肉,而且被齐人谎称为朋友款待,表明这是社会生活(祭祀)中的基本必备物；另一方面，齐之小人偷窃酒肉，又使得酒成为某种与道德上的瑕疵相关联之物。孟子还与学生讨论征伐问题，以商汤征伐葛而得天下为例来加以说明。孟子的叙述，将维护社会日常的祭祀与征伐战争联系在一起：一方面，提到祭祀之礼必具酒肉的问题；另一方面，也指出葛伯之无礼无道尤其体现为夺酒肉。

> 孟子曰："汤居亳，与葛为邻，葛伯放而不祀。汤使人问之曰：'何为不祀？'曰：'无以供牺牲也。'汤使遗之牛羊。葛伯食之，又不以祀。汤又使人问之曰：'何为不祀？'曰：'无以供粢盛也。'汤使亳众往为之耕，老弱馈食。葛伯率其民，要其有酒食黍稻者夺之，不授者杀之。有童子以黍肉饷，杀而夺之。《书》曰：'葛伯仇饷。'此之谓也。为其杀是童子而征之……"（《孟子·滕文公下》）

以此三则故事为例，可以表明，酒是平民百姓日常生活与日常祭祀之中的常备之物。可以说，平常人的平常生活，酒是不可或缺之物。实际上，在孟子哲学中，"酒肉必备"，可以视为"养生丧死无憾，王道之始也"（《孟子·梁惠王上》）的一个注释。平凡人的平凡日子，一个基本的内容就是吃饭喝酒。酒食之备，显示着生命存在自身的夯实之基。

在此意义上，《孟子》文本中的一些记述表明，孟子对此是有所自觉的，但正如下文将要阐述的，此自觉是不充分的。而且，在其对牵涉酒的叙述中，已经与背德乱礼相联系而言，表明他对日常生活中"酒"的态度，涵着以道德拒斥迷醉的倾向。

二、对酒的拒斥与道德的迷醉

实质上，酒作为日常生活必备之物，在道德上又被孟子视为否定之物。酒和德具有密切的关系，孟子自己就通过引用《诗经》把酒和德对举而论：

欲贵者,人之同心也。人人有贵于己者,弗思耳。人之所贵者,非良贵也。赵孟之所贵,赵孟能贱之。《诗》云:"既醉以酒,既饱以德。"言饱乎仁义也,所以不愿人之膏粱之味也;令闻广誉施于身,所以不愿人之文绣也。(《孟子·告子上》)

孟子这里所讨论的人之良贵,实质上就是良知与仁义的一体,或者说,具有仁义内容的良知之自身自为肯定就是良贵;而将外在的评判与肉体实现视为牵合一处的"非良贵者"。很明显,孟子引《诗经》,是把"醉酒"与"饱德"作为本质不同、彼此对立的两个事物来看待的。个体在自身道德的完善与充盈上,以仁义为唯一的内容,从而拒斥膏粱之味的肉体性享受。与孟子大体和小体的区分相应,醉酒与流俗外加的虚飘赞誉之辞被孟子视为肉体性的败坏,不单败坏了良知对肉体的主宰,也败坏了肉体本身。"欲贵"作为自觉的道德或价值追求,必然指向"能追者"与"所追者"的本质一致性,也就是说,必然指向良知自身的自觉实现,也即孟子所说,经由思而实现自贵于己者的自觉实现。这是一种高度的道德理性主义立场。在此立场下,酒作为肉体性解脱与释放的象征物,受到孟子的否定也就可以理解了。

就道德立场而言,孟子对酒采取拒斥、否定立场,首先是将饮酒视为不孝的表现之一:

世俗所谓不孝者五:惰其四支,不顾父母之养,一不孝也;博弈好饮酒,不顾父母之养,二不孝也;好货财,私妻子,不顾父母之养,三不孝也;从耳目之欲,以为父母戮,四不孝也;好勇斗很,以危父母,五不孝也。(《孟子·离娄下》)

尽管"饮酒"和"好饮酒"具有一些程度上的区别,但孟子以好饮酒为不孝的第二大表现,与他认为曾子行孝必备酒肉之间还是有一些紧张、矛盾(或者我们可以戏谑地说,孝子不能自己吃肉喝酒,就是为了保证行孝以为父母提供酒肉,但这当不得真)。其次,孟子认为一个有干政之志的士者,不能"般乐饮酒":

　　说大人，则藐之，勿视其巍巍然。堂高数仞，榱题数尺，我得志弗为也；食前方丈，侍妾数百人，我得志弗为也；般乐饮酒，驱骋田猎，后车千乘，我得志弗为也。在彼者，皆我所不为也；在我者，皆古之制也，吾何畏彼哉？（《孟子·尽心下》）

这段话可以视为一般的"读书人"之德，不得以包括"饮酒"在内的物欲享乐为生活内容和生命目的。简单地看，这是合理的。但经不得细究，比如孟子这里作为有志读书人排斥的包括饮酒在内的物欲享受，显然就是有权者的实际生活内容，而孟子却在道德-政治上强调治国者之德不能"饮酒吃肉"，这种矛盾和名实不副，左支右绌也不管不顾。

　　生命存在有自觉，自觉性是道德存在的一个本质方面。对于极其突出道德自觉性的孟子而言，从道德上否定饮酒，有一个鲜明的对比，即他将道德之仁视为清晰明了之自觉，而与饮酒之迷醉对举：

　　三代之得天下也以仁，其失天下也以不仁。国之所以废兴存亡者亦然。天子不仁，不保四海；诸侯不仁，不保社稷；卿大夫不仁，不保宗庙；士庶人不仁，不保四体。今恶死亡而乐不仁，是犹恶醉而强酒。（《孟子·离娄上》）

孟子这里所论，显然超过了表面的"生于忧患，死于安乐"（《孟子·告子下》）的忧患意识之论，而以"仁"作为上至天下整体、下至个体之存亡废兴——生存与死亡的决定性基础。这个基础，在《孟子》中有诸多表述，比如"仁者人之安宅"①，但仅就这里与酒相联系而言，孟子无疑将酒与仁对立起来。二者的对立，就其深层次而言，有两个方面：一方面，酒导致醉的状态，而醉的状态是道德上的"恶(è)"，是个体自然会"恶(wù)"的状态——所谓恶醉而强

---

　　①　这个说法，在《孟子》中有两处，一是《孟子·公孙丑上》，二是《孟子·离娄上》。这个说法，再与"仁之实，事亲是也；义之实，从兄是也"（《孟子·离娄上》）联系在一起，可以对《孟子》中那种良知先验主义的理解有纠偏作用。

酒,表达的就是一种毫无理性自觉的生存状态,亦即,饮酒必然会醉,人自身厌恶醉的状态,而人自身厌恶醉却还强酒。厌醉而强酒,在孟子看来就是一种不可理喻的迷醉生存状态,理所应当受到拒斥与否定。另一方面,就孟子而言,在人的最为基本的生存情态中,对死亡的厌恶是一种本能而深层的情态,如此情态必然驱使人自身竭力克服死亡本身,而寻求生命的真谛与本质,也就是生命存在在其深渊之处就能绽放出自为肯定的可能通道,并自觉地走上此一自为肯定之道。仁就是生命自觉自为肯定自身的必然起点、必然旅途与必然归宿。只要生命以自觉的方式绽放自身,仁就是生命之为生命存在的本质所在。在孟子关于人之本性的讨论中,所谓性善的实质就是行善——人的生命存在活动以自觉自主的方式自我肯定地展开自身。

如此自为自觉的生命存在之"仁"或"善",有诸多方面的含义,就与酒的迷醉相关联而论,可以简单提及的四个方面是:其一,以具体行事活动为基础,觉悟与行动的统一,彰显出"由仁义行"的自为自觉之存在状态及其绵延①;其二,人之能自觉地选择自身生命的内容与自主地造就自身生命的内容,是人存在的本质之处,是人性本质的元本质②;其三,天、命尽管参与并渗透在人自身的存在之中,但作为"莫之为而为者"与"莫之致而至者"(《孟子·万章上》),并非人之本质;其四,排除欲望、本能等小体作为生命的本质,用人之存在的道德本质排除人自身的诸多自然性因素。③这四个方面意

---

① "事"这个概念在《孟子》中出现了100多次,其中较为重要的讨论有三处,即《孟子·公孙丑上》"必有事焉而勿正",《孟子·万章上》"天不言,以行与事示之而已矣",《孟子·离娄上》"事孰为大? 事亲为大"。详见郭美华《性善论与人的存在——理解孟子性善论哲学的入口》,《贵阳学院学报》(社会科学版)2017年第4期(也可参见本书"导论")。

② 最为突出的是《孟子·尽心下》孟子所说的一段话:"口之于味也,目之于色也,耳之于声也,鼻之于臭也,四肢之于安佚也,性也,有命焉,君子不谓性也。仁之于父子也,义之于君臣也,礼之于宾主也,知之于贤者也,圣人之于天道也,命也,有性焉,君子不谓命也。"这里的关键不是何为性,何为命,首先是君子能动地以命为性或以性为命,突出人的主动选择是确定性与命的前提。因此,所谓"所欲""所乐""所性"的区分(《孟子·尽心上》),首先也是作为"所"之能动确定者的"主体之能"。

③ 用大体主宰、支配并压抑小体(《孟子·告子上》),强调"养心在于寡欲"(《孟子·尽心下》),突出道德本质对形体改造的践形论(《孟子·尽心上》)等,都显示了这一点。

味着什么呢？意味着孟子所强化了的道德理性主义，要求人自身道德生存的完全晶莹透亮，从本质上祛除人自身存在的任何阴翳之处，最后就将自身的生命存在完全绝对化为一个"操之在我"者。①道德存在的纯粹性与绝对性，极而言之至于"彻底的明亮"与"绝对的自觉"，这就将人自身完整的存在割裂、剖分而自限于"逼仄的道德自我"。以道德的自觉与自主之明，否定了人自身存在的广袤之暗；以道德清醒之显，舍弃了自然潜蕴之隐。

在此意义上，孟子对无酒之清醒的追求，反而走向了无酒之迷醉。如果说饮酒带来的醉可能造成对道德自觉性的遮蔽，那么，孟子所强化了的无酒之道德逼仄，则造成了对潜隐生命、广漠苍穹与宏阔大地的遮蔽。没有道德贞定的生命，是一种醉；完全拒斥醉的道德纯粹性生命，则是一种更深的醉。就孟子道德哲学对自觉自主之透明的强调而言，孟子的良知可以说是无酒之醉；如果醉酒之醉是生命的沉醉，显示了生命的渊深与广博之面向，那么，良知之醉则是生命的迷醉，显示了生命的自负与逼仄之面向。

三、无酒的政治即政治的迷惘

个体自身道德的完善与充盈，否定酒的沉醉，单纯在道德领域内，易于导向禁欲主义。而孟子的道德主张并不仅仅是个体修养，它指向了政治之域。可以说，孟子的哲学是道德-政治一体之说。在道德-政治上，酒作为平常人日常生活的不可或缺之物，受到孟子的拒斥和否定。就政治哲学而言，孟子认为，酒的无节制使用（昂贵的酒及其奢靡消费），可能导致权力运行的某种扭曲和恶化。针对齐宣王追求逸乐，孟子引用晏子和齐景公的对话，提出"乐酒无厌谓之亡"之论，对政治治理者之耽于嗜酒之类享乐，明确表示

---

①　孟子曰："求则得之，舍则失之，是求有益于得也，求在我者也。求之有道，得之有命，是求无益于得也，求在外者也"（《孟子·尽心上》）。主张"自觉而能动地求之之活动，内在地蕴涵着其所求之目的"，这是道德绝对主义的一个基本特征。

否定：

> 从流下而忘反谓之流，从流上而忘反谓之连，从兽无厌谓之荒，乐酒无厌谓之亡。先王无流连之乐，荒亡之行。惟君所行也。（《孟子·梁惠王下》）

以酒作为表现，君王如果"乐酒无厌"，就是"亡"。孟子将之与"从流下而忘反"的流、"从流上而忘反"的连、"从兽无厌"的荒，合称为"流连荒亡"，意指治国者仅仅关注自身的物欲享受而与民众的生活相脱离、相对立和相异化的政治样式。在孟子看来，治国者耽于享乐而陷于酒池肉林，就是走向社会、民众生活的对立面。就其直接意义而言，无疑具有合理性。但从进一步的引申而言，如果说民间生活本身就是具有"酒"的生活，那么，对治国者"乐酒无厌"的批评，却不能走向反面，即不能走向另一个极端，让治国者不得饮酒。

让治国者在"酒"面前保持一种"自制"，这与让一般人有节制地饮酒是同一种道理，本无所谓什么更高深、更高尚的理由。但是，如果强调因为治国者处于"治国"的位置，从而为这个位置赋予特殊的道德意义、给予特殊的哲学本质，并从这个特殊的道德意义或哲学本质出发，高蹈踏虚，认为酒违背了这些意义或本质，必须拒斥或戒绝"酒"，才能保持"治国者"的道德纯粹性和哲学高贵性，那就会走向一种完全颠倒的立场——无酒的迷惘状态。

对孟子道德-政治哲学而言，如上所说并非一个欲加之辞。在孟子看来，不但治国者需戒绝酒，而且根本上说，酒与德是直接对立的。在"酒"上体现出来的如此道德洁癖，实质上折射出来的是另一种扭曲。酒与道德-政治的如此对立关联，孟子有一个阐述：

> 孟子曰："禹恶旨酒而好善言。汤执中，立贤无方。文王视民如伤，望道而未之见。武王不泄迩，不忘远。周公思兼三王，以施四事；其有不合者，仰而思之，夜以继日；幸而得之，坐以待旦。"（《孟子·离娄下》）

　　赵岐注说:"旨酒,美酒也。仪狄作酒,禹饮而甘之。遂疏仪狄,而绝旨酒。"①《战国策》里面有一个更为细致的描述:"梁王魏婴觞诸侯于范台。酒酣,请鲁君举觞。鲁君兴,避席择言曰:'昔者帝女令仪狄作酒而美,进之禹,禹饮而甘之,遂疏仪狄,绝旨酒。曰:'后世必有以酒亡其国者。'"后文,与对美酒的如此否定并列的,是美味、美色、高台陂池,其后果都是"亡其国"。②《战国策》对拒斥酒的叙述,侧重在警醒君王保持自身对于江山社稷的"占有不失";孟子之拒斥酒,则立意更高,突出的是君王自身自觉修德,保持德性的纯粹与德行的笃实,以天下黎民为忧、以自身德性抱负的实现为怀。在此,酒与道德-政治的关联,体现为两个方面:一是禹对酒的否定——"恶旨酒",与汤执中立贤,文王视民如伤、望道未见,武王不泄迩、不忘远,周公思兼商汤、文、武之德而勤勉治政联系在一起,表明孟子认为治国者不饮酒或拒斥酒是一个基本的道德-政治原则,是治国者之德的起点。二是就禹而言,"恶旨酒"对酒的拒斥和否定,是与好善言相对举的,表明孟子认为好酒和好德是彼此矛盾的(至少是负相关的)。简言之,在"酒"和"德"之间,孟子舍酒而取德,认为道德生存(尤其政治生活中的道德)排斥酒。在其中,渗透着一个谬误的设定,即似乎治国者只要能克制饮酒嗜好(以"绝旨酒"为表征的克欲),就能在道德上保持纯粹性,从而也就能在政治上保持道德性。如此谬误,又掩盖着一个更深的谬误,即孟子承诺了治国者本身的德性善与政治善之间的一致性,而忽略了二者之间的异质性。从而在更大的范围内,孟子"绝旨酒"的主张,以个体的理性禁欲彰显道德纯粹性——脱离肉体性的良知之呈现,以道德纯粹性来担保政治合理性,从而以某些个体的道德理性主义泛化为政治普遍秩序,这是一种无酒的迷醉,即道德-政治本质一致性的迷惘。

　　实质上,治国者也就是与普通百姓一样的"好酒嗜肉"之人。政治合理性要指向的不是治国者之对酒肉的"道德性"禁绝,而是对治国者在酒肉上的"无度无限"的"法律性"禁止。治国者在道德上体现出完美特性当然是可

---

①　赵岐注,孙奭疏:《孟子注疏》,第224页。

②　刘向:《战国策·魏策》,上海古籍出版社,1998年,第846—847页。

欲的。但是,一方面,治国者之完美德性与政治之善之间并没有本质一致性;另一方面,治国者本身的德性完美虽然是可欲的,但并不是可求的,不具有历史与现实的必然性。

四、天地人的消弭与良知迷醉的极致

孟子在道德-政治上对酒的拒斥,实质上是以对流俗醉酒的拒斥,来遮掩其更为深刻的道德-政治之迷醉,而湮没了作为生命整体得以显现的契机之一,即沉醉——那种有我而对自我固闭的审美消解与情意消融,并且在不断克服自身界限束缚之际,让整体保持自身的自在性,让自身融入整体而与他人和万物同生共在。

在道德理性主义逼仄取向基础上的道德-政治本质一致性,既有思想的谵妄,也有权力的狂妄,二者沆瀣一气,导致权力专制与思想独断彼此助力的权威主义。实质地看,表面上拒斥权力专断的孟子仁政思想,骨子里面却具有与权力专断一样的思想专断色彩,这是常被忽视的。如前所说,孟子哲学的基本指向是立基于道德主体的自觉、自主,走向在我者自身的绝对透明与完全纯粹的生存,但是,这个从天命、他者返回的"自我"以自身的逻辑逸出自我或在我者之域,而僭越为天,并消解整体世界以及万物的自在性与客观性,并且突出地湮没、否定具有差异性的他者。就此而言,孟子哲学体现出浓厚的迷醉性特征。

首先,被他排斥在自我道德生命本质之外的天命,又以神秘莫测的方式成为自我道德实现的逻辑内容:"尽其心者,知其性也。知其性,则知天矣。存其心,养其性,所以事天也。夭寿不贰,修身以俟之,所以立命也"(《孟子·尽心上》)。这当然也可以说是孟子"靠自己思维之力而贯通天人"[①],"依靠个人的自力与'天'相通……而不假任何外在的媒介(如

---

① 余英时:《论天人之际:中国古代思想起源试探》,第41页。

巫），最后则只有乞援于一己之‘心’”①，可是这个一己之心究竟如何通达于天，则显得充满神秘主义，那条道路隐秘为一条密道——“人心深处有一密道可以上通于天”。②对追求道德自觉与自主的“透亮之明”而言，一己之心通往天命的道路作为不能显明的密道，无疑是一个反讽。一个拒斥沉醉的透亮，以隐秘的密道，将一个漆黑而潜隐的天命纳入自身，美其名曰“内在超越”，实质上不过就是一种与酒之沉醉相反的理性迷醉。特定个体以一己之心或一己之力通达于天，改变的仅仅是天在此特定个体之处的呈现，而非天本身。孟子的迷醉乃在于，因为“我”的“通天”，天就成为属我之物，而“我”就僭越成为“天”。以即天即我的形式，孟子所谓的道德良知，其迷醉就抵达了极致，以至于如下文所论，天地万物和他人也一并被视为“属我之物”。

其次，天地万物被道德自我收摄为属己之物，不再是自我委身于天地万物之中，而是天地万物成为道德自我的显现。天地成为道德自我的“神化实现”：“夫君子所过者化，所存者神，上下与天地同流”（《孟子·尽心上》）。万物成为道德自我的“内在之物”：“万物皆备于我矣。反身而诚，乐莫大焉。强恕而行，求仁莫近焉”（《孟子·尽心上》）。无论是理学的“万物之理在我”，还是心学的“万物之意义与我情意相感通”，都可以视为“万物皆备于我”而“自我吞噬天地万物”的转化形式。以道德性转化天地万物，而弥漫整个世界，整个世界成为“道德性的世界”，即所谓经由道德的自我成就而使得天地浩然一体的“浩然之气”：“其为气也，至大至刚，以直养而无害，则塞于天地之间”（《孟子·公孙丑上》）。以自身的透明晶莹之亮，进而以天地万物皆为己所亮，以天地万物之整体世界为一个绝对的“大光明”，毫无阴翳暗影，这无疑同样是道德理性主义的迷醉。人类的世界具有道德性，这体现了人类的尊严和价值；但是，世界的整体本身、万物的多样性本身，其客观性与自在性并不能就此被消弭、湮灭。让世界及万物逗留于其自在性之中，实质上也就是让人自身保留着多样性的绽放。以绝对的光亮遮蔽了世界及万物

---

① 余英时：《论天人之际：中国古代思想起源试探》，第 54 页。

② 同上书，第 54—55 页。余氏此处是转述刘殿爵的观点。

的自在幽隐,本质上就是遮蔽了人自身的内在渊深之幽隐。力图将世界及万物和人自身完全、彻底而绝对纯粹化为"晶莹剔透"的存在,这是一种绝对理性主义的迷醉。

再次,他人,作为与我一样的平等的生存者,在孟子道德自我的逼仄转而为膨胀的弥漫"转化"中,丧失了其权利、尊严、意义等各方面的自由、差异性、独立性与平等性。在道德个体的道德反思之中,孟子不但直接将观念主张不同的墨子、杨朱视为禽兽①,而一般的他者之不合于自身,也被视为"禽兽一般的妄人":

> 君子所以异于人者,以其存心也。君子以仁存心,以礼存心。仁者爱人,有礼者敬人。爱人者人恒爱之,敬人者人恒敬之。有人于此,其待我以横逆,则君子必自反也:我必不仁也,必无礼也,此物奚宜至哉?其自反而仁矣,自反而有礼矣,其横逆由是也,君子必自反也:我必不忠。自反而忠矣,其横逆由是也,君子曰:"此亦妄人也已矣。如此则与禽兽奚择哉? 于禽兽又何难焉?"(《孟子·离娄下》)②

以他者为禽兽一般的妄人,这显然悖于王道仁政精神的本质,显露出孟子哲学中的内在悖谬。即便不是禽兽一般的妄人,一般人也只是待圣人去觉醒的愚氓。孟子以伊尹的口吻说:

> "与我处畎亩之中,由是以乐尧舜之道,吾岂若使是君为尧舜之君哉? 吾岂若使是民为尧舜之民哉? 吾岂若于吾身亲见之哉? 天之生此民也,使先知觉后知,使先觉觉后觉也。予,天民之先觉者也;予将以斯道觉斯民也。非予觉之,而谁也?"思天下之民匹夫匹妇有不被尧舜之泽者,若己推而内之沟中。其自任以天下之重如此,故就汤而说之以伐

---

① "杨氏为我,是无君也;墨氏兼爱,是无父也。无父无君,是禽兽也。"(《孟子·滕文公下》)

② 实质上,在众所周知的"无恻隐之心非人也"的论证中,孟子表面上的人本主义立场,就其道德本质"排斥某些人乃至很多人"而言,深蕴着非人道主义的倾向。

夏救民。(《孟子·万章上》)

自以为太阳,自以为因为爱他人就具有了对他人加以戕害的理由;强烈以耀万物,而毁灭了他者自身虽然微弱却自足的萤火虫之明。在卡莱尔的英雄主义赞歌中,他人作为群氓,就是英雄或伟人实现自身光芒的燃料①,孟子的思想中,这种道德-政治英雄主义或圣人主义是极为炙热的。

　　天命在怀、天地万物在心,他人及万民在掌中,这不单是思想的狂妄了,而是道德-政治的迷醉与谵妄了。由此迷醉与谵妄,孟子呐喊出如此话语,其不可理解性也就得到一定的可理解性:

　　　　五百年必有王者兴,其间必有名世者。由周而来,七百有余岁矣。以其数则过矣,以其时考之则可矣。夫天,未欲平治天下也;如欲平治天下,当今之世,舍我其谁也?(《孟子·公孙丑下》)

五百年与七百年之间都出现了数字差谬,这迷醉已然很深了。因其迷醉,思想的力量与政治的力量之间,再也无法区分,"平治天下"就成为谵妄不实之语了。尽管其无酒的迷醉状态深入骨髓,也许在其失败惆怅之际,孟子还是有些清醒意识;但这些微弱的清明意识,还是被迷醉淹没着:

　　　　由尧舜至于汤,五百有余岁,若禹、皋陶,则见而知之;若汤,则闻而知之。由汤至于文王,五百有余岁,若伊尹、莱朱,则见而知之;若文王,则闻而知之。由文王至于孔子,五百有余岁,若太公望、散宜生,则见而知之;若孔子,则闻而知之。由孔子而来至于今,百有余岁,去圣人之世,若此其未远也;近圣人之居,若此其甚也,然而无有乎尔,则亦无有乎尔。(《孟子·尽心下》)

这是《孟子》全书最后的话语,在迷醉中,究竟是见而知之者,还是闻而知之

　　　① [英]卡莱尔:《英雄与英雄崇拜》,第一章。

者,孟子自身的定位也不甚了了,倒是开启了后世儒者不断恶化的迷醉,以至于最终成为思想史之病的"道统论"。

孟子拒酒而陷入道德迷醉,其实可以反过来看,正因为其陷于无酒的道德迷醉,所以就不能领受饮酒的沉醉:"乐则生矣,生则恶可已也。恶可已,则不知足之蹈之、手之舞之"(《孟子·离娄上》)。这对于道德生存的强化而至于"不可遏制的手舞足蹈",本质上可以视为无酒的迷醉状态——它显明了生存的某些方面,也遮蔽了生存的某些方面,使得生命整体晦然不彰。其实,酒在孔子是不必否定的,而是"无量不及乱"而已。孔子的生命存在状态,虽有悲怆之处,但雍容而不迷醉,这就是对酒的接纳使然。

在尼采看来,生命的悲剧性所在,需要酒神之沉醉与日神之清明的统一。①饮酒之沉醉,并不就指向暗黑之隐,而是对生命存在的某种揭示与绽露;理性之自觉,并不就指向光亮之显,而也会导致对生命的某种遮蔽与淹没。无饮酒之沉醉的理性,易于走向本质主义的太阳耀目之明而遮蔽了生命存在的整体;没有理性清明的饮酒沉醉,易于走向自然-本能倾向的顺性之为而遮蔽了生命存在的道路。在二者的审美融合中,生命的整体庶几得以持存。

由此而言,分析《孟子》中有关"酒"的讨论,我们看到,在道德与政治单线理性一致性的脉络中,以道德的理性纯粹性为标榜,生命存在的整体性被单元化,生命存在的幽深被肤浅化,生命存在的广度被窄化,生命存在的多样性被单一化。

----

①　不过,值得注意的是,尼采那里,与酒神精神之醉相对的日神精神,并非白昼之觉醒状态,而是梦境状态。将日神精神视为梦,而与酒神精神相统一而论人的审美存在,无疑彰显了一种拒斥单纯理性主义视野的努力(参见[德]尼采《悲剧的诞生:尼采美学文选》,第2—21页)。

后　记

　　本书是一个持续了很多年的阅读与思考过程的结果。从我最初的问题意识出发(即经过孟子找到自我乃至所有人生存的理由),到最后对问题的回答(实质上并没有给出最终的回答,只是尝试以属我的生存活动之持续展开为归,所以坚决地拒斥超越本质或先天实体),其间无论自然的生命还是哲学的生命,都发生了很大的变化。

　　尽管这些变化不能都归结为宏观境域变化使然,但我在对《孟子》的阅读与思考尚未终结之前,就转向对《庄子》的阅读与思考,则无疑受到了宏观境域变化的影响。其中,哲学的泛政治主义倾向和儒学的信仰主义乃至原教旨主义倾向,刺激着我的思考。因此,我生出了一些哲学的反省与批判意识,尤其具体体现在下篇的最后两章,对孟子的道德-政治本质一致化、自圣化、良知迷醉等做出了一定的反思和批评。如此反思和批评,既是哲学的本质使然,也是我的个性使然。

　　值得一提的是,尽管本书使用"道德""道德哲学""道德生存论"等概念,但实际上,在先秦哲学中,孟子的哲学只是"仁义",而不是"道德"。在庄子哲学的意义上,道德开启了更为广袤而深邃的视野和通道,而仁义则窄化与浅化了人类及其无数个体的广袤性与深邃性。通过与庄子哲学对比,基于仁义-政治本质一致性的孟子哲学,视仁义、政治为人的普遍本质,其实是悖于人之本质的。人的真正本质,并不能为仁义-政治之域所围限。孟子哲学对世界整体及其秩序的主观化,消解了其自在性与自然性,实质上就是剥夺了无数他者的差异性和多样性。单个个体以自身的主观观念僭越为总体而囚禁世界和无数他者,这是当代哲学思考必须拒斥的取向。

今后的一段时间,我对《孟子》的相关问题还会继续思考,但我的主要关注点将放在对《庄子》的思考上,然后做一个庄子哲学与孟子哲学的比较研究。作为阶段性成果,《超越仁义-政治之境——〈庄子·外篇〉解读之一:从〈骈拇〉到〈天地〉》也将由广西师范大学出版社于 2025 年出版,而《迈向自由与深邃之境——〈庄子·内篇〉的生存论解读》2025 年将由山东教育出版社出版。《庄子》研究的进一步展开,如果顺利的话,明年也许会集成一本专题性的研究著作。

本书作为国家社科基金青年项目(11CZX037)的研究成果,最后呈现的样子与最初的想法之间有一些不同,但基本观念和思路是一致的。本书以孟子与告子的争论为中心,关于《孟子·公孙丑》中的“不动心”问题,因为这一讨论已经收入拙著《古典儒学的生存论阐释》(广西师范大学出版社 2014年版,2025 年增订本),所以不再收入本书。第四章《道德生存的内在性维度及其局限——孟子与告子“仁内义外”之辩的生存论阐释》,是我指导我的合作博士后付健玲博士一起撰写的论文,由她单独署名发表于 2024 年《哲学动态》。第九章《道德生存与天命的分合及其意蕴——以朱熹与阳明对〈孟子·尽心〉首章诠释为中心》,原是我和高瑞杰博士合作撰写的论文,刊于《浙江社会科学》2021 年第 6 期。

2019 年初,我离开了工作 20 年的上海师范大学。在离开之际,本书的出版计划得到了上海师范大学高峰高原计划哲学项目的支持,感谢上海师范大学哲学系的同事们,感谢陈泽环教授。同时,本书的出版也得到了华东师范大学现代思想文化研究的支持,感谢我的导师杨国荣教授。此外,本书也是我作为山东省泰山学者团队核心成员的阶段性研究成果。

感谢广西师范大学出版社,感谢编辑精心而辛苦的工作。

2023 年 5 月 1 日

于法兰西岛

2024 年 12 月 1 日改定